KB218404

동물들의
소셜 네트워크

The Well-Connected Animal: Social Networks and the Wondrous Complexity of Animal Societies by Lee Alan Dugatkin

일러두기

1. 매체 표시는 다음을 따른다.
   단행본 제목은『 』, 논문·보고서 등의 제목은「 」, 잡지·일간지·정기간행물 등의 제목은《 》, 영화·TV 프로그램 제목, 웹사이트 명 등은 ' ', 정기 및 비정기 간행물 기사 제목은 " ".
2. 인명, 기관명 등 주요 고유명사 원어는 처음 나올 때만 병기하는 것을 원칙으로 한다.
3. 저자 주석은 미주, 역자 주석은 본문 안에 괄호 처리한다.
4. 단행본은 번역서가 있는 경우 번역서 제목을, 번역서가 없는 경우 원어를 그대로 번역해서 넣었다.

동물들의 소셜 네트워크

인간보다 정교한 동물들의 소통에 관한 탐구

The Well-Connected Animal

동아엠앤비

차례

제9장 | 문화 네트워크

제10장 | 건강 네트워크

연결과 단절, 중심과 가장자리, 신뢰와 경계 사이를 살아가는 존재들의 사회적 서사

숲에서 마주친 고라니 한 마리, 제주 바다에서 스쳐 지나간 돌고래 한 마리, 텃밭 가장자리에 내려앉은 참새 한 마리를 떠올려 보자. 우리는 그것을 '한 마리'로 기억하지만, 그들은 서로를 '관계'로 기억한다. 어미이자 친구, 경쟁자이자 연대자, 때로는 배신자이기도 하다.

『동물들의 소셜 네트워크』는 이런 동물 사회를 전혀 다른 새로운 시선으로 들여다보는 책이다. 생물학자 리 앨런 듀가킨은 이 책에서 동물들의 삶을 '사회적 네트워크'라는 언어로 풀어낸다. 개별 개체가 아닌, 그들이 맺고 있는 촘촘한 관계의 맥락에서 말이다.

늑대 무리에는 갈등을 중재하는 개체가 있고, 돌고래는 친구를 선택하며, 참새는 소문을 퍼뜨린다. 까마귀는 죽은 동료를 기억하고, 하이에나는 복잡한 서열 구조 속에서 기민하게 자신을 조율하며 살아간다. 이들은 단지 무리를 이루는 것이 아니다. 어떤 개체는 중심에 서고, 어떤 개체는 서로 다른 집단을 이어 주는 '다리'가 된다. 마치 인간 사회의 친구, 가족, 동료, 팔로워처럼 말이다. 듀가킨은 인간 사회의 언어를 들고 동물의 세계로 들어간다. 그리고 그 안에서 놀랍도록 정교하고 의미 있는 연결을 발견한다.

놀라운 사실은 이런 연결들이 본능이 아니라는 점이다. 무리 안에서의 위치는 곧 생존과 직결된다. 중심에 있을수록 안전하지만 정보에는 둔감하고, 주변에 있을수록 위험에 노출되지만 정보를 먼저 얻는다. 생존이라는 게임판 위에서 동물들은 위치를 조절하고 전략을 선택한다. 그리고 그 선택은 또 다른 관계와 영향을 낳는다. 이 책은 '본능적 동물'이라는 익숙한 이미지를 넘어, 학습하고 기억하며 관계를 설계하는 존재로서의 동물을 우리 앞에 데려다 놓는다.

『동물들의 소셜 네트워크』는 결국 관계의 이야기다. 연결과 단절, 중심과 가장자리, 신뢰와 경계 사이를 살아가는 존재들의 사회적 서사다. 책을 읽다 보면 문득 이런 질문에 이른다. 과연 인간은 그토록 특별한 존재일까? 우정과 연대, 정치와 고립, 심지어 애도의 감정까지 모두 동물 세계에도 존재한다면, 우리는 무엇으로 구별되는가? 아니, 구별되어야 할 이유가 있는가?

우리는 '초연결'의 시대에 살고 있다. 하지만 동물들은 우리보다 훨씬 오래전부터 더 조용하고 신중하게 그리고 때로는 더 다정하게 관계를 이어 왔다. 『동물들의 소셜 네트워크』는 그 세계를 따라가며 우리가 맺는 모든 관계의 의미를 되묻는다. 그리고 끝내 이렇게 질문한다. "나는 이 사회에서 어떤 자리에 있는가? 나의 연결은 누군가를 살리고 있는가, 혹은 누군가를 소외시키고 있는가?"

이정모(『찬란한 멸종』 저자, 전 국립과천과학관장)

동물의 사회적 네트워크를 탐험하는 짜릿한 여행

이 책은 네트워크를 이야기합니다. 그렇다고 해서 트위터나 페이스북 같은 소셜 미디어 플랫폼에 대해 이야기하지는 않습니다. 나만의 친구들로 이루어진 네트워크나 비즈니스 네트워크를 만드는 팁을 알려 주지도 않습니다. 대신 우리 주변의 다른 네트워크, 즉 생태계 전반에 걸친 네트워크를 다루고 있습니다. 처음부터 끝까지, 이 책은 인간이 아닌 동물들 사이에 형성된 네트워크에 관해 이야기합니다. 이런 네트워크를 통해 우리는 동물 사회가 얼마나 복잡하고 깊이 있으며, 경이로운 생명으로 가득 차 있는지를 깨닫고, 놀라움을 금치 못할 것입니다.

동물들의 사회적 네트워크에 관심을 갖기 시작한 건 1980년대 후반 제가 대학원생일 때부터였습니다. 당시 저는 논문을 쓰기 위해 동물들의 협력을 보여 주는 새로운 모델을 관찰하고 있었습니다. 그러던 중 구피(guppy)들이 포식자를 피하기 위해 서로의 행동을 지켜보면서 위험을 감지하고, 그에 따라 다양하게 대처한다는 사실을 알게 되었습니다.

박사 학위를 마치기 전에 구피에 대해 속속들이 알기 위해 이 동물의 행동에 관한 거의 모든 논문(영어로 된)을 읽었습니다. 대부분 암컷 구피가 짝을 선택하는 방법에 관한 것이었습니다. 암컷은 대부분 색이 화려하고 상대적으로 기생충이 없는 수컷을 선택하려고 했습니다. 그리고 이런 짝짓기 성향이 유전적으로 결정된다는 가정은 제대로 검증되기도 했지만, 그렇지 않은 경우도 있었습니다.

문득 여기에는 유전적인 이유가 아닌 다른 무엇이 있지 않을까 하는 의문을 품게 되었습니다. 만약 구피가 포식자로부터 자신을 지키기 위해 다른 구피의 행동을 참고한다면, 짝을 선택할 때도 비슷한 행동을 하리라는 생각이 들었습니다. 즉, 다른 암컷이 어떤 짝을 선택하는지를 관찰해서 얻은 정보를 활용하게 될 것입니다. 그리고 이런 추측은 일련의 짝짓기 실험을 통해 사실로 밝혀졌습니다.

구피들은 포식자를 대할 때와 마찬가지로, 짝을 선택할 때도 다른 구피의 행동에서 얻은 정보를 매우 중요시했습니다. 복잡한 사회적 공간에서 다른 개체들에 대한 정보를 얻어 처리하고, 그에 따라 행동하는 것은 자연 선택의 결과로 보입니다. 다른 개체들을 통해 얻은 정보는 이후 수행할 작업의 성공이나 실패를 좌우하고, 살아남는 데 중요한 자산이 되기 때문입니다. 몇 년 후 저는 박사 과정 학생인 라이언 얼리와 함께 또 다른 행동 영역에서 비슷한 사례를 발견했습니다. 수컷 푸른 검상꼬리송사리(green swordtail fish)는 자신의 영역 안에서 다른 수컷의 행동을 주의 깊게 관찰합니다. 특히 다른 수컷들의 싸움을 가까이서 관찰하며, 승리한 수컷이 얼마나 강력한지를 평가합니다. 그리고 아주 강력해 보이는 수컷과는 대결을 피하거나 더 나은 전략을 세우기 위해 후퇴합니다.

이런 일은 대부분 2마리 또는 3마리 사이에 이루어지는 상호 행동을 기반으로 관찰되었지만, 다른 몇몇 동물 행동학자들과 마찬가지로, 저는 시야를 좀 더 넓혀 보기로 했습니다. 원칙적으로 집단에 속한 동물의 행동은 직간접적으로 다른 많은 동물로부터 영향을 받기 마련입니다. 따라서 2마리 또는 3마리 사이의 상호작용은 빙산의 일각일지도 모릅니다. 그 아래에는 집단 내 모든 구성원 간의 복잡한 관계가 자리 잡고 있기 때문입니다.

그런데 문제는 2마리나 3마리 사이의 행동 역학을 넘어서면, 그 인과관계가 추적하기 어려울 정도로 너무 복잡하다는 사실입니다. 저는 당시 다른 프로젝트들도 진행하던 중이었기 때문에 이 문제에 더 깊이 파고들 수 없었습니다. 하지만 다행히도 다른 사람들이 대신 나서 주었습니다. 지난 20여 년 동안 전 세계 많은 동물 행동학자가 인간이 아닌 생명체들의 사회적 네트워크를 연구해 왔습니다. 이런 사회적 네트워크 안에서는 구성원들 사이에 정보가 직간접적으로 전달되기 때문에 몇몇 구성원의 행동 방식이 집단 전체로 퍼지는 결과를 낳을 수 있습니다.

초기에 동물 행동 연구 커뮤니티에서는 동물의 사회적 네트워크에 대한 회의적인 시각이 많았습니다. 동물들이 다양한 사회적 행동을 보이기는 하지만, 그렇게까지 복잡하지 않으며, 특히 복잡한 사회적 네트워크를 이룰 정도는 아니라는 것이 일반적인 견해였습니다. 이런 반응은 어제오늘 일이 아닙니다. 특히 최근까지도 복잡한 사회적 행동은 인간만이 할 수 있다는 생각이 지배적이었기 때문에 이를 주제로 한 연구는 거의 이루어지지 않았습니다. 하지만 결국 새로운 사실을 입증할 만한 사례를 찾아내는 누군가가 나타나기 마련입니다. 그리고 그런 사례가 문헌에 실리면서 다윈과 몇몇 사람들이 오랫동안 인식해 왔던 사실, 즉 동물계에서도 복잡한 사회적 행동이 관찰된다는 사실이 받아들여지기 시작했습니다.

그런데 동물도 복잡한 사회적 행동을 한다는 주장이 논리적으로 가능하려면, 문제의 행동을 다시 정의해야 한다는 연구자들의 목소리가 높아졌습니다. 이제 사회적 네트워크는 페이스북이나 트위터 등을 기준으로 정의할 것이 아니라, 집단 구성원들 사이에 직간접적으로 정보가 오가는지, 그리고 그 정보에 따라 행동하는지 여부로 정의해야 합니다.

2000년대 초반 동물의 사회적 네트워크를 보여 주는 사례가 발표되기 시작하자, 이에 대한 회의론도 수그러들었습니다. 그때부터 동물 행동학자들은 여러 가지 모델을 구축했고 대부분 현장에서 그런 가설들을 검증해 오고 있습니다. 그리고 동물의 사회적 네트워크가 어떻게 작동하며, 왜 작동하는지, 또 이런 네트워크 안에서 누가 무엇을 얻고, 누가 가장 중요한지 등을 알아내는 중입니다. 실험 결과에 따르면, 사회적 네트워크의 일부 구성원은 정보를 퍼뜨리는 중심 허브 역할을 하는 반면, 그렇지 않은 구성원들도 있었습니다. 또, 네트워크의 규모와 구성도 다양했습니다. 구성원을 보면, 암컷들로만 이루어지거나 수컷들로만 이루어지기도 했지만, 대부분은 암컷과 수컷이 고루 섞여 있었습니다. 또 일부 네트워크는 친족 관계를 기반으로 구성되기도 하지만, 그렇지 않은 경우도 많았습니다.

같은 동물의 집단 내에서는 하나의 행동(예: 먹이 찾기)과 관련된 사회적 네트워크가 다른 행동(예: 짝짓기)의 기반이 되는 사회적 네트워크와 비슷할 수도 있지만, 그렇지 않은 경우가 더 많습니다. 이는 일반적으로 다양한 사회적 네트워크가 여러 겹을 이루어 동시에 활동하며 구성원 각자의 역할도 네트워크에 따라 달라짐을 의미합니다.

연구자들은 동물의 사회적 네트워크를 분석해 이를 좀 더 잘 이해하고 묘사할 수 있게 되었으며, 네트워크 역학을 검증하기 위한 가설도 세울 수 있게 되었습니다. 이 책에서는 동물의 사회적 네트워크를 움직이는 흥미롭고 복잡하며 미묘한 역학 관계에 대한 관점을 제시하고, 그런 관점에 따라 많은 동물의 행동을 살펴보고자 합니다.

연구자들은 동물이 살아가려면 사회적 네트워크에 동참하는 것이 무엇보다 중요하다는 사실을 발견했습니다. 예를 들어 먹이 구하기, 스스로 보호하기, 짝짓기, 대를 잇는 유대 관계의 역학, 권력 투쟁, 탐색, 의사소통, 놀이, 협력, 문화 등 동물의 모든 생활이 사회적 네트워크를 바탕으로 이루어집니다. 때로는 좋은 것이든 나쁜 것이든, 미생물도 동물을 매개로 이런 사회적 네트워크에 동참합니다.

이제 동물의 사회적 네트워크에 관한 최첨단 연구에 대해 제대로 이야기해 볼 때가 되었습니다. 특히 연구에 참여한 과학자들의 이야기는 빼놓을 수 없습니다. 이 책에서는 동물의 행동, 진화, 컴퓨터 과학, 심리학, 인류학, 유전학, 신경생물학 분야의 연구를 바탕으로 동물의 사회적 네트워크를 탐구하는 과정을 소개하고자 합니다. 주로 여러 영장류, 조류, 기린, 코끼리, 캥거루, 태즈메이니아데빌, 고래, 박쥐, 초원귀뚜라미, 만타가오리 등을 다룰 것입니다. 각각의 사례에서 과학자들이 가설을 세우고 검증하는 방법과 그렇게 하는 이유도 살펴볼 것입니다. 그리고 이를 위해 호주, 아시아, 아프리카, 유럽, 아메리카 대륙에 이르기까지 전 세계의 야생에서 동물의 사회적 네트워크를 연구하는 사람들을 찾아 지구 곳곳을 누빌 것입니다.

저는 이 책에 소개된 모든 연구자와 긴 이야기를 나눴습니다. 특히 동물의 사회적 네트워크를 연구하는 여성 과학자들의 연구가 소외되지 않도록 함께 노력했습니다. 이 책에서 다룬 연구 중 약 45퍼센트는 여성이 주도하거나 공동 주도한 연구입니다. 그 외에 젊은 연구자들의 연구에도 주목했습니다. 기존의 방법으로 훈련받거나 스스로 터득한 방법을 적용 중인 신세대 동물 행동학자들의 연구가 활발히 진행되고 있기 때문에 그리 어려운 일이 아니었습니다.

우리가 이 책에서 연구 현장을 돌아보려는 것은 동물의 사회적 네트워크에 관한 연구 자체뿐만 아니라 연구자들이 야생에서 겪는 뒷이야기를 엿보기 위해서입니다. 그들이 어떻게 데이터를 수집하고 분석하는지, 그리고 연구가 어떻게 진행되는지를 생생하게 관찰하게 될 것입니다.

예를 들어, 우간다에서 아침 일찍 잠에서 깨자마자 침팬지의 사회적 네트워크 한가운데로 뛰어든다는 것은 어떤 느낌인지, 수천 킬로미터를 이동하는 새의 사회적 네트워크를 추적하기 시작하면 어떤 일이 일어나는지, 그 많은 생물 중에서 도대체 왜 만타가오리의 사회적 네트워크를 찾으려 하는지 등을 알 수 있게 됩니다. 결국 이 모든 모험을 살펴보는 과정은 야생에서 동물의 사회적 네트워크를 연구하는 여정의 파란만장한 우여곡절을 함께 겪는 기분이 들도록 해줄 것입니다. 우리는 이 여정을 통해 종종 신중히 세운 계획의 허를 찌르며 더 나은 결과를 만드는 우연과도 마주치게 될 것입니다.

제1장

네트워크로 연결된 동물

우리는 자연에서 어떤 고립된 존재도 본 적이 없다.
모든 것은 주변의 다른 것들과 연결되어 있다.
-요한 볼프강 폰 괴테(Johann Wolfgang von Goethe)[1]

푸에르토리코 동부 해안에서 약 1.5킬로미터 떨어진 카요 산티아고 섬에서는 인간과 영장류의 전형적인 관계가 뒤집힌다. 이 섬에 사는 붉은털원숭이(Macaca mulatta) 1,700마리는 언제 어디서나 자유롭게 돌아다닐 수 있다. 하지만 인간은 그렇지 못하다. 옛 어촌 마을인 푼타 산티아고의 선착장에서 보트를 타고 15분간 이동한 후, 오전 7시 30분부터 최대 20명까지만 이 섬에 들어갈 수 있다. 그리고 싣고 간 먹거리를 내려놓기 위해 몇 분 정도 자신들만의 '우리(인간을 위한 임시 거처.-역주)'에 머무는 것이 허용된다. 그리고 정오 무렵 식사 시간이 되면, 점심을 먹기 위해 다시 우리 안으로 들어가야 한다.

반면 원숭이들은 매일 아침 인간 방문객이 먹이를 가져다 두는 곳은 물론이고, 어디든 원하는 곳에서 자유롭게 식사를 즐긴다. 그리고 오후 2시 30분경이 되면, 모든 호모 사피엔스는 '호미니드 논 그라타(hominid non grata, 환영받지 못하는 유인원)'가 되어 부두로 돌아가 배에 올라야 한다. 다음 날 아침 다시 섬에 들어오는 게 허락될 때까지 본토로 나가 있기 위해서이다.

카요 산티아고의 붉은털원숭이: 사회적 네트워크와 생존의 비밀

1938년 영장류학자이자 탐험가인 클라렌스 카펜터(Clarence Carpenter)가 인도의 12개 지역에서 약 500마리의 붉은털원숭이를 포획한 뒤, 카요 산티아고 섬에 원숭이 개체군이 생겨났다. 카펜터는 포획한 원숭이들을 데리고 콜카타를 떠나 보스턴과 뉴욕을 거쳐 산후안으로 항해했고, 그곳에서 다시 15만 제곱미터 규모의 카요 산티아고 섬으로 향했다. 이 섬은 최근에 푸에르토리코대학교 열대의학부가 임대해 놓은 곳이었다.

카펜터가 혼자서 원숭이 친구들을 돌보며 51일 동안 2만 2,000킬로미터를 여행한 이야기는 《뉴욕타임스(The New York Times)》에 실려 많은 독자에게 감동을 주었다. 그리고 《라이프(LIFE)》에서는 가장 용감한 사진작가 중 한 명인 헨젤 미스(Hansel Mieth)를 카요 섬에 보내 원숭이들이 방사되는 장면을 사진으로 담을 수 있도록 지원했다.[2]

로렌 브렌트(Lauren Brent)는 박사 과정 지도교수로부터 카요 산티아고 섬에서 원숭이들의 사회적 관계를 살펴보라는 제안을 받은 뒤, 섬으로 건너왔다. 그리고 곧 연구 주제와 카요 섬, 자신이 해결하려는 질문 자체에 푹 빠져들고 말았다. 브렌트는 "카요 섬은 꽤 완벽한 연구 시스템이에요. 원숭이들은 정말 사회성이 뛰어난 작은 친구들이죠"라고 말했다. 마침 그녀의 지도교수는 동물의 사회성을 주제로 다룬 최초의 책 『동물의 사회적 네트워크 탐구(Exploring Animal Social Networks)』를 추천해 주었고, 브렌트는 곧 이 책에서 커다란 힌트를 얻었다. 즉, 카요 섬 원숭이들의 행동을 더 잘 이해하려면, 사회적 네트

워크라는 관점에서 바라보아야 함을 깨달은 것이다.[3]

박사 과정을 마친 브렌트는 영장류의 뇌에 관심이 많은 신경과학자 마이클 플랫(Michael Platt)의 연구실에 합류했다. 그는 국립보건원으로부터 연구비를 지원받아 카요 섬의 붉은털원숭이를 연구하고 있었는데, 브렌트가 카요 섬에서 원숭이를 연구한 경험이 있다는 사실을 알게 되자 그녀가 주도적으로 이 섬의 원숭이 행동 연구를 할 수 있도록 허락했다. 지금도 두 사람은 함께 일하고 있다.

붉은털원숭이는 영장류 중 가장 많이 연구된 종 중 하나로, 수명은 30년 정도이다. 수컷은 암컷보다 키가 약간 큰 편이며, 몸무게는 암컷이 5킬로그램, 수컷은 8킬로그램 정도이다. 카요 섬의 원숭이들은 그룹의 규모가 큰 편이라 연구하기 쉬운 대상은 아니었다. 원숭이들은 수시로 돌아다니고, 가만히 있을 때도 몸에 새긴 표식이나 귀에 달아 놓은 표가 수풀에 가려져 잘 보이지 않았다. 또, 원숭이와 연구자 사이의 각도에 따라 시야에서 사라지기도 했다. 브렌트를 비롯해 함께 일하는 연구자들은 수십 마리에서 100마리가 넘는 다양한 원숭이 그룹에서 특정한 개체를 구별해야 했다. 이를 위해 그들은 원숭이들의 털 색깔, 무늬, 눈이나 그 외 여러 가지 특징을 기록하고, 수시로 점검하며 암기해 순식간에 식별할 수 있도록 훈련했다. 시간이 지나면서 브렌트는 이 기술을 습득했고, 붉은털원숭이들의 사회적 네트워크를 파악하게 되었다. 카요 섬에서 원숭이들의 삶과 죽음은 그들의 사회적 네트워크로부터 큰 영향을 받고 있었다.

브렌트의 초기 연구 중 하나는 두 그룹의 원숭이에서 암컷에 초점을 맞춘 것이었다. 한 그룹에는 암컷이 58마리, 다른 그룹에는 약 20마리가 있었다. 브렌트는 일단 원숭이 1마리를 선택한 다음, 그 원숭이를 따라다니며 모든 행동을 기록했고, 이후엔 다른 원숭이를 선택해 같은 과정을 반복했다. 원숭이들은 자주 서로의 털을 고르며 그루밍(grooming)을 해 주었다. 이 행동은 그루밍을 받는 개체의 피부에서 해로운 기생충을 제거할 뿐만 아니라 스트레스를 낮추는 데 도움이 되는 것으로 보였다.

브렌트는 암컷의 그루밍 네트워크에 관심이 생겼고, 그루밍을 하지 않을 때 개체들 사이의 근접성을 기반으로 한 사회적 네트워크를 살펴보았다. 그녀는 원숭이들의 사회적 네트워크가 어떻게 형성되어 어떻게 변해 가는지를 확인하고 싶었다. 특히 암컷이 수컷과 성적인 상호작용을 하는 3월 말부터 7월 말까지의 짝짓기 시즌과 암컷이 새끼를 돌보는 11월부터 12월의 출산 시즌 사이에 네트워크 구조가 변하는지 여부를 확인하고자 했다. 이를 위해 '밀도'와 같은 네트워크 지표를 사용했는데, 밀도는 그룹의 구성원들이 얼마나 긴밀하게 연결되어 있는지를 측정하는 지표이다. 이 지표에 대해서는 뒤에서 다시 이야기할 기회가 있을 것이다.

브렌트는 출산기보다 짝짓기 시즌에 암컷들이 특정한 다른 암컷들과 친밀도가 높아지고, 그루밍 같은 사회적 행동도 활발해져서 서로 더 긴밀히 연결된다는 사실을 발견했다. 그리고 주요 개체들에 대한 정보를 찾기 위해 네트워크를 면밀히 조사한 결과, 짝짓기 시즌 동안에는 특정한 몇몇 암컷을 중심으로 그루밍과 근접 네트워크가 형성되지만, 출산기에는 그렇지 않다는 사실도 발견했다. 출산기에 암컷은 오직 자기의 새끼한테만 집중하기 때문에 이 모든 것은 당연한 결과였다.[4]

이 연구는 동물의 사회적 네트워크가 계절에 따라 어떻게 변하는지를 다룬 초기 연구 중 하나였다. 당시 브렌트는 이 연구가 첫 단계에 불과하다고 생각했다. 그리고 이 연구에서 기본적인 네트워크 구조와 역학 관계가 파악되었으므로 동료들과 함께 더 깊이 연구에 파고들었다. 물론 원숭이들에게 아이패드를 도난당하는 등의 예상치 못한 변수는 최대한 피하면서 말이다. 브렌트와 플랫 팀에서 함께 일했던 대학원생 카밀 테스타르드(Camille Testard)는 이런 절도 사건의 피해자였다. 그녀가 잠시 가방을 내려놓은 순간, 붉은털원숭이 도둑이 잽싸게 가방을 낚아채 나무 위로 달아났고, 테스타르드는 원숭이 도둑을 따라잡아 깜짝 놀라게 해 주었다. 이 작은 도둑이 얼마나 놀랐는지, 그만 아이패드를 그녀의 품으로 떨어뜨리면서 사건은 마무리되었다.

이외에도 크고 작은 변수들이 많았지만, 브렌트가 이끄는 팀이 수집하고 분석한 데이터들은 도난당하지 않고 지켜져, 마침내 2010년부터 2017년까지의 변화를 한눈에 볼 수 있게 되었다. 데이터 분석 결과에 따르면, 네트워크에서 선호하는 '파트너와 강한 우정(긴밀한 관계)으로 연결된' 암컷들은, 다른 암컷들보다 생존 확률이 더 높았다. 그 외에 암컷의 생존 확률을 높일 수 있는 또 다른 방법은 긴밀하지는 않아도(약한 연결), 많은 파트너와 관계를 맺는 것이었다. 암컷 원숭이에게는 친구의 수나 특정한 우정의 긴밀성만이 아닌, 친구의 친구도 중요했다. 즉, 암컷 원숭이는 친구의 친구가 많을수록 더 많은 새끼를 낳았다.[5]

2017년까지 브렌트와 동료들, 즉 카요 섬을 매일 방문했던 다니엘 필립스(Daniel Phillips) 같은 연구 조교 등은 이 섬에 사는 붉은털원숭이들의 사회적 네트워크가 작동하는 방식과 그 의미를 깊이 이해하게 되었다. 물론 여전히 연구할 것이 많았지만 큰 줄기는 잡혔고, 대부분 세부적인 내용만 보충하면 되는 수준이었다. 그러던 중 허리케인 '마리아'가 섬을 강타했고, 원숭이들의 사회적 네트워크를 포함한 모든 것이 파괴되었다.

허리케인 마리아가 섬을 덮쳤을 때, 브렌트는 일 년 내내 푼타 산티아고 근처를 떠난 적 없는 필립스와 직원들, 연구 조교들을 가장 먼저 떠올렸다. "모든 기지국의 시스템이 멈춰서 연락할 수가 없었어요……. 허리케인 마리아가 지나가고 2, 3주 동안 아무도 대니의 소식을 듣지 못했어요……. 정말 끔찍했어요." 그러나 다행히도 얼마 지나지 않아 필립스뿐만 아니라 프로젝트에 참여한 모든 사람이 안전하다는 소식을 들을 수 있었다. 그제야 카요 섬과 그 섬에 사는 원숭이들이 떠올랐다. "위성 추적기를 보고 나서, '원숭이들은 모두 죽었겠구나' 생각했어요……. 콘크리트 건물도 날려 버릴 4등급짜리 허리케인이었고, 원숭이들은 바다 한가운데 작은 바윗덩어리 위에 무방비로 앉아 있었을 게 뻔하니까요."

다행히도 많은 원숭이가 살아남았다. 하지만 허리케인 마리아는 원숭이들의 세상을 뒤흔들었고, 그들은 복잡하고 정교한 사회를 재구성해야 했다. 허리케인 마리아는 브렌트와 그녀가 이끄는 팀에게도 많은 질문을 남겼다. 거기에는 대규모 자연재해가 동물의 사회적 네트워크에 미치는 영향에 대한 새로운 해석도 포함되었다. 이를 위해서는 무엇보다도 인간 외 생물의 사회적 네트워크 분석의 선구자들이 이루어 놓은 연구를 기반으로 해야 했다. 그 선구자 중 한 명이 동물 행동학자 데이비드 맥도널드(David McDonald)였다.

긴꼬리마나킨의 사회적 유대와 짝짓기 전략

데이비드 맥도널드가 긴꼬리마나킨(Chiroxiphia linearis)을 연구한 곳은 코스타리카 몬테베르데의 열대 우림이다. 고산 지대에 있는 이 숲은 우거진 나무와 무성한 수풀로 장관을 이룬다. 숲 위쪽에선 덩굴식물로 뒤덮인 거대한 나무들이 원숭이에게 먹이를 제공하고, 그 아래쪽에는 다양한 종류의 관목과 커피과(科) 나무들이 빽빽하게 자라고 있다. 이곳에선 빨간 배와 파란 꼬리를 가진 아름다운 과테말라 케찰(Pharomachrus mocinno)이 하늘을 날고 있는 모습을 흔하게 볼 수 있을지도 모른다. 또 몸의 절반은 흰색, 나머지 절반은 밤색인 세볏방울새(Procnias tricarunculatus)가 긴 턱수염처럼 보이는 육수(부리가 시작되는 부위에서 목의 배 쪽으로 늘어진 부드러운 피부의 융기.-역주)를 아래로 늘어뜨린 모습도 볼 수 있을 것이다.

거의 20년이 넘는 세월 동안, 맥도널드는 조류 관찰용 은신처에 앉아 긴 시간을 보냈다. 작은 나무 프레임 위에 검은색 플라스틱 덮개를 얹어 만든 은신처에서 동료 연구자들이나 조수들과 함께 1만 5,000시간 이상을 보내며 새들의 행동을 기록했다. 브로드웨이의 어떤 안무가라도 부러워할 만한 노래와 춤이 눈앞에 일상적으로 펼쳐졌고, 그 주인공은 언제나 새들이었다.

붉은색, 파란색, 검은색 깃털을 뽐내는 긴꼬리마나킨 수컷들은 5~15마리 정도가 무리를 짓는다. 무리의 모든 수컷이 거의 매일 함께 횃대처럼 가로로 뻗은 굵은 나뭇가지 위에서 노래하고 춤추는데, 이들이 연습하는 춤과 노래는 암컷을 짝짓기 상대로 만들기 위한 전략적 행동이다. 그런데 이런 집단 연습은 일 년 중 4월과 5월만큼은 예외이다. 암컷들이 짝짓기 후 새끼를 낳아 기르는 번식기이기 때문이다. 이 시기에 암컷이 수컷들 무리 주변에 나타나면, 그룹에서 서열이 가장 높은 알파 수컷과 베타 수컷만 횃대 위로 올라가 노래하고 춤출 수 있다. 물론 주변에 암컷이 없다면, 이 시기에도 무리의 모든 수컷은 횃대 위에서 자유롭게 노래하고 춤출 수 있다. 하지만 일단 암컷이 나타나면, 다른 모든 수컷은 횃대 위를 떠나야 한다. 만일 그곳에서 꾸물거리고 있다가는 한 쌍의 공연 팀인 알파 수컷과 베타 수컷으로부터 괴롭힘을 당할 것이 뻔하다. 일단 무대 정리가 끝나면, 알파 수컷과 베타 수컷은 횃대 위에 자리 잡고 화려한 깃털을 휘날리며 유혹의 쇼를 시작한다.

맥도널드가 연구하는 현장은 멋지고 아름다운 몬테베르데 구름숲 근처에 있었다. 그는 하루 대부분을 은신처에 숨어서 새들을 관찰하며 보냈지만, 망원경으로 관찰할 수 있는 장면은 많지 않았다. 맥도널드는 "10미터 떨어진 비좁은 은신처에서 새들을 관찰하는 것은, 마치 1차 세계대전에서의 참호전과 비슷해요. 긴 시간의 극단적인 지루함과 짧은 시간의 짜릿하고 격렬한 두려움이 늘 교차했지요"라고 말했다. 그런 두려움은 종종 알파 수컷이 베타 수컷을 그 지역으로 유인하려는 티무(Teeamoo) 호출을 시작할 때 몰려왔다. 그런 다음 횃대 위에서 2마리는 잘 조화되고 동기화된 노래를 한바탕 불러댔다. 이들의 노랫소리는 인간의 귀(적어도 영어를 사용하는 사람의 귀)에는 '톨레도(Toledo)'라는 단어처럼 들렸다. 첫음절은 F-플랫으로 시작하고, 중간 음절은 A-플랫으로 올라갔다가, 마지막 음절은 다시 F-플랫으로 내려왔다. 이 정도로도 암컷을 유인하기엔 충분하지만, 가끔씩 '오윙(Oh-wing)'이라는 후렴을 덧붙이기도 했다.[6]

맥도널드는 수컷들이 내보내는 톨레도 호출의 횟수를 세는 데 많은 시간을 보냈다. “보통 한 시즌 동안 백만 번 정도 들을 수 있습니다”라고 그는 말했다. 그는 이 소리를 휴대용 소니 카세트테이프리코더에 녹음해 두었다가 나중에 박사 과정 연구에서 미세한 디테일을 분석하는 데 사용했다. 1980년대 초 소니의 카세트테이프리코더는 그야말로 최첨단 기기였다. 보통 수컷들은 톨레도 울음소리로 암컷을 유인한 뒤 횃대로 내려온다. 수컷들의 무대가 될 횃대는 땅에서 약 2미터 높이에 있는 굵은 나뭇가지나 덩굴이 적당하다.

일단 횃대 위에 자리 잡으면 조화로운 춤이 시작되며, 가끔 암컷의 주의를 끌기 위해 노래를 부르기도 한다. 하지만 춤이 본격적으로 무르익기 시작하면, 더 이상 노래는 필요 없다. 2마리 수컷의 화려한 춤사위에 빠져든 암컷이 다른 데 주의를 기울인다는 건 상상조차 할 수 없기 때문이다. 암컷을 향해 서 있는 2마리 수컷들은 번갈아 가며 폴짝폴짝 뛰기 시작하고, 서로를 뛰어넘는 묘기를 펼친다. 이때 암컷에 더 가까이 있는 수컷이 약 60센티미터 높이로 곧장 날아오르며 놀라운 속도로 퍼덕이는 날갯짓을 한다. 그 후 다른 수컷은 암컷 쪽으로 미끄러지듯 다가가고, 날아올랐던 새는 폴짝거리며 뛰고 있는 파트너 뒤에 내려앉는다. 2마리 수컷은 이런 역할을 번갈아 하며, 한 번에 최대 200회 이상 폴짝폴짝 뛰어오른다. 가끔은 수컷 중 1마리가 평소보다 더 급격하게 하강하는 ‘번개 착지’라는 동작을 선보이기도 한다.

알파 수컷은 계속 폴짝폴짝 뛰면서 때때로 베타 수컷을 향해 윙윙거리는 독특한 울음소리를 내는데, 이를 버즈-위인트(buzz-weent) 호출이라고 부르며, 주로 짝짓기 행동과 관련이 있다. 버즈 부분은 빠르고 연속적인 진동음이고, 위인트 부분은 상대적으로 부드럽고 짧은 소리로 이루어지며 알파 수컷이 베타 수컷을 제압하고 짝을 유혹하는 데 중요한 역할을 한다. 만일 알파 수컷이 버즈 없이 위인트 호출만 하면, 베타 수컷은 춤을 멈춰야 한다. 그리고 알파 수컷이 '버터플라잉'이라는 일종의 독립 비행을 시작하면, 이제 암컷은 알파 수컷에게 집중하기 시작한다. 잘만 된다면, 알파 수컷은 성공적으로 암컷과 교미하게 된다.[7]

동물 행동학자 질 트레이너(Jill Trainer)를 비롯해 맥도널드와 그의 동료들은 해마다 코스타리카로 내려갔다. 긴꼬리마나킨에게 고유한 색으로 구분된 태그를 붙여 식별할 수 있게 만든 뒤 연구를 이어 가기 위해서였다. 은신처 안에 숨어서 마나킨의 모든 행동을 관찰하고, 메모하고, 녹음기로 울음소리 데이터도 수집했다. 매일매일 끝없이 반복되는 일상이었다. 가끔 숲에 가지 않을 때는 인근 퀘이커 공동체 안에 머물며, 사용 가능한 공간이라면 무엇이든 빌려 숙소로 삼았다.

연구가 시작된 지 얼마 지나지 않아 맥도널드는 중요한 사실을 깨달았다. 그 무엇도, 짝짓기 시즌에 긴꼬리마나킨 수컷들의 노래와 춤을 방해할 수는 없다는 것이다. 어느 해인가 지진이 발생해 그가 연구하던 지역에서 숲이 불타는 일이 있었다. 맥도널드는 "지진이 나서 땅이 흔들렸고 몸을 가눌 수가 없었어요. 연기를 흡입했을지도 모른다는 생각이 들었죠. 그만큼 불이 크게 났습니다"라고 말했다. 나중에 연구 지역의 땅 주인인 농부와 이야기를 나누다가 맥도널드는 웃음을 터트릴 수밖에 없었다. 지진과 화재로 난리가 났을 당시에도 긴꼬리마나킨들이 멈추지 않고 춤과 노래를 뽐냈다는 것이다.

맥도널드의 연구 지역에는 많은 횃대가 있었고, 횃대마다 고유한 알파와 베타 수컷 한 쌍이 거주하며 무대를 지배했다. 그러나 연구 지역의 수컷들, 심지어 나이 많은 수컷이라고 해서 모두 알파나 베타가 되는 것은 아니었다. 맥도널드는 곧 어떤 수컷들이 이 2가지 바람직한 역할을 맡게 되는지를 알아내는 데 집착하게 되었다. 그리고 마나킨이 장수한다는 사실을 알게 되었을 때 수수께끼 퍼즐의 첫 번째 조각이 맞춰졌다. 맥도널드는 말했다. "대부분 작은 새들은 3~4년밖에 살지 못하는데 마나킨은 예외예요. 무게가 14그램 정도니까, 우표 한 장 값으로 2마리를 어디론가 부칠 수 있을 정도로 작고 가볍죠. 그런데 이 작은 새가 무려 20년을 살 수 있습니다. 왜 그런지는 아직 밝혀지지 않았지만요."

짝짓기를 하는 수컷 마나킨의 평균 연령은 10살이다. 베타 수컷이 되기까지는 약 8년이 걸리며, 알파 수컷이 되기까지는 그보다 더 오래 걸린다. 알파-베타 파트너십이 형성되려면 몇 년이 걸리기도 하지만, 일단 형성되면 둘은 종종 그보다 더 오랜 시간 한 팀을 이룬다. 그리고 이것은 정말 중요한 문제다. 맥도널드와 그의 동료들이 발견한 것처럼, 알파와 베타가 함께 지내는 시간이 길수록 톨레도 호출을 만들 때 손발이 척척 맞는다. 즉, 둘이 함께하는 춤과 노래의 동기화가 잘 되어 더 많은 암컷을 그들의 횃대로 불러들이게 된다.

결과적으로 짝짓기 확률도 높아진다. 이때 거의 모든 짝짓기 기회는 알파 수컷에게 돌아가며, 번식기 동안 알파 수컷 1마리는 암컷 수십 마리와 짝짓기할 수 있다. 늘 견습생에 머무는 베타 수컷 입장에서는 좀 억울한 면이 있지만, 참고 기다리면 기회는 찾아오기 마련이다. 결국 나이 많은 알파 수컷이 죽거나 힘이 쇠약해져 더 이상 베타를 지배할 수 없게 되면, 횃대와 그에 동반되는 모든 혜택은 2인자에게 돌아가게 될 것이다.

맥도널드는 마나킨이 오래 살기 때문에 그 과정에서 형성되는 수컷들 사이의 깊은 사회적 유대가 알파와 베타를 결정하는 데 가장 중요할 것이라고 생각했다. 하지만 그런 사회적 유대는 어떤 식으로 맺어져 어떤 결과를 낳는 것일까? 그는 젊은 수컷들이 하는 행동이 나중에 알파 또는 베타가 되는 데 중요한 요소가 될 것이라고 확신했지만, 15년 이상 새들을 연구한 뒤에도 모든 것을 종합할 이론적 도구를 찾지는 못했다. 2005년, 맥도널드는 《네이처(Nature)》와 《사이언스(Science)》 등에 실린 기사를 훑어보다가 눈이 번쩍 뜨였다. 사회학자들이 복잡한 인간 사회의 역학을 연구하기 위해 사회적 네트워크 분석을 활용한다는 기사를 읽었기 때문이다. 순간 횃대를 중심으로 한 마나킨의 삶을 이해하는 데 필요한 도구를 이제야 찾았다는 생각이 들었다.

맥도널드는 기사를 심도 있게 읽으며 사회적 네트워크 분석 방법을 이해하기 시작했다. 요약하자면, 그룹 구성원 간의 직간접적인 연결 고리를 파악하고, 정보 흐름을 추적한 뒤, 개인들로 구성된 그룹이 얼마나 잘 통합되어 있는지를 이해함으로써 네트워크를 주도하는 중심 주체가 누구인지를 파악한다는 것이다. 그는 곧 이런 접근 방식을 마나킨 그룹에게도 적용해 결국 누가 알파가 되고 누가 베타가 될지에 대한 질문에 답할 수 있을 것이라고 확신했다.

맥도널드는 성공적으로 번식하는 수컷의 평균 나이가 대략 10세라는 것을 알게 되었다. 그리고 수컷의 성장기인 1세에서 6세에 이르는 동안에 다른 수컷들과 유대 관계를 맺을 것이라고 추측했다. 맥도널드는 은신처에 숨어 9,288시간 동안 수집한 데이터를 바탕으로 한 개체가 성장하는 동안 얼마나 많은 다른 수컷 동료들과 어울렸는지, 그리고 그 동료들이 주변의 다른 개체들과 얼마나 많은 유대 관계를 형성했는지를 살펴보았다. 이를 통해 수컷 마나킨들의 사회적 네트워크를 구성해 보았는데, 이는 수컷들이 성공적인 알파와 베타 팀을 이루게 되는 패턴을 알아내기 위해서였다.

맥도널드가 내린 결론은, 어린 시절 사회적 네트워크에 깊숙이 뿌리내린 수컷들이 나중에 자라서 횃대를 지키며 듀엣 공연을 하게 되는 경우가 많다는 것이다. 이와 같은 결론은, 각 횃대 구역에 암컷을 위한 듀엣 공연을 하는 수컷은 알파와 베타뿐이지만, 근처에 암컷이 없을 때는 다른 많은 수컷이 그 구역에 모여 공연 연습을 한다는 사실에서 추론할 수 있다. 맥도널드는 수컷이 다른 수컷들로 가득한 횃대 구역들을 돌아다니는 1세에서 6세 사이에 형성된 네트워크가, 대략 5년 후 어떤 수컷이 알파와 베타가 될지를 예측하는 데 핵심 요소란 것을 알아냈다. 마나킨 수컷은 성장기 초기에 횃대 구역에서 다른 수컷과 더 많은 유대 관계를 쌓을수록 친구(가장 친한 수컷) 또는 그 친구의 친구와 함께 듀엣의 지위에 오를 가능성이 높아졌다. 즉, 이들의 사회적 네트워크에서 연결이 하나씩 늘어날 때마다 그 수컷이 알파 또는 베타의 지위에 도달할 확률은 다섯 배씩 커졌다. 수컷 마나킨은 성장기에 사회적 연결, 사람으로 치자면 인맥을 쌓는 데 주력해 사회적 네트워크에서 자신의 역할을 만들어 내고 공고히 했다. 그리고 이런 노력은 몇 년의 숙성 기간을 거친 뒤 결실을 맺었다.[8]

마나킨의 사회적 네트워크에 관한 연구를 발표한 후, 맥도널드는 이 새를 연구하던 초창기 시절의 파일을 다시 살펴보았다. 그리고 자신이 만들었지만 오랫동안 잊고 있었던 다이어그램을 우연히 발견했다. 수컷 마나킨들 간의 연결 고리를 스케치한 것이었다. 단지 구체적인 방법을 몰랐을 뿐, 이미 오래전부터 이 새들의 사회적 네트워크를 활용할 도구를 생각하고 있었던 것이다.

열대우림의 작은 춤꾼들: 마나킨의 사회성과 생존 전략

에콰도르의 야수니(Yasuni) 생물권 보호구역에서는 브란트 라이더(T. Brandt Ryder)가 선형꼬리마나킨(Pipra filicauda)의 생태와 환경 및 시대적 배경에 대한 연구를 시작하고 있었다. 당시 그는 이 새의 사회적 네트워크에 대해 잘 알고 있었다. 연구를 시작하기 전에 이미 긴꼬리마나킨에 대한 맥도널드의 연구 논문을 읽었고, 심지어 그를 자신의 박사 과정 심사위원으로 위촉하기도 했다.

선형꼬리마나킨과 긴꼬리마나킨을 포함한 53종의 마나킨은 과장된 구애 행위의 대표 주자들이다. 그런데 이런 과장된 행동을 잘 살펴보면 종마다 미세한 차이가 있으며, 그런 차이는 종종 조정되기도 한다. 몇몇 마나킨 종의 수컷은 자신의 무대인 횃대 구역에서 오로지 혼자서 노래하고 춤추며, 암컷을 향한 구애 쇼를 펼친다. 그리고 이런 경우 수컷들끼리의 상호작용은 대부분 적대적이다. 반면에 맥도널드가 연구한 긴꼬리마나킨 같은 몇몇 종은 알파와 베타 수컷이 서로 협력하여 노래하고 춤추면서 암컷을 유인하는 경우가 대부분이다. 선형꼬리마나킨 같은 종의 수컷들은 때로는 혼자서, 때로는 다른 수컷과 짝을 이루어 구애 쇼를 펼치는데, 이는 독립적인 구애 행동에서 쌍으로 협력하는 구애 행동으로 진화하는 단계일 수 있다. 라이

더에게 이것은 사회적 네트워크를 활용해, 아직은 잘 알려지지 않은 '협력의 진화 단계'를 파헤칠 중요한 기회를 의미했다.

유네스코 티푸티니(UNESCO Tiputini) 생물다양성 관측소는 키토에서 남동쪽으로 300킬로미터 떨어진 아마존 저지대 열대우림에 위치해 있으며, 744헥타르 규모이다. 키토에 있는 샌프란시스코대학교와 보스턴대학교 간의 국제 협력 결과로 세워진 이곳은 라이더가 논문 데이터를 수집하는 동안 머무는 집이 되어 주었다. 이 관측소는 150만 헥타르 규모의 땅에 지구상에서 가장 다양한 생태계(제곱미터당)를 보유한 야수니 생물권 보호구역 안에 있다. 티푸티니와 야수니 생물권 보호구역에는 다양한 동물이 서식하고 있는데, 눈에 띄는 것만 해도 1,000여 종이 훨씬 넘는다. 거대 개미핥기(Myrmecophaga tridactyla), 황금망토타마린(Saguinus tripartitus), 그리고 흰꼬리 티티원숭이(Callicebus discolor)를 포함한 포유류 200여 종, 지도 나무 개구리(Hypsiboas geographicus)와 아마존 독 개구리(Ranitomeya ventrimaculata)를 포함한 양서류 150여 종, 어류 250여 종이 살고 있으며, 놀랍게도 안데스 콘도르(Vultur gryphus), 푸른귀벌새(Colibri coruscans), 거대 벌새(Patagona gigas), 선형꼬리마나킨을 포함한 조류는 610종이 넘게 살고 있다.[9]

선형꼬리마나킨 수컷들이 합심해서 구애 행동을 하는 것은 전체의 30퍼센트에 불과하며, 나머지는 홀로 해낸다. 그런데 일단 알파와 베타 수컷이 함께 구애 행동을 시작하면, 주변의 풍경만큼이나 장관을 이루는 멋진 공연이 펼쳐진다. 긴꼬리마나킨들처럼 화려한 노란색, 빨간색, 검은색 깃털로 곱게 장식된 옷을 입은 이 새들은 우편 요금 측정 저울에서도 거의 감지되지 않을 정도로 작고 가볍지만, 구애쇼만큼은 결코 하찮지 않다. 한 쌍의 알파와 베타 수컷은 서로 번갈아 가며 옆으로 점프하기, 앞뒤로 점프하기, 꼬리 깃털을 세운 채 뒤로 기어가기, 빠른 선회 비행, 그리고 공연 파트너 위에서 S자 모양을 그리는 '급강하 비행'을 보여 준다. 암컷의 눈을 현혹할 정도로 황홀한 장면을 짧은 시간 동안 쉴 새 없이 펼쳐 놓는 것이다.

라이더는 쌍안경과 녹음기를 손에 들고, 오랜 시간 조류 관찰용 은신처에 숨어 철사꼬리마나킨(wire-tailed manakin)의 행동을 하나도 빠짐없이 관찰하기로 했다. 그런데 때마침 마나킨들이 구애 행동을 보이지 않았고, 그 덕분에 마나킨들의 춤과 노래가 가진 목적에 대해 충분히 생각할 수 있는 시간이 생겼다. 문제는 그 시간 동안 모기, 개미, 꼬마꽃벌(sweat bees)의 끊임없는 공격에 대해 생각할 시간도 주어졌다는 것이다. 특히 꼬마꽃벌은 라이더처럼 가만히 서서 땀을 흘리는 사람을 가장 좋아했다(꼬마꽃벌은 이름처럼 땀에서 염분과 수분을 얻는다.-역주) 또, 야생에서 연구하는 사람들이 흔히 경험하는 '영혼을 짓누르는' 충격적인 시간이 찾아오기도 했다. 예를 들어, 알파와 베타가 지나치게 멋진 구애 공연을 하는 바람에, 둘 중 하나의 다리에 묶어 놓은 밴드를 식별하기 어려운 경우였다. 이것은 대부분 마나킨의 다리 밴드가 잎사귀 같은 것에 가려져 벌어지는 안타까운 사건이다.[10]

414시간의 관찰을 통해 얻은 정보를 바탕으로, 라이더는 수컷들을 세 그룹으로 나누고 그들만의 사회적 네트워크를 파악하기 시작했다. 이 네트워크는 주로 수컷들끼리 보여 주는 협조적인 행동을 기반으로 한 것이었다. 특정한 세부 사항은 무시하고 가장 일반적인 수준에서 볼 때, 철사꼬리마나킨 그룹들에서 발견된 새 1마리당 평균 연결 수는 상대적으로 많지 않았다. 하지만 개체마다 보여 주는 연결 수는 서로 간에 많은 차이를 보였다. 그리고 네트워크 내 수컷들끼리의 상호작용 대부분은 횃대 지배자인 소수의 수컷과 그들의 공연 파트너들이 주도했다. 또 횃대 지역을 지배하는 수컷은 네트워크 전체 연결망에서 허브 역할을 하고 있었다.

철사꼬리마나킨 수컷이 번식에 성공할지 여부를 가장 잘 예측할 수 있는 지표는 횃대 영역 점유 기간이다. 수컷이 영역을 점유한 기간이 1년 늘어날 때마다 아버지가 될 확률은 4배씩 증가했다. 이는 수컷들이 결국 영역을 확보해야 한다는 강한 압박을 느끼도록 만들었고, 이를 달성하는 방법은 네트워킹이었다. 즉, 어떤 수컷이 횃대 영역 지배자로 올라갈 수 있는지를 예측하려면 이 새를 중심으로 얼마나 많은 네트워크 연결이 유지되는지를 보면 된다. 협력적인 행동을 하는 파트너 수컷이 1마리 더 늘어날 때마다, 알파 수컷이 되어 횃대 영역을 차지할 가능성은 7배씩 더 커졌다.[11]

그런데 예상치 못한 전개가 기다리고 있었다. 라이더와 동물 행동학자 로슬린 다킨(Roslyn Dakin)은 네트워크 내 수컷들의 공연 파트너 수가 많을수록 그 네트워크의 안정성이 서서히 낮아진다는 사실을 발견했다. 대부분 분석 모델에서는 네트워크의 구성원들이 더 깊게 연결될수록 네트워크가 더 안정적이다. 직관적으로 이해하자면, 구성원들 간의 사회성을 방해하는 데 더 많은 노력이 필요하기 때문이라고 추측할 수 있다. 그러나 철사꼬리마나킨의 경우에는 반대의 패턴을 보였다. 왜일까? 라이더와 다킨은 고개를 저으며 답을 찾다가, 마침내 무슨 일이 일어나고 있는지 깨달았다. 더 많은 다른 새들과 상호작용하는 새일수록, 공연 가능한 파트너들이 많아지기 때문이었다. 즉, 알파 수컷 자리를 노리거나 그 자리를 지키려는 수컷들은 언제든 현재의 공연 파트너보다 더 마음에 드는 수컷을 발견하면 기회를 놓치지 않으려 할 것이다. 시간이 지나 이 모든 것이 정리되어 안정기에 접어들 때까지, 네트워크는 불안한 시기를 겪을 수밖에 없다.[12]

긴꼬리마나킨은 짝짓기 상대인 암컷을 유인하기 위한 모든 횃대 공연을 알파 수컷과 베타 수컷의 협동으로 해낸다. 하지만 철사꼬리마나킨은 10번 중 3번만 협동하고, 나머지 7번은 1마리 수컷이 홀로 공연한다. 두 종의 조금은 다른 생태적 특징에도 불구하고, 이들의 삶에서 사회적 네트워크는 무엇보다 중요했다. 이는 수컷들이 경쟁적이고 공격적인 행동에서 벗어나 결국 더 많은 파트너와 관계를 맺도록 도와주는 데 사회적 네트워크가 필수 조건임을 증명한다. 즉, 수컷들의 사회적 네트워크야말로 종의 생존과 번식을 더욱 유리한 방향으로 이끄는 핵심 요소라 할 수 있다.

폭풍 후의 연대: 사회적 네트워크의 재구성

4등급 위력의 허리케인이 지나간 뒤, 카요 산티아고 섬 붉은털원숭이들의 사회적 네트워크는 산산조각이 날 정도로 큰 피해를 입었다. 그에 비해 긴꼬리마나킨과 철사꼬리마나킨 들의 사회적 네트워크는 거의 피해를 보지 않았고, 회복도 빨랐다. 그렇다면 앞서 사회성이 뛰어났던 것으로 언급했던 카요 섬 원숭이들의 네트워크는 결국 어떻게 되었을까?

허리케인 마리아가 덮쳤을 당시 카요 섬의 식물 60퍼센트 이상과 연구팀이 설치한 많은 인프라가 파괴되었다. 그리고 이 인프라에는 원숭이들에게 그 어느 때보다 절실했을 급식기도 포함되어 있었다. 따라서 카요 섬의 붉은털원숭이들이 떼죽음을 당했다고 해도 이상하지 않을 상황이었다. 하지만 놀랍게도 허리케인이 몰아치는 동안 붉은털원숭이는 단 1마리도 죽지 않았고, 허리케인이 지나간 직후에 약 2퍼센트 정도만 굶어 죽은 것으로 드러났다. "믿을 수가 없었어요. 붉은털원숭이들은 몸집도 작잖아요? 그리고 나무들은 대부분 날아가거나 쓰러졌어요. 뭔가를 붙잡고 있을 만한 상황도 아니었고요."

브렌트의 얼굴에는 놀라움이 가득했다. 처음에 브렌트는 이 원숭이들이 바람을 어느 정도 막아 줄 수 있는 해피 밸리라는 계곡에 숨었을지도 모른다고 생각했다. 하지만 보통 때 해피 밸리에는 붉은털원숭이 50마리 정도가 살고 있었고, 1,700마리의 원숭이가 피신처로 삼을 만큼 넓지 않았다. 이후에도 브렌트와 다른 연구원들은 강력한 허리케인이 불어닥치는 동안 이 원숭이들에게 무슨 일이 일어났는지를 알아내려 노력했지만 끝내 밝혀내지 못했다.

허리케인 마리아가 휩쓸고 지나간 지 약 석 달이 지난 후에야 충격은 어느 정도 가라앉았다. 브렌트는 대니 필립스와 섬으로 돌아온 다른 현장 보조원들로부터 여러 가지 이야기를 들었고, 붉은털원숭이들의 사회적 네트워크에 대해 다시 진지하게 생각하기 시작했다. 그들이 들려준 이야기의 핵심은 "원숭이들이 이상하게 행동하고 있다"는 것이었다. 브렌트가 어떻게 이상하냐고 묻자, 현장 사람들은 하나같이 원숭이들이 예전보다 서로를 더 친근하게 대하는 것 같다고 입을 모았다. 2018년 초, 허리케인이 지나간 지 약 다섯 달이 지난 시점에 그녀는 이 사실을 직접 확인하기 위해 섬으로 건너갔다. 푸에르토리코의 다른 지역처럼 섬은 여전히 허리케인이 남긴 상처로 힘들어 하고 있었다. "하지만 카요에 도착했을 때 전혀 기대하지 않았던 광경을 보았어요. 원숭이들은 편안해 보였어요. 서로 옆에 앉아 있는 것만으로도"라고 브렌트는 말했다.

그 당시에는 대규모 자연재해가 휩쓸고 간 후 동물들의 사회적 네트워크에 어떤 변화가 생기는지에 대해 알려진 정보가 거의 없었다. 브렌트는 허리케인 마리아가 푸에르토리코에 남긴 상처는 끔찍하지만, 바로 이런 역학에 대한 통찰을 제공하는 데 긍정적인 작용을 할 것이라 기대했다. 브렌트와 그녀의 팀은 훨씬 더 친근해진 붉은털원숭이들을 주의 깊게 살펴보았다. 허리케인 마리아가 이 원숭이들의 사회적 네트워크를 근본적으로 바꾸어 놓은 것은 확실했다. 한 예로, 두 원숭이 그룹의 그루밍과 근접성 네트워크 측면에서 허리케인 마리아가 오기 전 3년 동안과 허리케인 직후 1년 동안을 비교한 결과를 들 수 있다. 그동안 연구원들이 관찰한 자료들은 허리케인 이후 원숭이들이 서로에게 더 친절해졌다는 사실을 확실히 뒷받침하고 있었다. 허리케인 이후 원숭이들은 서로 가까이에서 발견될 확률이 4배나 더 커졌고, 서로를 그루밍할 확률은 50퍼센트 더 커졌다. 또한, 허리케인 이전에는 그루밍을 가장 적게 하고 다른 원숭이들과 가까이 지내는 시간도 가장 적었던 원숭이들이 허리케인 이후에는 가장 크게 변한 것으로 나타났다.

브렌트와 동료들은 붉은털원숭이의 그루밍 행동을 분석하는 과정에서 2가지 가능성을 염두에 두었다. 즉, 그루밍 파트너 수가 증가했거나 특정 파트너와 보내는 시간이 늘어났기 때문에 원숭이들의 사회적 네트워크 구조에 변화가 생겼을 것이라고 추측했다. 물론 2가지 모두 원인일 수도 있었다. 연구 결과, 허리케인 이후 원숭이들의 사회적 파트너 수는 더 많아졌지만, 평균적인 그루밍 관계가 더 깊어지지는 않았음이 드러났다. 원숭이들은 네트워크 안에서 더 많은 우정 관계를 만들었을 뿐, 기존의 우정을 더욱 강화한 것은 아니었다. 어쨌든 허리케인이라는 재난은 원숭이 그룹의 구성원들을 서로 더욱 가깝게 묶어 주었다. 그들이 더욱 친밀해진 원인은 늘어난 그루밍 파트너들 때문이었고, 이 파트너들은 허리케인으로 인한 스트레스나 부정적인 영향을 덜 느끼는 데 도움이 되었다. 즉, 늘어난 그루밍 파트너들은 자연재해로 인한 스트레스, 불안, 사회적 네트워크의 혼란이 안겨 준 충격을 막는 완충재 역할을 해 주었다.

그리고 다시 한번 말하지만, 중요한 건 친구의 친구였다. 붉은털 원숭이들은 어려운 상황 속에서 새로운 사회적 유대 관계를 형성할

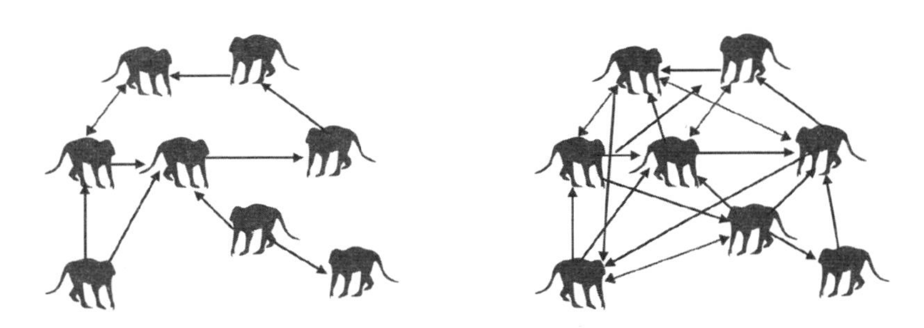

<그림 1> 허리케인 '마리아' 이전과 이후, 카요 산티아고 섬 붉은털원숭이의 그루밍 네트워크(→: 일방향 그루밍, ↔: 양방향 그루밍)

허리케인 마리아 이후 원숭이들은 더 많은 사회적 파트너를 가졌지만, 이전 파트너와의 유대 관계가 더 깊어지지는 않았다. C. 테스타드, M. 라슨, M. 와토비치, C. H. 카플린스키, A. 베르나우, M. 폴더, H. H. 마샬 외, 「붉은털원숭이, 자연재해 후 새로운 사회적 관계 구축(Rhesus Macaques Build New Social Connections after a Natural Disaster)」, Current Biology 31(2021): 299-309.

붉은털원숭이 이미지 출처: istock.com

때 가장 저항이 적은 경로를 선택하는 자연의 법칙을 따랐다. 그들은 복잡한 과정을 피하고 이미 존재하는 관계인 친구의 친구를 활용하는 길을 택했다. 만약 허리케인이 덮치기 전에 원숭이 1이 원숭이 2와 그루밍 관계에 있었다면, 허리케인 이후에는 원숭이 2의 그루밍 파트너 중 하나와 새로운 그루밍 관계를 맺을 가능성이 커졌다. 재난은 원숭이들을 서로 더 가깝게 만들었고, 사회적 네트워크 분석은 그 과정을 보여 주는 완벽한 방법이었다.

지금까지는 동물의 사회적 네트워크가 어떤 모습인지, 그것이 네트워크의 구성원인 동물들에게 어떤 의미인지를 살펴보았다. 이제 우리는 조금 더 깊이 파고들어 동물 행동 분야에서 사회적 네트워크 접근법이 어떻게 발전해 왔는지와 관련된 역사적인 측면을 알아보고, 동물 행동학자들이 다른 학문에서 많은 아이디어를 가져와 '진화'시킨 방법과 이유도 살펴볼 것이다. 그런 다음 다양한 동물들(큰유황앵무, 만타가오리, 버빗원숭이 등)의 사회적 네트워크에 대해서도 다룰 것이다. 이로써 독자들은 동물 행동학자들이 네트워크를 연구하기 위해 사용하는 이론적 기초를 들여다보고, 네트워크 분석이 동물 행동 연구에 어떻게 적용되는지를 좀 더 명확히 이해하게 될 것이다.

제2장

끈끈한 유대 관계

나는 추측 없이는 훌륭하고 독창적인 관찰도
없다는 것을 굳게 믿는다.
-1857년 12월 22일 찰스 다윈(Charles Darwin)이
앨프리드 러셀 월리스(Alfred Russel Wallace)에게 보낸
편지 중에서

사회적 네트워크 사고의 씨앗은 앨프리드 에스피나스(Alfred Espinas)의 저서 곳곳에 뿌려져 있다. 1877년 6월, 33살의 사회학자 지망생이었던 그는 자신의 박사 학위 논문 「동물 사회(Des societes animales)」가 학문적으로 타당하다는 것을 입증하기 위해 소르본대학교 과학부 앞에 섰다. 이 자리에서 에스피나스는 사회학자가 동물 사회를 연구할 수 있으며, 또 연구해야 한다고 제안했다. 심지어 그는 동물의 사회적 행동이 "사회학의 첫 번째 장을 구성한다"고 연설했다. 소르본대학교의 일부 사람들이 보기에는 과학이 아니라는 생각이 들 정도로 급진적인 주장이었지만, 에스피나스는 그들의 반대를 이겨내고 박사 학위를 받았다. 당시 에스피나스는 "동물 사회는 시간이 지나도 지속되며, 구성원 간의 사회적 상호작용이 복잡한 그물망처럼 얽힌 집단"이라는 가설을 세웠다. 그리고 라파엘 페트루치(Raphaël Petrucci) 같은 다른 사회학자들도 곧 비슷한 주장을 하게 되었다.[1]

이 아이디어들이 생물학으로 전이되는 데까지는 거의 80년이 걸렸다. 그 이유 중 하나는 동물에 관심이 있는 생물학자들이 사회학 연구 결과들을 제대로 인식하지 못했기 때문이다. 그런데 그보다 더

큰 이유는 초기 동물 행동학자들이 동물의 사회적 행동에 집단 역학이 미치는 영향을 중점적으로 연구하지 않은 데 있다. 1950년대 초 대부분의 동물 행동학 연구는 동물들의 사회적 행동이 선천적이며 뇌의 특별한 '중심 부위'에 의해 통제되는 것으로 여겼다. 이 이론에 따르면, 자극은 뇌의 중심 부위를 열어 동물이 행동하도록 유도하는 열쇠 역할을 했다. 많은 연구자가 동물의 사회적 조직을 복잡한 사회적 상호작용으로 생각하기보다는 선천적인 자극-반응 관계의 총합으로 보았다. 즉, 동물 사회란 여러 개의 선천적인 반응들이 모여 형성된 데 지나지 않는다는 것이다. 그러나 일부 연구자들이 이런 기계론적 설명에 의문을 제기하기 시작했고, 집단 내부나 집단들 사이에서 이루어지는 동물의 행동을 구조화하는 데 있어 사회적, 생태학적 요인이 어떤 작용을 하는지 밝히기 위한 연구를 시작했다.[2]

사회적 네트워크의 진화: 동물 행동학과 네트워크 분석의 융합

1950년대 후반이 되자 일부 동물 행동학자들은 동물 사회 집단을 다이어그램 등으로 시각화하는 작업을 본격적으로 시작했다. 이들이 만든 결과물에는 동물 개체들이 특정 상황에서 어떤 행동을 취하는지뿐만 아니라, 개체 간 근접성, 집단 응집력, 집단 안정성, 집단 개방성(새로운 구성원에 대한 수용 여부) 등이 포함되어 있다. 이어서 동물 행동학자들은 파벌(clique, 소집단)로 연구 범위를 넓혀 가기 시작했다. 파벌은 정보가 한 구성원에서 다른 구성원으로 흐르는 단위 역할을 하는

하위 그룹이다.[3]

영장류학자들이 이런 움직임에 가장 먼저 동참했는데, 이는 새로운 접근법에 내재된 복잡한 역학 관계를 유지하려면 영장류의 큰 두뇌가 필요하다고 (잘못) 생각했기 때문이다. 사실 더 큰 이유는 일부 사회학자들이 영장류 연구를 이미 시작한 덕분에 사회학과 영장류학 간에 자연스러운 교류가 진행되었기 때문이다. 이런 영향으로, 인간 집단의 구조와 그 집단 내 개인의 위치를 설명하기 위해 개발된 계량사회학적 접근법이 몇몇 동물 행동학자들의 도구로 사용되기 시작했다. 계량사회학에서는 그룹 내 구성원 간의 사회적 관계 패턴을 수학적 그래프 이론으로 설명한다. 이 이론에서 개인은 노드(교점)로 표시되며, 노드들은 공격·거래·협력 등의 상호작용을 나타내는 선(에지)으로 연결된다. 이런 계량사회학적 접근법은 현대의 사회적 네트워크 분석이 자리 잡도록 도와준 중요한 선구자이기도 하다.

1965년, 영장류학자 도널드 세이드(Donald Sade)의 연구는 동물에 대한 계량사회학적 접근법을 적용한 초기 사례 중 하나이다. 그는 카요 산티아고 섬에 이주한 붉은털원숭이들의 상호 그루밍에 대한 소시오그램(오늘날 우리가 사회적 네트워크라고 부르는 것을 보여 준다)을 만들었다. 이 소시오그램에서는 그루밍 자체뿐만 아니라, 그루밍 관계의 강도를 파악하기 위해 노드를 잇는 선에 가중치를 주는 방법이 사용되었다. 즉, 노드들을 잇는 결속선의 두께가 그루밍 상호작용의 빈도수에 따라 달라지며, 선이 두꺼울수록 그루밍 관계가 강함을 의미했다.[4]

1970년대 중반이 되자, 동물 행동학자 로버트 힌데(Robert Hinde)는 구성원 한 쌍의 상호작용이 원칙적으로 집단생활 전체의 역학 관계에 영향을 끼칠 수 있다는 개념에 대해 더 진지하게 생각하기 시작했다. 그리고 계량사회학적 접근법에서는 노드가 단지 붉은털원숭이뿐만 아니라 모든 영장류 종의 개체를 나타낼 수 있다는 사실도 깨달았다. 실제로 새, 물고기, 곤충 등 다양한 집단의 개체들도 노드로 표현될 수 있음을 알게 된 것이다.[5]

하지만 문제가 있었다. 우선, 계량사회학 연구는 컴퓨팅 파워 문제로 어려움을 겪었다. 물론 계량사회학에서 사용되는 일부 지표는 수작업으로도 간단하게 계산할 수 있다. 예를 들어, 한 동물이 상호작용하는 개체 수를 단순히 세어서 나타내는 '연결 정도(degree)'라는 지표를 계산하는 것은 어렵지 않다. 관계의 빈도, 지속 시간, 상호작용의 질 등을 반영하여 수치로 표현하는 '연결 강도(strength)' 역시 네트워크 내에서 한 쌍의 동물들 사이에 오가는 상대적인 상호작용 빈도를 사용하면 쉽게 계산할 수 있다. 그러나 잠시 후 자세히 살펴볼 다른 많은 지표를 사용하려면 컴퓨팅 성능이 향상될 때까지 기다려야 했다.

21세기 초에 이르자 컴퓨팅 파워가 올라가면서 사회적 네트워크 분석도 가능해졌다. 이제 동물 행동학자들은 인간이 아닌 생물의 복잡한 네트워크 구조를 깊이 파고들 수 있는 새로운 측정 기준을 갖게 되었다. 하지만 사회적 네트워크 분석은 단순히 계량사회학의 고성능 버전 이상이다. 이 분석들은 동물의 사회적 네트워크 구조를 묘사하는 데 그치지 않고, 네트워크가 어떻게 형성되고, 어떤 속성을 가지며, 동물 행동 분야의 생태 및 진화적 맥락에서 그 기능이 무엇인지를 밝히고자 한다.

우리는 현재 이런 분석이 어떻게 이루어지고 있는지, 그리고 동물 행동학자들이 사용할 수 있는 사회적 네트워크 도구에는 무엇이

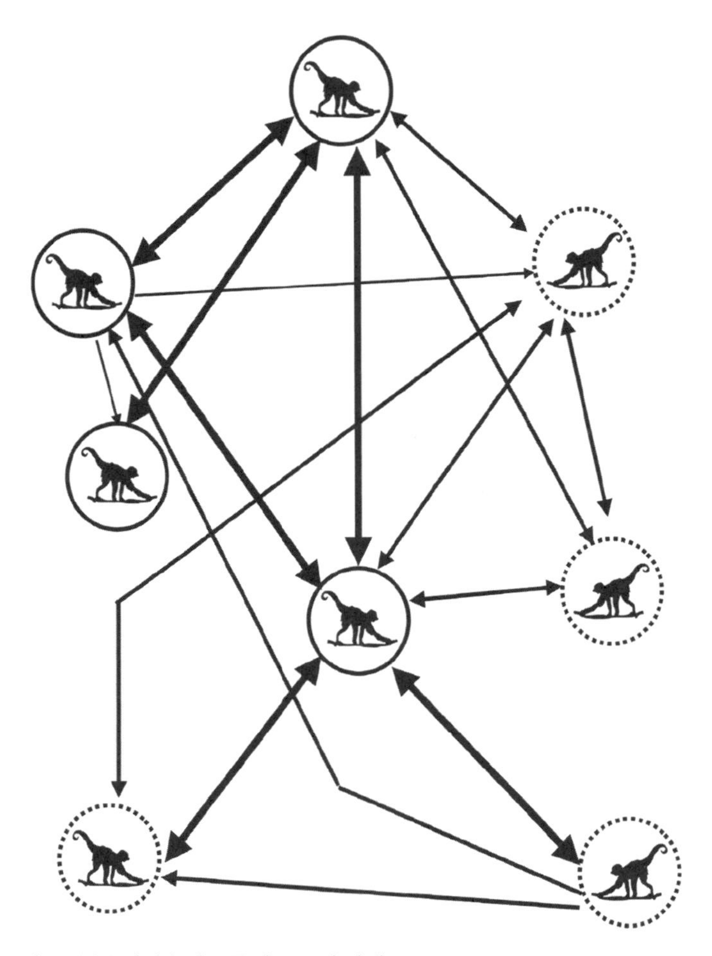

<그림 2> 붉은털원숭이 그룹의 그루밍 관계(실선 동그라미: 암컷, 점선 동그라미: 수컷)

원숭이들을 연결하는 선은 그루밍 관계를 나타낸다. 이 선에는 가중치가 부여되어 있으며, 선의 두께는 그루밍 관계의 상대적인 강도를 보여 준다. 선 끝의 화살표는 그루밍의 방향성을 나타내는데, 대부분의 그루밍 관계는 양방향으로 이루어지지만 일부는 단방향이다. 도널드 세이드, 「붉은털원숭이 집단에서 부모-자식 및 형제 관계의 몇 가지 측면, 그루밍에 대한 논의와 함께(Some Aspects of Parent-Offspring and Sibling Relations in a Group of Rhesus Monkeys, with a Discussion of Grooming)」, 미국 물리 인류학 저널 23 (1965): 1-17.

원숭이 이미지 출처: istock.com

있는지 알아보기 위해 서파푸아의 라자암팟 섬 근처 만타가오리 네트워크를 탐험하고, 남아프리카 마와나 수렵 금지 구역의 버빗원숭이 네트워크도 살펴볼 것이다. 그런데 그 전에 호주 시드니로 건너가 큰유황앵무의 사회적 네트워크와 관련된 시민 과학 프로젝트부터 살펴보자.[6]

앵무새 네트워크의 비밀을 푸는 시민 과학

루시 애플린(Lucy Aplin)은 "제가 어렸을 때는 아빠가 일하던 (서호주) 박물관의 복도 뒤편을 돌아다니는 것이 방과 후 일상이었어요. 박물관이 방과 후 돌봄 교실이나 마찬가지였죠. 덕분에 박물관 전시물 사이에서 자유롭게 뛰놀던 환상적인 추억을 가지고 있어요"라고 회상했다. 20여 년 후 애플린은 다시 박물관으로 돌아왔는데, 이번에는 연구를 수행하는 신진 동물학자가 되어 있었다.

애플린은 큰유황앵무(Cacatua galerita)가 얼마나 잘 길드는 새인지 알고 있다. 어렸을 때 이 새를 키웠고, 동네를 날아다니는 것도 많이 봐왔기 때문이다. 애플린은 시드니 왕립식물원 근처의 아파트 발코니에서 남동생과 함께 앉아 있던 때를 떠올렸다. 2015년 당시 그녀는 옥스퍼드대학교에서 주니어 펠로우십 과정을 밟으며 동물의 사회적 네트워크를 연구하던 중이었다. 마침 휴가 기간에 남동생의 아파트를 찾았다가 그 집을 자주 드나들던 큰유황앵무에게 손으로 먹이를 주고 있는 자신을 발견했다. 그러다가 새 몇 마리가 날개에 번호표를 달고 있는 것을 알아차렸고, 이 사실을 남동생에게 말했다. 그러자 남동생은 스마트폰에서 윙태그(Wingtags)라는 앱을 켠 뒤 어떤 새가 자신의 집을 찾아왔는지를 기록했다. 애플린은 말했다. "정말 대단하다고 생각했어요. 소셜 네트워크로 이렇게 많은 일을 할 수 있구나 싶었죠."

호주 박물관의 존 마틴(John Martin)과 리처드 메이저(Richard Major)가 구상한 윙태그는 일종의 시민 과학 프로젝트이다. 이 프로젝트는 시드니 주민들의 앵무새에 대한 사랑과 이 새들의 행동 및 생태 데이터 수집 방법을 결합할 수 있게 설계되었다. 앵무새는 수천 종의 이국적인 식물과 토종 식물이 자라는 왕립식물원 주변에서 자주 볼 수 있는데, 이곳에는 이 새가 둥지를 틀고 쉴 만한 적당한 구멍을 가진 토종 나무들이 있기 때문이다. 마틴과 메이저, 그리고 연구팀은 이곳에서 큰유황앵무 136마리를 포획해 번호가 매겨진 태그를 날개에 붙인 뒤 다시 날려 보냈다. 태그가 부착된 새들 대부분은 식물원에서 반경 10킬로미터 이내에 머물렀다.[7]

윙태그 앱은 2012년에 출시되었고, 그 후 파생 앱인 빅시티 버드도 출시되었다. 현재 시드니 주민 약 1,000명이 이 두 앱에 접속해 2만 7,000건 이상 앵무새 위치를 보고하고 있다. 시민 과학자들은 일단 새가 목격되면, 날개 태그 밴드가 포함된 사진을 찍어 이미지를 업로드한다. 그러면 앱은 새의 GPS 위치를 기록해 데이터를 남긴다. 자원봉사자들이 8,000개 이상의 이미지를 조사한 결과, 새들은 대부분 먹이를 먹는 중이었다.

윙태그 데이터를 사용해 앵무새 먹이 네트워크를 구축하고 분석해야겠다고 생각한 애플린은 호주 박물관의 관장을 찾아가 상의한 뒤, 다음 해인 2016년에 6개월 정도 이 일을 진행하기로 했다. 2016년은 우연히도 왕립식물원 개원 200주년이 되는 해였다. 애플린은 거의 모든 시간을 2가지 작업에 투자했다. 하나는 윙태그 출시 이후 축적된 엄청난 양의 디지털 데이터를 샅샅이 뒤져 새들의 사회적 네트워크를 연구하는 데 이용할 자료를 찾고, 알맞은 형태로 변환하는 일이었다. 그녀는 자신이 키우던 앵무새의 행동에 대한 지식을 바탕으로 박물관 관장 및 다른 관계자들과 논의 끝에 하나의 규칙을 만들었다. 앵무새들이 30분 동안 100미터 이내에 함께 있는 것으로 GPS 좌표에 표시되면, 해당 시간 동안 같은 그룹에 속한 것으로 간주하기로 했다.

두 번째 작업은 더 까다로웠다. 앵무새들의 사회적 네트워크를 구축하려면 태그가 붙은 새들의 대표적인 표본을 기반으로 한 데이터를 모아야 했다. "어쩌면 사람들은 자신이 좋아하는 특정 앵무새만 골라 사진을 찍고 앱에 올릴지도 모른다는 생각이 들었어요. 관심이 없는 새는 앱에 보고하지 않을 수도 있으니까요." 애플린은 호주 사람들이 특정한 앵무새와 유독 강한 유대감을 형성한다는 사실을 알고 있었다. 따라서 그녀의 이런 걱정은 터무니없는 생각이 아니었다. 그녀가 말을 이었다. "유럽이나 북미 사람들하고는 달라요. 호주 사람들은 정말 특정한 앵무새를 알아보고, 새들도 특정한 사람들을 알아보는 경우가 많아요."

한 시민 과학자와 125번 앵무새의 특별한 우정이 그런 경우다. 어느 날 애플린은 한 통의 이메일을 받았다. 지난 몇 년 동안 자신을 찾아온 앵무새에게 먹이를 준 사람이 보낸 것이었다. "매일 같은 시간에 이 앵무새가 저희 집 주방 창문에 나타납니다. 그리고 제가 창문을 열어 주면, 테이블로 날아와 아침 식사를 함께합니다. (……) 아내가 앵무새를 제 여자 친구라고 부를 정도로 우리는 무척 친해졌어요." 그런데 125번 앵무새가 이 집을 찾아갔던 대부분 기간은 날개에 태그를 붙이기 전이었던 것 같다. "오늘 아침 이 새가 큰 플라스틱 꼬리표를 날개에 달고 나타났을 때 제가 얼마나 놀랐을지 상상해 보세요!" 그리고 덧붙인 한마디에 애플린은 그만 웃음이 터지고 말았다. "제 앵무새 여자 친구가 이 프로젝트에 참여하는 걸 허락은 하겠습니다만, 이름은 제대로 지어야 하지 않을까요? 음, 이 녀석을 '여자 친구'라고 부르면 어떨까요?" 그 요청에 애플린은 잠시 생각에 잠겼다. 만일 사람과 교류하는 앵무새에 대한 데이터가 더 많이 쌓이게 된다면, 연구의 신뢰성에 문제가 생길 것이다. 신뢰성을 더욱 높이기 위해서라도 윙태그에 쌓인 데이터가 편향되지 않았음을 확인할 필요가 있었다.

애플린은 우선 날개에 태그를 단 앵무새 9마리를 포획한 뒤 이들에게 태양광으로 작동되는 10그램짜리 GPS 태그도 붙여 주기로 했다. 이 새들의 GPS는 새들의 행동과 이동 패턴을 정확하게 반영할 것이고, 이것을 윙태그에서 수집된 데이터와 비교해 보면 문제가 어느 정도 해결될 것으로 보였다. 그런 다음 애플린은 GPS 태그의 데이터를 다운로드할 수 있는 송신기를 들고, 새들이 자주 찾는 왕립식물원과 다른 지역 몇 곳으로 향했다. 그리고 9마리 새에 부착된 GPS 태그에서 데이터를 다운로드했다. 같은 기간 윙태그에 업로드된 동일한 새들의 사진을 찾아 그에 딸린 GPS 데이터와 비교하기 위해서였다. 다행히도 애플린이 수집한 데이터와 시민 과학자들이 업로드한 데이터는 유사한 것으로 드러났고, 윙태그에 수집된 데이터가 편향되었을 가능성은 거의 없다고 판단되었다.

애플린과 동료들은 무려 6년 동안 앵무새들이 속한 그룹을 해마다 새롭게 정의했다. 날개에 태그가 부착된 거의 모든 앵무새(평균 147회 관찰)의 데이터를 샅샅이 살펴보면서, 특정 지역에서 함께 생활하거나 서로 자주 상호작용하는 개체들을 한 그룹으로 묶었고, 이런 그룹 멤버십을 바탕으로 먹이 네트워크가 구축되어 있음을 알아냈다. 먹이 네트워크에서 앵무새 각 개체는 노드로 표현하고, 개체 간 상호작용은 선으로 연결할 수 있다. 앵무새들의 상호작용을 기반으로 구성되는 네트워크에서는 상호작용의 빈도가 높을수록 개체 간의 유대도 강하다고 볼 수 있다. 이때 조사 대상이 되는 상호작용에는 먹이를 찾는 과정에서 이루어지는 협력, 사회적 유대 관계 등이 포함된다.

애플린과 동료들은 평균적으로 어린 새가 나이 많은 새보다 더 많은 파트너와 더 강한 유대 관계를 맺는다는 사실을 발견했다. 또 개체가 나이 들수록 유대 관계의 강도는 점점 더 일관성을 띠는 것으로 나타났다. 먹이 네트워크에 영향을 끼치는 또 다른 요인으로는 계절을 들 수 있는데, 음식을 구하기 힘든 추운 계절(3~8월)에 앵무새들은 더 많은 구성원과 새로운 유대 관계를 만들지는 않았지만, 이미 연결된 동료들과의 유대 관계는 더욱 끈끈해졌다.

춥고 가혹한 계절이 다가올수록 앵무새들은 네트워킹 습관을 더 극적으로 바꾸어야만 한다. 이를 이해하기 위해서는 '클러스터링 계수(clustering coefficient)'라는 사회적 네트워크 지표를 알아 둘 필요가 있다. 클러스터링 계수는 네트워크 내에서 앵무새 이웃들이 서로 연결되어 있는 강도를 나타낸다. 사회적 네트워크 안에 있는 모든 앵무새의 클러스터링 계수를 평균 내면, 네트워크가 얼마나 밀집되어 있는

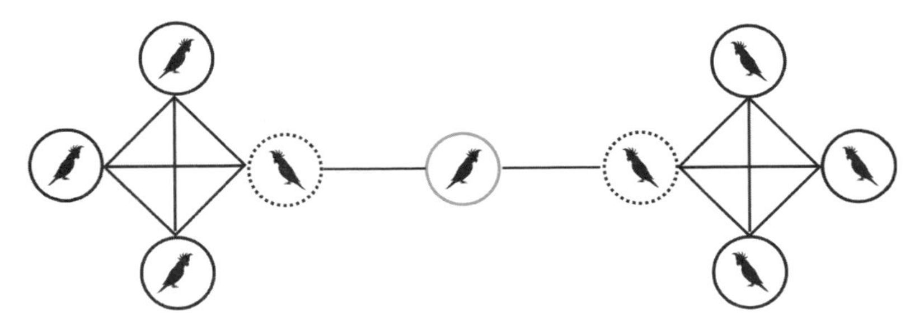

<그림 3> 사회적 네트워크에서의 클러스터링(군집화) 개념도

이 간단한 가상의 네트워크에서 클러스터링은 큰유황앵무의 네트워크 이웃들이 서로 얼마나 잘 연결되어 있는지를 나타낸다. 실선 동그라미 안에 있는 새들은 높은 클러스터링 값을 가지며, 이들의 세 이웃은 서로 연결되어 있다. 점선 동그라미 안에 있는 새들은 중간 정도의 클러스터링 값을 가지며, 일부 이웃들이 서로 연결되어 있다. 중앙의 회색 동그라미 안에 있는 새는 이웃들(점선 동그라미 안의 새들)이 서로 전혀 연결되어 있지 않기 때문에 클러스터링 값이 0이다. 네트워크 수준에서 2개의 파벌이 명확하게 드러나고 있다.

앵무새 이미지 출처: istock.com

지를 알 수 있다. 애플린이 관찰한 앵무새들의 네트워크에서는 겨울철에 클러스터링 계수가 증가했다. 이는 새들이 어려운 시기를 극복하기 위해 촘촘히 그룹을 지어 이동하면서 음식을 찾고 있음을 나타낸다.[8]

윙태그에 뒤이어 개발된 빅 시티 버드(Big City Birds)는 이미지 업로드는 물론이고, 새나 새 그룹이 먹이 사냥을 넘어 어떤 행동을 하고 있는지에 대해서도 자세히 보고할 수 있다. 시민 과학자들은 이제 자신이 올린 사진에 공격적인 행동이나 구애 같은 여러 가지 메모를 추가할 수 있게 된 것이다. 시간이 지날수록 이 두 앱에 점점 더 많은 데이터가 쌓일 것이고, 애플린과 그녀의 팀은 클러스터링과 개체 간의 연결 강도 개념을 활용해 이를 분석할 것이다.

예를 들어 앵무새의 다양한 사회적 행동을 분석한 뒤 상호작용 빈도나 강도를 바탕으로 어떤 개체가 더 중심적인 역할을 하는지, 또는 특정 행동을 더 많이 하는지를 파악할 수 있게 될 것이다. 또한 앵무새들이 특정 행동을 할 때, 어떤 개체들이 같은 행동을 하는지를 살펴보며 비교하고 대조할 수도 있다. 이런 연구 방법은 앵무새들의 네트워크에서 그물처럼 복잡하게 얽힌 상호작용을 더욱 깊이 이해하는 데 도움을 줄 것이다.

평등주의 네트워크가 바위너구리 수명에 미치는 영향

각 개체의 연결 강도와 클러스터링은 동물 사회 네트워크에서 일어나는 일을 측정하는 여러 방법 중 하나이다. 다른 방법들에 대해 깊이 알아보기에 앞서, 우선 네트워크 전체에 연결 강도를 나타내는 점수가 어떤 상태로 분포되었는지부터 알아 둘 필요가 있다. 왜냐하면 엔게디 자연보호구역을 돌아다니는 바위너구리(Procavia capensis)에게는 각 개체의 강도를 나타내는 점수보다, 이 점수들이 네트워크 전체에 어떻게 분포되어 있는지가 더 중요하기 때문이다. 이런 분포 형태는 바위너구리들의 생사에도 영향을 끼친다.

아미얄 일라니(Amiyaal Ilany)와 동료들은 이스라엘의 엔게디 자연보호구역의 전형적인 사막 오아시스에서 바위너구리를 연구한다. 몸무게 3킬로그램, 키 25센티미터의 작은 털북숭이인 이 동물은 뜻밖에도 유전학상 가장 가까운 친척으로 코끼리와 매너티(manatee)를 두고 있다. 엔게디의 멋진 폭포가 절벽을 타고 흘러 샘을 이루는 곳에는 바위너구리뿐만 아니라 누비아 아이벡스(Capra nubiana), 부채꼬리 까마귀(Corvus rhipidurus), 모래 자고새(Ammoperdix heyi) 등 다양한 동물들이 보금자리를 트고 있다. 한낮에는 35도가 넘을 정도로 뜨거운 곳이지만, 생명줄인 샘이 있기에 많은 동물이 이곳에 모여 산다.

엔게디의 바위너구리는 보호구역의 절벽을 뒤덮은 바위 돌출부에서 군집을 이루며 살고 있다. 이 녀석들은 시끄럽기로 유명한데 특히 수컷들은 몇 분 동안이나 쉬지 않고 울음소리를 낸다. 단순한 울음소리, 킥킥, 삑삑, 짹짹거리는 소리, 코 고는 소리 등으로 가득 찬 바위너구리만의 노래라고 할 수 있다. 일라니가 바위너구리의 사회적인 행동 연구에 처음으로 뛰어든 것은 그 노랫소리를 박사 학위 논문 주제로 선택하면서부터였다. 그런데 엔게디에서 바위너구리와 함께 보내는 시간이 길어질수록, 이 동물의 다른 사회적 행동에 점점 더 매료되었다. 게다가 지극히 개인적인 이유로, 엔게디는 그에게 특별한 장소이기도 했다. 이스라엘 최초의 동물학자 중 한 명이었던 그의 아버지가 지금은 사라진 표범(Panthera pardus)에 대한 장기적인 연구를 엔게디 주변에서 수행했기 때문이다.[9] 일라니의 과제는 그가 관찰한 바위너구리의 모든 사회적 상호작용을 체계적으로 정리하고 시각화하는 것이었다.

그러던 어느 날, 이론적 생태학자인 야엘 아르지-랜드럽(Yael Artzy-Randrup)의 박사 학위 논문 발표회에 참석한 일라니는 동물의 사회적 네트워크 모델에 대해 이야기하는 아르지-랜드럽을 본 순간 '아, 이거다!'라며 무릎이라도 탁 치고 싶은 기분이었다. 일라니는 "진짜 '유레카'라고 외치고 싶은 순간이었습니다"라며 당시를 회상했다. 발표회에서 돌아온 일라니는 동물의 사회적 네트워크 모델링에 대해 손에 잡히는 모든 자료를 읽었고, 시간이 지나 박사 후 연구원 과정을 두 차례 거치는 동안 이 주제에 더 깊이 파고들었다. 그러고 나서 그는 동물의 사회적 네트워크 이론을 바위너구리의 사회성에 적용하기 위해 현장으로 나갔다.

엔게디에서 시작한 일라니의 현장 연구는 해마다 3월에 시작해 약 5개월 동안 지속된다. 오전 3시에 일어나 바위너구리가 활동을 시작하기 전 다비드 협곡이나 아루곳 협곡 중 하나를 선택해 바위를 타고 올라가야 하는 힘든 작업이다. 바위너구리는 정오의 태양이 그들을 굴로 데려가기 전 몇 시간 동안만 활동하며, 늦은 오후까지 굴속에 머물다가 다시 몇 시간 동안 모습을 드러낸다. 일라니는 바위너구리의 활동 반경 50미터 이내에 자리 잡은 뒤 망원경과 탐조경을 가지고 앉아 이 동물의 사회적 상호작용에 대한 데이터를 수집한다. 성체 바위너구리들은 대부분 고유 식별이 가능한 목걸이를 착용하고 있지만, 아직 어린 바위너구리들은 질식 위험 때문에 목걸이를 할 수 없어서 색깔로 식별할 수 있는 귀걸이를 달고 있다.

사회적 네트워크를 살펴보기 위해 일라니와 동료들은 바위너구리 개체군 2개를 1,500시간 동안 관찰하며 데이터를 모았다. 데이터의 초점은 바위너구리들이 절벽 주위를 함께 이동하는 방식과 낮 동안 쉴 때나 굴에서 잠잘 때 함께 모여 있는 행동에 맞추어졌다. 데이터를 분석한 결과는 이 동물들에게 네트워킹이 정말 중요하다는 사실을 보여 주었다. 실제로 개체나 집단이 서로 어떻게 연결되고, 이런 연결이 시간에 따라 어떻게 변하는지를 연구하는 네트워크 역학은 바위너구리의 수명까지 예측할 수 있도록 해 주었다.

일라니와 그의 동료들은 네트워크에서 각각의 바위너구리 연결 강도 점수를 계산했다. 놀랍게도 수명과 관련해 중요한 것은 개체 수준의 강도(바위너구리 상호 간 연결 수와 연결 강도)가 아닌, 전체 네트워크 내에 강도 점수가 어떻게 분포되어 있는지였다. 즉, 네트워크에 속한 바위너구리들의 강도 점수가 서로 얼마나 비슷한지를 나타내는 분포가 중요했다. 바위너구리 개체들의 연결 강도 점수가 비슷한 '평등주의 네트워크'에서는 수명이 길어지는 경향이 있었는데, 이런 현상은 몇몇 중심 개체들이 매우 높은 연결 강도 점수를 가지는 경우보다 더욱 두드러졌다. 평등주의 네트워크에서는 모든 구성원이 서로를 지원하고 협력하는 경향이 강한데, 이는 이런 네트워크가 생존과 번식에 유리한 조건을 만들어 주기 때문일 것이다. 반면, 특권층이 있는 네트워크에서는 일부 개체들만 혜택을 누리게 되어, 평균적인 삶의 질이 떨어지게 된다.[10]

만타가오리의 숨겨진 사회: 바닷속 네트워크와 매개 중심성의 비밀

바위너구리나 큰유황앵무가 사는 곳에서 아주 먼 서파푸아의 북서쪽 끝에서, 롭 페리먼(Rob Perryman)은 만타가오리(*Mobula alfredi*)의 사회적 행동을 이해하는 데 도움을 주기 위해 매개 중심성(betweenness centrality)이라는 사회적 네트워크 척도를 사용하고 있었다. 만타가오리는 페리먼의 박사 과정 연구 주제였고, 그는 2020년에 학위를 받았다. 하지만 10년 넘게 지속되어 온 만타가오리 연구는 아직 끝나지 않았다. 어린 시절 페리먼은 해양 생물에 관한 다큐멘터리를 보면서 이 장엄한 동물들에 대한 열정을 키우게 되었다. 그는 곧 모잠비크에서 다이빙 강습을 받기 시작했는데, 그곳 바다에 만타가오리가 가득하다고 들었기 때문이다. 다이빙 강습을 받으면서 만타가오리들을 가까이에서 본 뒤 이 동물에 대한 강렬한 호기심은 더욱 커졌다. "가오리와 함께 헤엄칠 때 가장 인상 깊었던 것은 그들이 보여 주는 커다란 호기심이었습니다. 심지어 이 동물들은 서로 교감하는, 마치 사교성이 있는 것 같았어요."

페리먼은 만타가오리가 얼마나 사교적인 동물인지 좀 더 알아보기 위해 유럽 연합의 에라스무스 프로그램에 등록했다. 이 프로그램의 지원을 받는 학생들은 지구촌 어디서든 본인이 열정을 가진 주제로 석사 학위 연구 프로젝트를 진행할 수 있다.

페리먼은 모잠비크 대신에 서파푸아의 라자 암팟 지역을 만타가오리 연구 장소로 택했다. 이곳의 댐피어 해협은 얕은 수심에서도 가오리가 자주 발견되기 때문에 더 안전하고 다이빙도 쉬웠다. 게다가 가오리를 보러 찾아오는 관광객들로 붐비는 곳이었기 때문에 수시로 관광 보트에 태워 달라고 부탁해 바다로 나갈 수도 있었고, 보트에서 스쿠버 슈트로 갈아입은 뒤 수중 비디오카메라를 손에 쥔 채 갑판에서 구르듯 바다로 뛰어들 수도 있었다.

페리먼이 연구한 만타가오리들은 자주 산호로 덮인 바위를 찾아왔다. 이곳은 가오리들의 '미용실'이었고, 클라인나비고기(Chaetodon kleinii)와 같은 작은 산호초 물고기들은 부지런한 미용사였다. 이 물고기들은 만타가오리의 몸에 달라붙은 기생충을 잡아먹고, 심지어 가오리의 입안으로 헤엄쳐 들어가 그곳에 붙어 있는 미세한 플랑크톤을 떼어 먹기도 한다. 낮 동안 가오리들이 자주 찾는 또 다른 장소는 자연적으로 형성된 '레스토랑'이다. 이곳은 얕은 바다에 여러 종류의 산호들이 수백 미터에서 수 킬로미터에 이르는 규모로 모인 산호초이다. 만타가오리는 이 멋진 식당에서 다양한 종류의 플랑크톤, 벌레, 새우 등을 실컷 먹으며 시간을 보낸다.

페리먼이 댐피어 해협에서 수행한 연구는 아보렉이라는 작은 섬에서 시작되었다. 이 섬 주변 바다에서 헤엄치는 만타가오리의 수는 섬에 사는 130명 정도의 주민들보다 훨씬 많았다. 페리먼은 만타가오리들이 그룹 안에서 상호작용하는 모습을 관찰하기에 가장 좋은 장소는 미용실과 산호초 식당이라는 것을 금방 알아차렸다. 그래서 그는 탑승한 보트가 이런 곳 중 하나에 접근할 때까지 끈질기게 기다리곤 했다.

페리먼은 매일 2번, 1시간 동안 잠수해서 모랫바닥으로 내려가 앉아 있었는데, 거기서는 헤엄치는 사람들 때문에 가오리들이 놀랄 일이 없었다. 그곳에서 그는 수중 비디오카메라로 가오리의 움직임을 기록하거나 정지 사진을 찍으며 최대한 많은 정보를 얻으려고 노력했다. 만타가오리는 저마다 윗면에 독특한 반점 무늬를 가지고 있기 때문에 사진과 비디오를 잘 들여다보면 개체들을 구별할 수 있었다. 다이빙을 하지 않는 동안에는 드론을 날려 상공에서 동영상을 촬영하기도 했다. 하루 중 약 3분의 1을 수면 근처에서 여유롭게 헤엄쳐 다니는 가오리의 특징을 고려한 것이다.

페리먼은 만타가오리의 사회적 행동에 대한 가설을 실험하고 싶었다. 그래서 그 후 2년 동안 자비로 몇 차례 더 아보렉을 찾아가 잘 짜인 가설을 세워 박사 과정 입학 준비도 마쳤다. 또, 에라스무스 프로그램을 함께한 동료의 제안에 따라 동물의 사회적 네트워크 관련 문헌들을 대상으로 또 다른 심층 연구도 시작했다. 수학적 이론이 가미된 이런 연구에 한동안 깊이 빠져든 덕분에 이후 이어지는 연구 과정에서 필요한 개념적 틀을 갖추게 되었다.

박사 과정 동안 페리먼은 상어와 돌고래의 사회적 네트워크를 연구하고 있던 쿨럼 브라운(Culum Brown)과 함께했다. 페리먼은 또 다른 흥미로운 시스템에서 동물의 사회적 네트워크를 탐구하는 이 동료가 무척 반가웠다. 페리먼과 동료 연구자들은 아보렉을 본거지로 삼는 대신, 세계적인 다이빙 명소 중 하나인 인근의 감 섬을 택했다. 이곳은 부유한 관광객들이 다이빙을 즐기고 고급 리조트에서 호화롭게 지내기 위해 많은 돈을 쓰는 곳이다. 여기서 페리먼과 동료들은 한 리조트와 큰 거래를 성사했다. 페리먼이 진행 중인 연구와 해양 생물에 대해 종종 강의를 해 주는 대신, 무료로 숙식을 제공받기로 한 것이다.[11]

페리먼은 아보렉에서 했듯이 감 섬 근처 바다에서도 다이빙하고, 드론을 사용해 데이터를 수집했는데, '음파 태그'라는 도구를 손에 넣어 가오리 29마리에게 부착하면서 더 많은 정보를 얻을 수 있게 되었다. 음파 태그는 가오리가 특정 지역을 이동할 때 발생하는 음파 신호를 전송해 그들의 위치와 행동을 모니터링할 수 있게 해 주었다. 이 태그는 1년 정도 후에 자연스럽게 떨어지고, 가오리에게 해를 끼치지 않도록 설계되었다. 페리먼은 가오리들이 먹이를 먹고 기생충을 제거하기 위해 자주 찾아오는 주요 지역에 음파 수신기를 설치했다. 이는 가오리들이 어떤 식으로 이동하는지를 장기간 모니터링하는 데 큰 도움이 되었다. 페리먼은 만타가오리의 사회적 네트워크

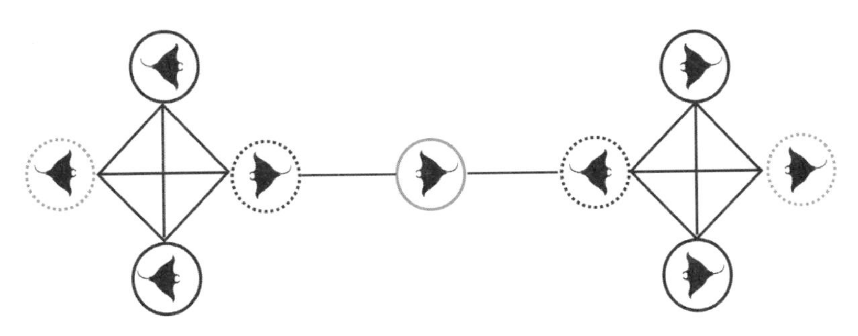

<그림 4> 사회적 네트워크에서의 '매개 중심성(betweenness)'

매개 중심성이 높은 개체는 네트워크 내에서 많은 다른 개체와 연결되며, 정보, 질병, 자원의 흐름에 중요한 영향을 끼친다. 만타가오리의 매개 중심성을 계산하려면, 특정 개체를 선택한 후 네트워크 내의 다른 2마리 만타가오리 사이의 최단 경로가 그 개체를 통과하는지 확인한다. 만약 통과한다면, 점수에 1을 추가하고, 같은 만타가오리와 네트워크 내 다른 만타가오리 쌍들 사이에서 이 과정을 반복 확인한다.

예를 들어, 실선 회색 동그라미에 있는 만타가오리의 매개 중심성을 계산해 보자. 먼저 점선 회색 동그라미에 있는 만타가오리 2마리(왼쪽 끝과 오른쪽 끝) 사이의 최단 경로가 실선 회색 동그라미에 있는 만타가오리를 통과하는지 확인하는 것으로 시작한다. 통과하고 있으므로, 매개 중심성 점수는 1이다. 이후 네트워크 내 모든 만타가오리 쌍에 대해 이 과정을 반복 확인한다. 이때 실선 회색 동그라미에 있는 만타가오리가 두 쌍 사이의 최단 경로에 있을 때마다 점수는 1씩 추가된다.

이런 계산 과정을 거치면, 실선 회색 동그라미에 있는 만타가오리는 이 네트워크에서 가장 높은 매개 중심성을 가지며, 점선 검은 동그라미에 있는 만타가오리는 약간 낮은 매개 중심성을 가지게 된다. 그리고 실선 검은 동그라미와 점선 회색 동그라미에 있는 만타가오리는 가장 낮은 매개 중심성 점수를 가진다.

만타가오리 이미지 출처: istock.com

를 구축하기 위해 댐피어 해협에서 5곳을 관찰 장소로 정했다. 먹이를 먹으러 오는 3곳과 기생충을 제거하기 위해 클라인나비고기를 찾아오는 2곳이었다. 그는 여기에서 자신이 알고 있는 거의 600마리의 가오리를 3,000번 넘게 관찰했다. 이때 가장 흥미를 느낀 사회적 네트워크 지표 중 하나는 '매개 중심성'이었다. 이 지표는 네트워크에서 쌍으로 연결된 가오리들 간 최단 경로가 특정 개체를 얼마나 많이 거치는지를 측정한 것이다.

댐피어 해협에 서식하는 만타가오리의 경우, 어린 가오리가 네트워크에서 가장 높은 매개 중심성 점수를 기록하며 허브 역할을 했다. 페리먼은 확실하진 않지만 어린 가오리가 성체보다 이동성이 떨어지기 때문에 '미용실'이나 '산호초 레스토랑'에 한 번 머무르면 쉽게 떠나지 않고, 허브 역할을 할 가능성이 높다고 추측했다. 반대로 연구 기간 중 한 번이라도 임신 경험이 있는 암컷은 매개 중심성 점수가 가장 낮았다. 페리먼은 말했다. "임신한 암컷은 소수의 다른 암컷과 어울리는 것을 선호하고, 수컷을 피하려고 하는 것 같았습니다. 수컷은 임신한 암컷을 따라다니며 암컷이 알을 낳고 다시 파트너로서 역할을 할 수 있을 때까지 괴롭히기 때문이죠."

만타가오리의 사회적 네트워크 분석에서는 네트워크 내 커뮤니티가 2개 정도 있는 것으로 드러났다. 이 중 하나는 암컷 비율이 높았고, 다른 하나는 성비가 좀 더 균형 잡혀 있었다. 이 두 커뮤니티 간의 사회적 역학에 차이가 있는지 확인하기 위해 페리먼은 '사회적 차별화(social differentiation)'라는 지표를 사용했다. 이 지표는 만타가오리 쌍을 연결하는 유대 관계 강도에서 얼마나 많은 변동성이 있는지를 파악하는 것이다. 성비가 암컷 편향일 때 커뮤니티 구성원 간의 연결 강도는 강했고, 모든 쌍에서 그 강도가 비슷했으며 시간이 지나도 안정적이었다. 즉, 이 커뮤니티는 장기적으로 함께하는 구성원들로 이루어져 긴밀하고 잘 통합되어 있었다. 성비가 거의 균형을 이룬 커뮤니티에서는 더 세분화한 사회 구조가 보였다. 이 커뮤니티의 암컷들은 서로 긴밀하게 연결되어 있었고, 수컷들은 그보다 하위 네트워크에서 다른 개체들과 연결되어 있었지만, 그 연결 강도가 상대적으로 약했다. 어쨌든, 암컷이든 수컷이든, 나이든 개체든 어린 개체든 가오리들은 모두 댐피어 해협의 아름다운 수중 경관을 우아하게 가로지르며 사회적 네트워크로 연결되어 있었다.[12]

버빗원숭이들의 사회적 네트워크: 권력, 놀이, 그루밍의 상관관계

남아프리카 콰줄루나탈 지역에 사는 버빗원숭이(Chlorocebus pygerythrus)는 놀이, 그루밍, 권력 다툼 등 다양한 활동을 하기 위해 사회적 네트워크를 형성한다. 동물 행동학자 샬럿 캉텔루프(Charlotte Canteloup)는 버빗원숭이들의 사회적 역학과 복잡성을 이해하기 위해 원숭이가 네트워크를 형성하는 경향을 활용하고 싶었다. 그녀는 우선 콰줄루나탈에 있는 1만 헥타르 규모의 마와나(Mawana) 자연보호구역을 찾아갔다. 그곳에는 버빗원숭이 여섯 무리(노하, 바이 단키, 앙카세, 쿠부, 레몬 트리, 크로싱)가 살고 있었다.

캉텔루프가 마와나 자연보호구역에 처음 도착한 것은 2017년이었다. '잉카우 버빗 프로젝트(IVP: Inkawu Vervet Project, 'Inkawu'는 줄루어로 원숭이를 뜻한다)'에 참여하는 다른 연구자들과 마찬가지로, 그녀가 가장 먼저 해야 할 일은 이 원숭이들과 그들이 사는 환경에 익숙해지는 것이었다. 버빗원숭이들의 사회적 네트워크에 대한 데이터를 가능한 한 많이 수집하기 위해 이보다 더 시급한 문제는 없었다. 처음 두 달 동안, 그녀는 버빗원숭이들을 구별해서 인식하기 위해 매일 혼자 나가 원숭이들의 행동 패턴을 익혔다. 버빗원숭이들의 사진, 흉터, 털 무늬 등에 대한 설명을 참고할 수는 있었지만, 자료들을 특정 원숭이와 연결 지어 즉시 구별하려면 연습이 필요했다. 주 6일 동안 매일 6시간씩 동물들과 함께 지낸 시간이 쌓이자 캉텔루프는 차츰 원숭이들을 구별하기 시작했고, 각자의 독특한 성격도 조금씩 파악하게 되었다. "각 그룹의 모든 개체는 저마다 개성이 있어요. 모두 다 달라요. 어느 순간 깨닫게 되죠. 이 원숭이는 성격이 좀 공격적이고 교활하니 주의해야 하고, 저 원숭이는 친절하고 믿을 만하다는 것을요."

버빗원숭이들을 알아 가는 두 달 동안 캉텔루프는 그들이 사는 지역에 대한 중요한 교훈을 얻기도 했다. 독성이 있는 코브라와 나무 뱀이 수시로 나타났고, 가끔 벌꿀오소리들이 도사리고 있다가 불쑥 튀어나왔다. "이곳에선 자신이 어디에 있는지를 항상 인지하고 있어야 해요. 그리고 어디서든 길을 찾아내는 방법도 익혀야 하죠. 특히 혼자 숲에 들어갈 때는 더욱 조심해야 해요"라고 캉텔루프는 강조했다.

노하 무리는 캉텔루프에게 새로운 기회를 제공했다. 동물의 집단생활 역학에 대해 중요하지만 잘 연구되지 않았던 몇 가지 질문을 다루기 위해 이들의 사회적 네트워크를 연구할 수 있게 된 것이다. 예를 들어, 동물의 위치가 여러 사회적 네트워크에서 얼마나 일관되게 유지되는지를 살펴볼 수 있게 되었다. '만약 한 버빗원숭이가 그루밍 네트워크에서 특별히 중요한 역할을 맡고 있다면, 놀이 및 권력 네트워크에서도 비슷한 역할을 맡게 될까?'와 같은 질문에 더해, 캉텔루프는 네트워크 분석에서 청소년기 동물은 보통 무시된다고 알고 있었는데, 그것이 실수일지도 모른다는 생각이 들었다. 노하 무리에는 청소년기 버빗원숭이가 13~19마리 정도 속해 있었기 때문에, 청소년기 동물을 추가해 복합적인 사회적 네트워크를 연구하는 데 완벽한 조건이었다.

노하 무리에 속한 버빗원숭이들은 정말 바쁜 녀석들이었다. 캉텔루프와 그녀의 팀은 얼마 지나지 않아 이 원숭이들에게서 무려 800건에 달하는 공격적인 상호작용 데이터를 모을 수 있었다. 예를 들어 '추격', '타격', '물기', '잡기', '돌진', '음식 훔치기' 같은 행동 데이터가 모였고, 이 데이터를 통해 힘의 역학으로 이루어진 네트워크를 발견했다. 또 7,000건 이상의 그루밍을 관찰해 그루밍 네트워크도 발견했으며, 864건의 놀이를 관찰해 놀이 네트워크도 발견했다. 캉텔루프와 동료들은 이 네트워크들 사이의 일관성을 살펴보고, 각 네트워크에서 청소년기 버빗원숭이들이 어떤 역할을 하는지를 알아보기 위해 '사회적 자본('가중치가 실린 중심성'이라고도 불린다. 예를 들어 자주 소통하는 친구와의 관계는 더 높은 가중치를 가진다.-역주)'이라는 지표를 사용했다. 사회적 자본은 네트워크 구성원 간의 직접적이거나 간접적인 연결뿐만 아니라, 그 연결 강도와 상호작용의 빈도까지 포함해 관계가 얼마나 튼튼한지를 나타내는 개념이다.[13]

캉텔루프와 동료들은 사회적 자본을 활용해 두 해 동안 다양한 유형의 사회적 네트워크 일관성을 살펴보며 비교했다. 권력, 그루밍, 놀이와 관련된 각각의 네트워크에서 버빗원숭이들의 사회적 자본 점수는 해마다 비슷했다. 노하 무리의 구성원이 해마다 바뀜에도 불구하고 이런 현상은 그대로 유지되었다. 즉, 두 해 동안 상호작용할 수 있는 구성원들이 조금씩 달라졌음에도 노하 무리에 속했던 버빗원숭이들은 모두 권력, 그루밍, 놀이 네트워크에서 1년 차와 2년 차에 걸쳐 유사한 사회적 자본 점수를 기록했다. 예를 들어 개체 간 신뢰, 상호 지원, 협력 정도로 보는 관계의 질, 네트워크의 크기, 개체 간 상호작용의 빈도 등이 두 해 동안 비슷한 수준으로 유지되었다.

이런 사회적 자본의 일관성은 서로 다른 네트워크들을 비교했을 때 좀 더 복잡한 모습을 보였다. 버빗원숭이는 그루밍 네트워크와 권력 네트워크에서 비슷한 사회적 자본 점수를 가지는 경향이 있었는데, 즉 한 네트워크에서 사회적 자본이 높은 원숭이는 다른 네트워크에서도 높은 점수를 얻는 경우가 많았다. 하지만 놀이 네트워크의 경우는 좀 달랐다. 이 네트워크의 사회적 자본은 그루밍 네트워크나 권력 네트워크와 큰 관련이 없었기 때문이다. 그리고 이런 사실은 청소년기 버빗원숭이를 사회적 네트워크에 포함하고 관찰할 때 더욱 확실해졌다.

청소년기 버빗원숭이는 그루밍 네트워크와 권력 네트워크에서 상대적으로 작은 역할을 맡았다. 권력 구조 면에서 보자면, 이들은 계층 구조의 끝자락에 있었다. 하지만 놀이 네트워크에서는 달랐다. 청소년기 수컷 버빗들은 모든 연령대의 버빗원숭이들이 참여한 놀이 네트워크에서 중요한 역할을 맡고 있었다.

놀이 네트워크가 어린 수컷 원숭이에게 중요한 이유 중 하나는, 이들은 성인이 되면 다른 그룹에서 짝을 찾기 위해 함께 떠나기 때문이다. 캉텔루프와 동료들은 노하 무리에서 놀이 네트워크에 투자한 사회적 자본이 나중에 함께 떠나는 수컷들의 동맹을 만드는 데 도움이 될 것이라고 생각했다. 어린 수컷 버빗원숭이들은 친구들과 우정을 쌓는 놀이뿐만 아니라, 서로 싸움 놀이도 하면서 나중에 다른 무

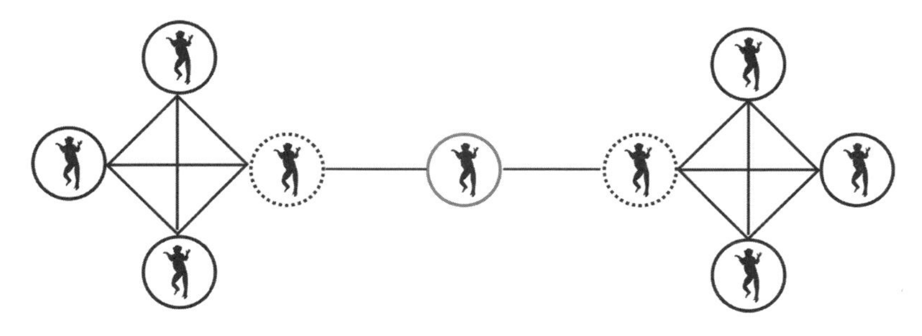

<그림 5> 버빗원숭이들의 중심성 지표

중심성은 네트워크에서 개체가 얼마나 잘 연결되어 있는지를 나타내는 지표다. 여기서 '연결'은 다른 개체들과 직접 연결되는 것뿐만 아니라, 그 개체가 다른 친구들과 얼마나 잘 연결되어 있는지도 포함한다. 쉽게 말해, 중심성은 우리가 이전에 배운 군집 모델에 개체들 사이의 직접적인 상호작용을 더한 것이다.
예를 들어, 점선으로 표시된 검은 동그라미 안에 버빗원숭이들은 이 네트워크에서 가장 높은 중심성을 가지고 있다. 이 원숭이들은 각각 4명의 친구가 있는데, 그중 3명은 또 다른 3명의 친구와 연결되어 있고, 1명은 연결된 친구 수가 좀 적다. 실선으로 표시된 검은 동그라미 안에 버빗원숭이들도 높은 중심성을 가지고 있으며, 이들은 각각 3명의 친구가 있다. 그리고 이 3명의 친구는 모두 3~4명의 다른 친구와 연결되어 있다. 반면, 회색 동그라미 안에 버빗원숭이는 가장 낮은 연결성을 가지고 있다.
기술적으로 중심성을 측정하는 방법에는 여러 가지가 있는데, 위에서 언급한 것은 '고유 벡터 중심성'이다(고유 벡터 중심성은 중요한 노드와 많이 연결된 노드일수록 더욱 중요하다는 가정을 바탕으로 한 것이다.-역주).

버빗원숭이 이미지 출처: istock.com

리에서 적대적인 수컷들과 만날 때를 대비한 기술을 연습했을 가능성이 크다.[14]

20여 년 전만 해도 연결 강도, 사회적 자본, 중심성, 클러스터링 계수, 그리고 매개 중심성에 대해 들어 본 동물 행동학자들은 거의 없었다. 오늘날에는 동물의 사회적 네트워크 분석 덕분에 이런 지표들이 점점 익숙해지고 있다. 이런 지표들이 동물 사회의 복잡한 역학과 미묘한 관계, 그리고 경이로움을 새로운 차원에서 밝혀내는 데 큰 도움이 된다는 사실을 이제는 부인하기 어렵기 때문이다.

제3장

먹이 네트워크

당신이 무엇을 먹는지를 말해 주면,
나는 당신이 누구인지 알게 될 것이다.
-장 앙텔름 브리야-사바랭(Jean Anthelme Brillat-Savarin),
『미각의 생리학』(1825)

데이비드 루소(David Lusseau)는 항상 생물학자가 되고 싶었다. "생물학자 아니면 광대가 되고 싶었어요. 그런데 광대는 돈벌이가 안 되는 직업이란 걸 깨달았죠."

그러던 어느 날 '마리'라는 돌고래가 그의 인생에 들어오면서, 생물학자의 길을 걷기로 확실히 마음을 정했다. 1980년대 후반, 17살이 된 루소는 프랑스와 스페인 국경 근처 세르베르 마을 바다에서 병코돌고래(Tursiops truncatus)인 마리를 처음으로 만난 뒤 돌고래 종의 사회적 네트워크를 연구하는 길로 들어섰다. "돌고래의 눈을 바라보면 많은 것이 느껴져요." 루소는 바다 친구와 보냈던 시간을 회상하며 말을 이었다. "제가 보고 느낀 것을 표현하거나 이해하는 것은 물론이고, 사실적으로 설명하기는 정말 어려워요. 하지만 마리와 함께 시간을 보내면서 돌고래가 어떻게 살아가는지를 제대로 이해하고 싶다는 생각이 들었어요. 돌고래야말로 지구에 존재하는 또 다른 똑똑한 종이라는 믿음이 생겼거든요."

바닷속 작은 세계: 신호를 보내는 돌고래들

대학생이 된 루소는 플로리다에서 병코돌고래를 연구하는 팀에서 조교로 일하게 됐다. 이때 그는 바닷속에서 혼자 헤엄치거나 2마리씩 다니는 돌고래를 많이 만났는데, 가끔 3마리가 함께 있는 모습도 보았다. 하지만 대개 1~2마리씩 짝을 지어 각자의 일을 하는 것처럼 보였다. 그 후 루소는 1990년대 후반 뉴질랜드 오타고대학교에서 박사 과정을 밟으면서 돌고래의 사회성에 대해 다시 생각하게 되었다. 그는 당시 뉴질랜드의 다우트풀사운드라는 곳에서 병코돌고래의 보존에 관한 연구를 시작했는데, 이곳 돌고래들이 보여 준 사교적인 행동은 정말 놀라웠다. 도착하자마자 그는 혼자 혹은 2~3마리가 함께 있는 것이 아니라, 30마리 이상이 무리 지어 다니는 돌고래 떼를 보고 깜짝 놀라고 말았다. 이 돌고래들은 플로리다에서 연구했던 외로운 돌고래나 아주 작은 돌고래 무리와는 많이 달랐다.

루소는 매일 아침 4시에 일어나 간단한 아침을 먹고, 해 뜨기 전에 다우트풀사운드에 도착하기 위해 작은 날벌레들을 쫓아내며 준비를 서둘렀다. 그리고 4미터가 조금 넘는 보트를 타고 바다로 나가 돌고래 무리를 찾아다니며, 자연적인 표식으로 그들을 구별하면서 샘플을 수집했다. 이 표식들은 주로 상어에게 공격받은 흔적으로 대개 돌고래들의 등지느러미에서 발견된다.

다우트풀사운드는 정말 아름답지만, 강한 서풍이 불고 때때로 2미터가 넘는 파도가 치기 때문에, 이곳의 위도를 가리켜 '포효하는 40도'라 부르기도 한다. 따라서 보트를 타고 이곳 바다를 돌며 돌고래를 관찰할 때는 매우 조심해야 한다.

루소는 돌고래들과 시간을 보내면서 그들의 복잡한 사회적 역학을 이해하기 위해 노력했지만 아직 그 방법을 찾지 못하고 있었다. 오타고대학교로 돌아온 루소는 문득 물리학자 마크 뉴먼(Mark Newman)이 다른 연구자와 함께 《미국국립과학원회보(Proceedings Of The National Academy Of Sciences, PNAS 또는 PNAS USA)》에 기고한 논문을 떠올렸다. 사회적 네트워크를 주제로 한 글이었다. 얼마 지나지 않아 루소는 뉴먼에게 이메일을 보내 "당신은 정말 멋진 연구를 하고 있습니다. 글도 너무 잘 쓰셔서 이해하기 쉽군요. 저희의 연구를 한번 살펴보시겠습니까?"라고 전했다. 뉴먼은 그 제안에 관심을 보였고, 곧 루소와 의기투합해 돌고래의 사회적 네트워크에 관한 논문을 공동 집필하게 되었다. 그런데 두 사람의 공동 논문이 발표되기 전인 2003년에 루소는 《런던 왕립학회 회보(Proceedings of the Royal Society of London)》에 다른 논문 한 편을 먼저 발표했다. 현재 이 논문은 동물의 사회적 네트워크를 명시적으로 다룬 첫 번째 연구로 널리 인정받고 있다.[1]

당시 논문 독자들은 오늘날처럼 네트워크 작동 원리에 대해 잘 알지 못했다. 그래서 루소는 자신의 논문에서 동물의 사회적 네트워크를 이야기할 때 다윈이 '종의 기원'을 발표할 때와 비슷한 방법을 구사해야 했다. 다윈처럼 사람들이 잘 아는 예를 먼저 소개한 후, 그와 관련된 새로운 아이디어를 설명하기로 한 것이다. 예를 들어, 다윈은 서로 다른 품종의 비둘기를 선택 번식해 원하는 특성을 강화하는 과정에 대해 이야기한 다음, 급진적인 이론처럼 보이는 '자연 선택론'이 이런 전통적인 방법의 변형에 불과하다는 주장을 펼쳤다. 루소의 논문은 이렇게 시작하고 있다. "인간 사회처럼 많은 구성원을 포함하는 복잡한 네트워크, 예를 들어 월드 와이드 웹(WWW)이나 전력망은 모든 구성 요소를 짧은 사슬로 서로 연결해 준다." 친근한 인간 사회의 예를 빌려 온 이런 첫 문장은 독자들을 돌고래의 사회적 네트워크라는 새로운 아이디어로 이끌기 위한 예시문이었다.[2]

루소는 수천 번의 관찰을 통해 돌고래 네트워크를 구축했고, 그가 살펴본 지표 중 하나는 노드 간의 평균 최단 경로를 측정하는 네트워크 지름이었다. 이를 설명하기 위해 루소는 1960년대 후반 스탠리 밀그램(Stanley Milgram)이라는 심리학자가 제시한 '작은 세계'라는 개념을 예로 들었다. 밀그램은 이 개념을 언급하면서, "전 세계 사람들은 보통 6단계만 거치면 서로 연결된다"라고 말했다. 즉, 누가 되었든 6명의 친구를 통해 서로 만날 수 있다는 것이다.[3]

밀그램의 '작은 세계'라는 개념을 바탕으로 한 재미있는 파티 게임도 있다. 이 게임은 유명한 배우인 케빈 베이컨(Kevin Bacon)의 이름을 따서 '케빈 베이컨의 6단계'라고 불린다. 많은 영화에 출연한 베이컨이 배우들 대부분과 연결될 수 있다는 가정 아래 진행되는 이 게임의 첫 단계는, 우선 한 배우를 선택하는 것이다. 그리고 그 배우와 베이컨을 연결하기 위해 중간에 다른 배우들을 거쳐 가는데, 같은 영화에서 함께 연기한 다른 배우와 연결하는 방식이다. 그런데 신기하게도 배우 대부분이 6단계를 거치기 전에 베이컨과 연결되는 것으로 드러났다. 재미있는 점은, 다우트풀사운드의 돌고래 네트워크는 인간 네트워크(케빈 베이컨을 중심으로 한 네트워크도 포함)보다 크기나 네트워크 지름 모두가 더 작다는 사실이다. 이 네트워크 지름에 따르면, 두 돌고래는 중간 개체인 다른 두 돌고래를 거치면 서로 연결될 수 있다.

루소는 만약 상어가 돌고래를 잡아먹는 등의 사건으로 네트워크 크기가 줄어들면 어떻게 될지 궁금했다. 그는 네트워크 데이터를 바탕으로 돌고래의 먹이 활동을 시뮬레이션하는 컴퓨터 프로그램을 만들고, 이 프로그램을 통해 네트워크의 크기를 20퍼센트 줄이기 위해 20퍼센트의 돌고래를 무작위로 제거했다. 그런데 이렇게 해도 돌고래들이 사는 작은 세계에는 큰 변화가 없었다. 하지만 무작위로 돌고래를 제거하는 대신, 다른 돌고래와 가장 많이 연결된 20퍼센트의 돌고래를 제거하자 결과는 달랐다. 네트워크 지름이 커졌고, 그에 따라 네트워크 안에서 정보가 전달되는 속도가 느려졌다.[4]

돌고래에 대해 더 많이 알게 되면서, 루소는 다우트풀사운드에 사는 일부 돌고래들이 새로운 자원, 특히 먹이를 찾기 위해 집단으로 이동할 때 서로에게 신호를 보낸다는 사실을 알게 됐다. 돌고래가 물속에서 뛰어올라 옆으로 떨어지는 '사이드 플로핑(side flopping)'은 새로운 장소로 이동할 때 주로 수컷이 하는 행동이다. 반면 돌고래가 배를 위로 보이며 몸이나 꼬리로 수면을 치는 '업사이드 다운(upside-downing)'은 집단 이동이 끝났다는 것을 알리는 행동으로, 주로 암컷이 한다. 그런데 사이드 플로핑을 하는 수컷은 몇 마리밖에 없고, 업사이드 다운을 하는 암컷도 몇 마리뿐이었다.

루소는 어떤 수컷과 암컷이 이런 신호를 내보내는지 알아내기 위해 네트워크 분석을 해 보았다. 결과적으로, 이동 시작 신호를 하는 수컷과 이동 마무리 신호를 하는 암컷은 아무런 신호를 하지 않는 돌고래들보다 더 중요한 역할을 맡고 있음이 드러났다. 여행이나 먹이 행동을 할 때 중요한 연결 고리 역할을 맡은 이들은 매개 중심성이 더 높은 개체들이었다.[5]

지구 반대편 브라질의 병코돌고래들은 서로 신호를 주고받으며 먹이를 찾는 데 도움을 주었다. 가끔 그러는 것이 아니라, 항상 그랬다. 그리고 이 과정에서 놀랍게도 인간을 그들의 먹이 네트워크에 포함했다.

흡혈박쥐의 은밀한 네트워크

동물들에게 먹이는 정말 중요하다. 자연에서 많은 동물이 서로 협력해 먹이를 찾는 방법을 발전시켜 온 것은 놀라운 일이 아니다. 예를 들어 흡혈박쥐는 배고픈 친구에게 음식을 토해서 나눠 주고, 코끼리들은 서로 협력해 농작물을 약탈하는 네트워크를 형성한다. 또, 검은머리박새는 농촌과 도시 모두에서 먹이를 찾기 위해 다른 새들과 네트워크를 형성한다. 이제 브라질의 돌고래와 인간이 어떻게 서로 연결되어 있는지를 알아보기 전에, 썩어 가는 나무 속에 있는 흡혈박쥐의 네트워크를 엿보는 흥미로운 일을 해 보려고 한다.

나쁜 평판은 쉽게 떨쳐내기 어렵다. 특히 누군가가 당신을 악의 화신처럼 묘사한다면 더욱 그렇다. 이런 운명은 브램 스토커(Bram Stoker)의 『드라큘라(루마니아어로는 악마를 뜻한다)』라는 작품이 불쌍한 흡혈박쥐(Desmodus rotundus)에게 안겨 준 것이기도 하다. 하지만 다행히도 동물 행동학자들은 박쥐의 사회적 행동 연구를 통해 대중문화의 이런 편견이 얼마나 잘못되었는지를 보여 주고 있다. 이런 연구는 1980년대 초, 행동 생태학자 제럴드 윌킨슨(Gerald Wilkinson)이 흡혈박쥐들이 서로 도우며 생명을 구해 준다는 사실을 발견하면서 시작되었다.

윌킨슨이 연구한 코스타리카 북서부의 흡혈박쥐 서식지에는 약 12마리의 암컷과 새끼들이 살고 있었다. 보통 25~40그램 정도 무게가 나가는 이 흡혈박쥐들은 주로 소와 다른 가축의 피를 먹고 산다. 그런데 이 박쥐들에게는 문제가 하나 있다. 바로 이들의 이동 방식인 비행이 육지에서 걷거나 달리는 것보다 훨씬 더 많은 에너지를 필요로 한다는 점이다. 그래서 이 박쥐들은 2~3일마다 다른 동물의 혈액을 먹지 않으면 굶어 죽을 수밖에 없다.

흡혈박쥐는 2가지 방법으로 혈액을 얻는다. 하나는 몰래 날아가 무방비 상태의 소에 달라붙는 것이고, 다른 하나는 다른 박쥐에게 혈액을 토해 달라고 요청하는 것이다. 신기하게도 가끔 그런 요청이 받아들여진다. 그리고 좋은 혈액을 얻기 위해 다른 박쥐에게 구걸하는 듯한 이런 방식에는 상호 이타주의 형태의 협력이 필요하다.

1971년, 진화 생물학자 로버트 트리버스(Robert Trivers)는 특정한 상황에서 자연 선택은 서로 돕는 행동을 더 선호할 것이라고 주장했다. 즉, 동물들이 서로 협력하고 도움을 주고받는 방식을 택할 때 생존에 유리해진다는 것이다. 트리버스는 무리에 속한 동물들이 자주 같은 파트너와 만나고, 과거에 자신을 도와준 친구들을 기억할 때 이런 상호작용이 특히 잘 이루어진다고 말했다. 그런데 흡혈박쥐의 생태는 이런 조건에 딱 들어맞는다. 윌킨슨은 박쥐들이 음식을 나누는 행동을 조사하다가 그들이 실제로 서로 도움을 주고받는다는 증거를 발견했다. 이 박쥐들은 과거에 자신에게 혈액을 나눠 준 친구들에게 더 많은 혈액을 주는 경향이 있었다.[6]

흡혈박쥐는 서로 협력할 수 있을 뿐만 아니라, 그 과정에서 서로의 행동을 관찰하고, 도움을 주고받은 것을 기억했다. 이런 능력을 가진 이상, 흡혈박쥐들은 단순히 상호작용하는 것을 넘어 폭넓은 음식 공유 네트워크를 만들 수도 있지 않을까? 베를린 자연사 박물관의 동물 행동학자인 사이먼 리퍼거(Simon Ripperger)는 이 점이 궁금했다. 당시 그는 사회적 행동을 연구하기 위해 자동으로 박쥐를 추적할 수 있는 시스템을 만드는 연구팀에 속해 있었다. 이 팀은 마침 박쥐를 실시간으로 추적하고, 센서끼리 서로 소통할 수 있는 새로운 장비를 개발한 참이었다. 이 센서는 2그램이 조금 안 될 정도로 가벼웠고, 2초마다 신호를 보내며 서로 통신할 수 있는 송수신기가 장착되어 있었다. 3D 프린트로 정교하게 제작된 케이스 안에 든 이 장치는 저전력 모드로 작동할 수 있었다. 다른 센서를 가진 박쥐가 약 5미터 이내에 들어오면 센서들이 깨어나고 만남이 기록되지만, 10초 동안 신호가 감지되지 않으면 저절로 종료된다. 이때 만남에 참여한 박쥐들의 정보, 만남이 이루어진 시간과 지속된 시간, 그리고 박쥐들끼리 얼마나 가까이 있었는지를 기록한 신호의 최대 강도 등이 센서의 메모리에 저장되고, 나중에 다운로드도 할 수 있다.

리퍼거와 그의 팀은 파나마 운하 근처 감보아에 있는 스미소니언 열대연구소에서 사마귀입술박쥐(Trachops cirrhosus)를 대상으로 그들의 새로운 장비를 처음 시험해 보았다.

결과는 좋지 않았다. 장비의 하드웨어와 소프트웨어는 잘 작동했지만, 박쥐들이 그걸 받아 주지 않았던 것이다. 리퍼거는 "박쥐들이 센서를 가지고 그냥 날아가 버리고, 다시는 나타나지 않았어요"라고 말했다. 다행히 스미소니언 열대연구소는 박쥐 생태학자와 동물 행동학자들이 모여드는 곳이라, 리퍼거는 이곳에서 윌킨슨의 박사 과정 학생이었던 제럴드 카터(Gerald Carter)를 만났는데, 마침 그는 박쥐 상호작용과 먹이 공유에 대한 연구를 하고 있었다.

카터는 흡혈박쥐의 먹이 공유와 그루밍에 대한 장기 연구 프로젝트를 진행 중이었는데, 그때까지 그의 연구는 모두 실험실에서만 이루어졌다. 리퍼거는 "카터는 항상 포획된 상태에서 진행하는 연구를 통해 자연에서 실제로 일어나는 일을 제대로 알 수 있는지 궁금해했어요. '자연에서는 어떤 일이 벌어질까?'라는 질문을 늘 하고 있었죠"라고 회상했다. 두 사람은 리퍼거가 가진 장비가 야생에서 흡혈박쥐를 연구하는 데 아주 적합하다는 것을 금방 깨달았다. 대화형 센서는 박쥐의 사회적 행동을 세밀하게 모니터링할 수 있고, 이를 통해 먹이(혈액)를 나눠 주는 행동과 다른 행동에 대한 통찰을 얻을 수 있을 것이었다. 즉, 다른 방법으로는 불가능했던 방식으로 먹이 공유와 그루밍 행동에 대한 사회적 네트워크 분석이 가능해진 것이다.

리퍼거는 독일 콘스탄츠대학교에서 컴퓨터 과학을 공부하다가 동물 행동학으로 전공을 바꾼 다미엔 파린(Damien Farine)이 가르치는 사회적 네트워크 모델링 수업을 들었다. 카터는 파린의 박사 후 연구원이었기 때문에 이 이론에 대해 누구보다 잘 알고 있었다. 두 사람은 곧 이 이론에 새로운 장비를 활용하고 싶어져 안달이 날 정도였다.

리퍼거가 흡혈박쥐 프로젝트에 합류했을 때, 카터는 이미 스미소니언 열대연구소에서 박쥐를 연구하고 있었다. 2015년 말, 카터는 연구소에서 약 700킬로미터 떨어진 톨레로 여행을 간 적이 있었다. 톨레는 소를 키우는 목장이 많아 흡혈박쥐가 먹이를 찾기에 좋은 장소였고, 카터는 그곳에서 흡혈박쥐 200마리 정도가 살고 있는 속이 빈 큰 나무를 발견했다. 거기에서 그는 박쥐 41마리를 잡았고, 그중에서 암컷 17마리와 새끼 6마리를 골라 스미소니언 열대연구소의 큰 야외 우리에서 길러 보기로 했다. 이 박쥐들의 먹이는 근처 도축장에서 가져온 피였다. 카터와 리퍼거는 박쥐를 열대연구소에서 약 2년 동안 기른 후, 대화형 센서를 부착하고 다시 이들의 고향인 톨레의 나무에 풀어 줄 예정이었다.

리퍼거와 카터는 박쥐를 풀어 주고 나면 어떤 일이 일어날지 예측하기 위해 스미소니언 열대연구소에서 기르는 박쥐들을 체계적으로 격리하고, 26~28시간 동안 굶긴 후, 굶주린 친구에게 피를 토해 먹이는 박쥐가 있는지 관찰했다. 연구 결과, 굶주린 박쥐가 그룹의 다른 박쥐로부터 얻은 먹이의 양은 예전에 친구가 굶주렸을 때 자신이 주었던 먹이의 양에 따라 달라진다는 사실이 밝혀졌다. 또한 박쥐들 사이의 그루밍 관계를 살펴보았더니, 박쥐 1이 박쥐 2에게서 받은 그루밍의 양에 따라 박쥐 2가 굶주릴 때 박쥐 1이 박쥐 2에게 먹이를 나눠 줄 확률이 달라진다는 사실도 발견했다.

2017년 9월, 스미소니언 열대연구소에 살던 박쥐 23마리를 톨레의 고향 나무 속 둥지로 돌려보냈다. 같은 날, 그 나무에 계속 살고 있던 다른 박쥐 23마리는 통제 그룹으로 선정되었고, 이들에게도 대화형 센서를 달아 주었다. 나무 속 박쥐들의 둥지로부터 데이터가 흘러나오자 여러 가지 패턴이 나타나기 시작했다. 먼저, 스미소니언 열대연구소에서 방출된 박쥐들은 통제 그룹의 박쥐들과 떨어져 자기들끼리 서로 모이는 경향이 있었다. 이 박쥐들이 열대연구소에서 거의 2년 동안 함께 지냈다는 점을 생각하면, 그리 놀라운 일은 아니었다.

어쨌든 통제된 환경에서 일어난 일이 실제 야생에서의 삶과 관련이 있다는 사실을 알게 되자 어느 정도는 안심이 되었지만, 방출된 박쥐들이 어떤 개체와 함께 모이는지는 생각보다 더 복잡한 문제임이 드러났다. 박쥐들 사이의 관계는 열대연구소에서 관찰한 것과 매우 비슷했다. 톨레의 나무 속 둥지에서 박쥐들이 서로 가까이 있는 시간

은 열대연구소의 실험에서 박쥐들이 보여 준 음식을 나누고 서로를 돌보는 방식으로 예측할 수 있었다.[7]

이는 박쥐들이 야생에서도 여전히 둥지의 혈액 공유 네트워크에 포함되어 있음을 의미한다. 그런데 박쥐들이 나누는 혈액은 둥지에서 멀리 떨어진 곳에서 빨아 먹은 것이었다. 문득 리퍼거와 카터는 박쥐들이 밤에 사냥할 때도 둥지의 네트워크가 영향을 끼치는지 알고 싶어졌다.

박쥐에 장착된 대화형 센서가 이 문제를 해결할 수 있는 가능성을 제시했다. 흡혈박쥐들이 늦은 밤 목초지에서 소의 피를 빨 때 어떤 일이 일어나는지를 알아내기 위해서는 2가지 장애물을 해결해야 했다. 톨레의 목초지에서 소들은 자유롭게 돌아다닐 수 있기 때문에, 소 떼를 만나기는 힘들었다. 하지만 리퍼거와 카터의 실험에는 많은 소가 모여 있는 특정 지역이 필요했다. 그래야 박쥐들의 먹이 활동을 한눈에 파악할 수 있기 때문이다. 리퍼거는 당시를 회상하며 말했다. "당시 제 임무 중 하나는 현지인들이 자주 가는 바에서 시간을 보내는 것이었습니다. 현지 주민들에게 소를 키우냐고 물어봤는데, 대부분 소를 키우거나 소를 키우는 친척이 있었죠." 결국 리퍼거는 실험을 진행할 수 있도록 소 100마리를 한군데로 모아서 키워 보겠다는 사람을 찾을 수 있었다.

흡혈박쥐들은 주로 둥지 안에서 다른 박쥐들과 상호작용을 하는데, 리퍼거와 카터는 박쥐들이 먹이 사냥을 나갔다가 서로 만나 상호작용할 때의 행동을 추적하고 싶었다. 이를 위해서는 먼저 박쥐들이 소가 있는 지역으로 이동하는 과정에서 보내는 신호를 받아 줄 수신기를 설치해야 했다. 이 수신기들은 자동차 배터리로 전원을 공급받았는데, 자주 고장이 나서 믿을 수가 없었다. 리퍼거는 웃으면서 “그것들은 항상 고장 났어요. 결국 우리는 매일 밤 2시간마다 나가서 점검하기로 했죠. 마치 갓난아기를 돌보는 기분이었어요”라고 말했다. 수신기가 제대로 작동할 때조차 또 다른 불운이 찾아왔다. 한 번은 누군가 수신기의 안테나와 하드웨어를 마체테(‘정글도’라고도 불리는 벌목용 칼.-역주)로 자르는 것을 발견했다. 알고 보니 그 사람은 안테나를 설치한 게 마약 밀매업자들이라고 오해하고 있었다.

모든 문제가 간신히 해결되고, 리퍼거와 카터는 둥지를 떠난 박쥐들이 밤에 보이는 활동에 대한 데이터를 분석할 수 있게 되었다. 그 결과, 둥지에서 이루어진 먹이 공유 네트워크에서 중심성이 높은 박쥐들이 사냥을 나가서도 더 많은 박쥐와 상호작용하는 것으로 밝혀졌다. 그리고 둥지 밖에서의 상호작용은 박쥐들이 둥지에서 함께 나가 같이 있는 것이 아니라, 실제로 그곳에서 이루어지는 ‘만남’이었다. 흡혈박쥐들은 쌍이나 그룹을 이루어 둥지를 떠나는 것이 아니라 홀로 떠났고, 다시 돌아올 때도 마찬가지였다. 하지만 먹이를 사냥할 때는 짧게는 몇 분에서 길게는 30분까지 다른 박쥐들과 함께 어울리는 만남을 가졌다.

흡혈박쥐들에게 장착된 대화형 센서는 거리만 감지하고 행동은 감지할 수 없었지만, 박쥐들의 만남이 먹이 활동과 관련이 있다는 증거는 충분했다. 네트워크 구성원 중 몇몇 박쥐의 데이터를 분석한 결과, 이들의 만남은 둥지에서 선호하는 파트너를 찾을 때 내는 특정한 발성으로 시작되었다. 즉, 먹이 사냥 때 어떤 박쥐와 만나는지는 이미 둥지에서 형성된 먹이 공유 네트워크와 부분적으로 관련이 있었고, 이들의 먹이 네트워크는 둥지를 훨씬 넘어 확장되는 것으로 보였다.[8]

약탈자 코끼리의 사회적 연결 고리

아무리 네트워크를 형성해서 먹이 활동을 한다 해도, 흡혈박쥐가 빨아 먹는 소의 피는 목축업자의 생계를 위협할 정도는 아니다. 하지만 코끼리들이 먹이 네트워크를 꾸리면 상황이 다르다.

암보셀리(Amboseli) 국립공원에서 남동쪽으로 몇 킬로미터 떨어진 곳에 샴바(shamba)라는 마사이족 농업 공동체가 있다. 옥수수, 양파, 토마토, 콩 등 다양한 작물을 재배하는 이곳 농부들은 최근 큰 문제를 겪고 있다. 공원의 코끼리들이 이들이 키우는 농작물을 좋아하기 때문이다. 일부 코끼리들이 농장을 습격해 단 몇 시간 만에 밭을 엉망으로 만드는 일이 자주 발생하자, 공원과 지역 사회의 관계가 나빠질 수밖에 없게 되었다. 패트릭 치요(Patrick Chiyo)는 이런 코끼리의 습격이 어떤 과정으로 이루어지는지 알아내고 싶었고, 그러려면 약탈할 먹이를 찾아 돌아다니는 거인들의 사회적 네트워크를 연구할 필요가 있었다.

우간다 마케레레대학교에서 석사 과정을 밟을 때도 치요는 우간다 키발레(Kibale) 국립공원에서 농작물을 훔치는 코끼리에 대해 조금 연구를 했었다. 하지만 그곳에 있는 동안 실제로 목격한 '코끼리 농작물 절도 사건'은 매우 적었다. 그는 박사 과정에 들어가면서부터는 동물 행동학적 관점에서 '코끼리 농작물 절도 사건'을 연구하기로 결심했다. 이를 위해 그는 케냐 리프트 밸리주의 암보셀리 국립공원에서 코끼리 연구를 진행했던 동물 행동학자 수전 앨버츠(Susan Alberts)에게 연락했다. 앨버츠는 치요가 자신이 멘토링하는 박사 과정 학생으로 합류하는 것을 기쁘게 받아들였다.

암보셀리 코끼리 연구 프로젝트는 1972년에 행동학자이자 보존 활동가인 신시아 모스(Cynthia Moss)와 하비 크로즈(Harvey Croze)의 지도 아래 시작되었다. 연구자들과 관광객들이 이 공원을 자주 찾았고, 특히 지역 마사이족의 도움 덕분에 암보셀리의 코끼리들은 불법 상아 거래에서 자유로웠다. 이 거래로 인한 밀렵은 한때 아프리카의 코끼리 수가 절반으로 줄어드는 원인이기도 했다. 지금 암보셀리 국립공원은 새끼 코끼리들이 자유롭게 뛰어놀고, 70세에 가까운 암컷과 40대, 50대의 수컷들이 함께 거니는 몇 안 되는 장소 중 하나이다.[9]

프로젝트 대상으로 선택된 모든 코끼리의 사진이 치요에게 전달되었다. 코끼리들은 상아의 크기와 모양, 그리고 몸에 있는 자연적인 표식으로 쉽게 구별되었다. 암보셀리 코끼리 연구 프로젝트의 연구자들은 관찰 대상인 동물들의 배설물을 수집해 그 안에 있는 DNA를 분석했다. 이렇게 하면 특정 코끼리가 어디에 있었는지, 또 언제 농작물을 훔쳤는지를 알아낼 수 있다. 이런 성과는 코끼리들이 배설물을 남겼을 때만 가능하지만, 다행히도 코끼리들은 항상 많은 배설물을 남겼다. 이런 시스템 덕분에 치요는 코끼리들이 농작물을 훔치는 행동을 더욱 깊이 연구할 수 있게 되었다.[10]

코끼리는 주로 암컷이 중심이 되는 사회를 이룬다. 그래서 암보셀리 코끼리 연구 프로젝트에서도 주로 암컷에 대한 연구가 많이 진행되었다. 그런데 치요는 키발레에서 연구를 하면서 농작물을 훔치는 코끼리는 주로 수컷일 가능성이 높다는 사실을 직감했다. 이를 더 확실히 입증하기 위해, 그는 지역 마사이족 사람들의 도움을 받기로 했다. 그들에게 휴대전화를 주고 코끼리가 농작물을 절도하는 순간 그 즉시 관련된 정보를 모아 연락하도록 요청했다. 코끼리 농작물 절도는 주로 밤에 일어났고, 마사이 사람들이 아침 일찍 전화를 걸어 소식을 알려 주면 치요는 코끼리의 배설물 샘플을 수집하기 위해 재빨리 달려갔다. 수거해 온 배설물 샘플을 분석한 결과, 치요의 직감은 정확했다. 농작물을 훔치는 코끼리는 항상 수컷이었다.

치요는 특정 농장에서 코끼리들이 남긴 배설물을 모두 수거한 후, 그들이 공원으로 돌아간 길을 부러진 나뭇가지와 배설물을 힌트로 삼아 추적했다. 운이 좋으면 공원에서 코끼리들을 발견할 수도 있었다. 그러면서 그는 코끼리들이 특정 농장을 습격한 후 자주 같은 지역으로 돌아가는 패턴을 알아차렸고, 그곳으로 향했다.

농작물을 훔치는 수컷 코끼리들은 매우 조심스러웠다. 가끔 치요는 공원에 머물면서 수컷들이 농작물을 훔치러 가려는 징후를 발견하기도 했다. "한 방향으로 이동했고, 그 뒤엔 배설물이 툭툭 떨어져 있었어요." 치요가 그런 징후를 따라가면, 때때로 농장 근처에서 약탈자로 추정되는 코끼리들과 마주치기도 했다. 치요는 당시 코끼리들이 얼어붙은 듯 멈춰 서서 어둠을 기다리고 있었다고 회상했다. 코끼리들이 이처럼 겁을 먹고 긴장한 데는 그럴 만한 이유가 있었다. 이들의 습격은 잘 보이지 않는 어둠 속에서 이루어지지만 언제든 들킬 수 있었다. 왜냐하면 하룻밤에 생계 수단을 잃지 않기 위해 마사이 농부들이 필사적으로 농작물을 지키려 했기 때문이다. 치요가 '아담'이라 부르는 악명 높은 약탈자 코끼리는 이 사실을 누구보다 잘 알았을 것이다. 아담의 옆구리에 난 상처는 농작물을 지키던 농부의 창에 찔려 생긴 것이기 때문이다.

2005년에서 2007년 사이 6월부터 12월까지, 치요와 동료들은 농작물을 훔치는 코끼리 무리에 대한 정보를 모았다. 여기에는 코끼리들의 농작물 절도를 직접 관찰하거나, 그들의 배설물에서 얻은 DNA를 분석해 개체를 구별하는 방법이 적용되었다. 그사이에 치요는 듀크대학교에서 몇 달 동안 사회적 네트워크에 대해 공부하기도 했다. 코끼리의 사회적 네트워크를 이해하기 위해, 그는 농작물을 훔치는 코끼리 21마리와 절대 훔치지 않는 37마리의 관계를 살펴보았다(습격이 일어나지 않는 기간의 패턴을 기반으로 함). 우선 이 코끼리들의 사회적 네트워크 밀도를 측정했는데, 이는 관찰된 일대일 연결 관계 수를 가능한 모든 일대일 연결 관계의 수로 나눈 값이다. 그 결과, 58마리 수컷 코끼리의 네트워크에서 훔치는 쪽과 훔치지 않는 쪽의 관계는 별로 깊지 않아 자주 상호작용하지 않는 편이었고, 그만큼 전체 네트워크가 단단히 연결되어 있지 않았다. 하지만 더 깊이 조사해 보니, 그들은 큰 네트워크 안에 6개의 작은 파벌로 나뉘어 있었다. 농작물을 훔치는 행동은 코끼리들에게 상당한 식량을 제공했기 때문에 이런 파벌을 형성하는 데 중요한 역할을 했다. 각 파벌에는 농작물을 훔치는 코끼리가 적어도 1마리는 있었고, 3개의 파벌에선 농작물을 훔치는 코끼리들의 수가 그렇지 않은 코끼리들의 수와 비슷했다.

네트워크 구조에서 파벌을 살펴보는 것은 누가 약탈자가 될지를 예측하는 데 매우 유용했다. 파벌 안에서, 가장 좋아하는 파트너가 약탈자인 코끼리는 그 자신도 약탈자가 될 확률이 그렇지 않을 때보다 훨씬 높았다. 친구의 친구가 약탈자인 수컷도 마찬가지였다. 또한, 농작물을 훔치는 코끼리는 그렇지 않은 코끼리보다 평균적으로 나이가 더 많았고, 나이가 많아질수록 약탈자가 될 확률도 높아졌다. 특히 수컷이 성숙기에 접어들면 이런 경향이 더 뚜렷해졌는데, 이는 짝을 찾는 데 드는 에너지를 비축할 필요가 커지기 때문일 수 있다.

치요와 동료들은 파벌 안에서 젊은 수컷이 가까이 지내는 친구가 나이 많은 약탈자 코끼리인 경우, 그 젊은 수컷도 약탈자가 될 확률이 높아진다는 사실을 알아냈다. 이는 젊은 약탈자 코끼리들이 나이가 많고 경험이 풍부한 다른 코끼리로부터 기술을 배우고 있다는 것을 의미했다. 아담의 옆구리에 있는 창에 찔린 자국을 생각해 보면, 이는 매우 믿을 만한 판단으로 보인다.[11]

먹이통을 찾아서: 검은머리박새의 생존 전략

인간이 지구의 모든 땅에 권리를 주장하는 것처럼 보이는 요즘, 사람과 동물의 관계는 점점 더 가까워지고 있다. 이 관계는 샴바 마을의 코끼리와 농부들 사이뿐만 아니라 다른 여러 곳에서도 나타난다. 인간이 새로운 지역에 정착해 마을을 형성할 때, 원래 그 지역에 살고 있던 동물이나 식물에게는 별로 좋을 일이 없다. 하지만 가끔은 인간이 동물의 삶을 조금 더 좋게 만들어 줄 수도 있다. 예를 들어, 교외나 도시 지역에 있는 새 먹이통은 많은 새에게 농촌에서 구하는 것보다 더 많은 먹이를 제공한다. 이는 동물 행동학자인 줄리 모랑-페론(Julie Morand-Ferron)이 오타와 주변의 농촌과 도시에서 연구한 검은머리박새(Poecile atricapillus)에게도 해당된다(모랑-페론은 안타깝게도 2022년 44세의 젊은 나이에 세상을 떠났다).

검은머리박새는 명금류(노래하는 새)의 한 종류이다. 모랑-페론이 2012년에 오타와대학교에 왔을 때 이미 이 새들에 대한 연구가 준비되어 있었다. 그녀는 옥스퍼드대학교에서 박사 후 연구원으로 있으면서 학교 근처 위덤 숲에서 박새(Parus major)라는 다른 명금류를 연구한 경험이 있었다. 모랑-페론은 위덤 숲 박새의 인지 능력에 관심을 가졌지만, 루시 애플린과 벤 셸던(Ben Sheldon)이 진행하던 이 새들의 사회적 관계 연구에도 동참했다.

모랑-페론은 2021년에 이렇게 말했다. "순진하게도 나는 박새 연구에서 알게 된 지식을 검은머리박새에게도 적용할 수 있을 거라고 생각했어요." 하지만 그건 쉽지 않았다. 박새는 겨울에도 활발히 움직이며, 동물 행동학자들이 '분열-융합' 사회라고 부르는 방식으로 무리 지어 생활하는 반면, 오타와의 검은머리박새들은 10월에 첫 한파가 오면 이미 정해진 무리를 더 이상 흩트리지 않고 그대로 유지했다.[12]

수전 스미스(Susan Smith)가 1991년에 쓴 검은머리박새에 관한 책을 읽고, 모랑-페론은 이 새들의 행동 연구에 관심이 생겼다. 그녀는 도시공원의 검은머리박새들이 가까운 농촌 지역의 새들보다 먹이를 찾는 데 유리하다는 사실을 발견했다. 도시에는 사람들이 많이 살고, 다양한 활동이 이루어지기 때문에 새들에게 먹이를 주는 사람도 있고, 음식 찌꺼기 등 다양한 먹잇감이 흔하기 때문이다.

모랑-페론은 오타와 시내 근처 공원 4곳(모두 새 먹이통이 가득한 주거 지역과 인접한 곳)과 시내에서 최소 16킬로미터 떨어진 농촌 숲 4곳에서 검은머리박새를 연구하기로 했다. 매해 가을, 그녀는 조류 포획용 그물을 사용해 검은머리박새들을 잡아, 각각의 새에 수동 통합 트랜스폰더, 즉 PIT 태그(전원이 필요 없는 추적 장치.-역주)라는 작은 장치를 붙였다. 이 태그는 모랑-페론이 설치한 먹이통 근처로 새가 날아오면 작동한다. 물론 그 먹이통은 배고픈 다람쥐가 망가뜨린 것이 아니어야만 한다. 그런 다음, 모랑-페론은 주기적으로 먹이통을 다시 채웠고, 검은머리박새가 먹이통을 찾아온 시간이 기록된 데이터를 다운로드했다.[13]

모랑-페론은 농촌과 도시에서 검은머리박새의 행동이 다르다는 것을 금방 알게 되었다. 그녀와 연구팀이 검은머리박새를 잡아 PIT 태그를 붙이러 나갔을 때 도시에서는 새들을 금방 찾았지만, 농촌에서는 새를 찾지 못하다가 갑자기 큰 무리가 나타나는 것을 가끔 발견하곤 했다. 또, 농촌의 검은머리박새 무리는 도시의 무리보다 훨씬 더 똘똘 뭉쳐서 행동하는 것처럼 보였다. 모랑-페론이 항상 같은 연구실 차량으로 농촌에 도착하면 검은머리박새 무리가 먹이통 주위로 모여들며 "먹이가 오기를 기다리고 있었어요!"라고 말하는 듯했다. 하지만 도심 근처의 공원에서는 그런 모습을 볼 수 없었다. "그럴 만해요. 만약 도시 근교에 살고 주변에 먹이통이 많다면, 굳이 다른 새들의 행동을 따를 필요가 없으니까요. 하지만 숲에 살고 먹이를 구하기 쉽지 않다면, 다른 새들의 행동을 잘 살펴보는 것이 생존에 중요할 테니까요."

모랑-페론은 이 모든 경험을 통해 위덤 숲에서 배운 사회적 네트워크에 대해 다시 생각하게 되었다. 그녀는 자신이 관찰했던 검은머리박새들이 서로 다른 환경에서 어떻게 안정적인 무리를 이루고, 그런 환경 속에서 어떻게 상호작용하며 먹이를 찾는지, 그리고 그 과정에서 환경이 어떤 영향을 미치는지 관찰할 기회를 얻었다. 그리고 검증 가능한 예측으로 하나의 이론을 만들게 되었다. 바로 시골 지역처럼 먹이를 찾기가 힘든 곳에서는 먹이 네트워크에 속한 다른 개체들로부터 정보를 얻는 것이 특히 중요하다는 사실이다.[14]

모랑-페론과 동료들은 이 가설을 검증하기 위한 연구를 시작했다. 새들이 알아차리지 못하도록 어둠 속에서, 한 지역에 놓아 두었던 먹이통을 약 100미터 떨어진 새로운 위치로 옮긴 다음, 검은머리박새 73마리가 8만 번 넘게 찾아온 데이터를 바탕으로 새로운 먹이 위치에 대한 정보가 네트워크를 통해 얼마나 빨리 퍼지는지를 조사했다. 두 환경 모두에서 새들은 옮겨진 먹이통을 결국 찾아냈지만, 새로운 위치에 대한 정보 전파 속도는 농촌 지역 검은머리박새 네트워크가 도시 지역보다 훨씬 빨랐다. 이로써 이론이 예측한 대로, 먹이가 부족하고 구하기 어려울 때는 사회적 네트워크가 특히 중요하다는 사실이 밝혀졌다.[15]

바다에서 맺은 네트워크: 인간과 돌고래의 협업

지금부터는 인간이 다른 동물의 사회적 네트워크와 상호작용하는, 독특하고 사실상 거의 유일한 방식에 대해 알아보기 위해 이 장의 첫머리에서 만났던 병코돌고래 이야기로 돌아가 보겠다. 뉴질랜드에서 브라질로 배경을 바꾸고, 그곳에서 30년 이상 돌고래 개체군을 연구해 온 동물 행동학자 파울로 시모에스-로페스(Paulo Simões-Lopes)를 만나 보자. 그는 상파울루에서 약 800킬로미터 남쪽에 위치한 라구나 근처의 석호 시스템에서 연구를 진행해 왔다. 이 지역에 서식하는 9개 돌고래 개체군은 다른 돌고래들은 물론이고, 다른 어떤 동물도 하지 않는 독특한 행동을 보여 준다. 이들은 서로 네트워크를 형성할 뿐만 아니라, 인간과 협력해 자신들은 물론이고 친구인 인간을 위해서도 더 많은 먹거리를 찾아낸다.

해마다 가을이 되면 브라질 남부에서는 숭어들이 떼를 지어 이동한다. 이 물고기는 돌고래와 어부 모두에게 중요한 먹거리이다. 많을 때는 50여 명에 이르는 어부들이 한꺼번에 허리까지 잠기는 차가운 물에 들어가 기회를 기다린다. 숭어 떼 위에 큰 원형 그물인 타라파를 던지기 위해서인데, 물이 워낙 탁해서 어부들 눈에는 숭어 떼가 잘 보이지 않는다. 한편, 이곳에 서식하는 약 60마리의 돌고래에게는 이런 어려움이 없다. 몸에 가지고 태어난 특별한 소리 탐지 기술을 사용해 숭어를 찾아내기 때문이다. 에코로케이션(echolocation)이라는 초음파를 쏘아 먹이를 찾아내는 이 기술은 많은 엔지니어가 부러워할 만큼 뛰어나다. 다만 문제는 숭어가 이 돌고래의 다른 먹잇감보다 크고, 잡기 힘들다는 점이다.

돌고래는 코에 있는 공기주머니를 이용해 음파(소리)를 만들어 내고, 이 음파를 이마에서 모아 물속으로 발사한다. 음파가 물체에 부딪히면 다시 돌고래에게 반사되고, 돌고래는 아래턱을 통해 이 음파를 받아들인다. 반사되어 온 음파는 귀의 안쪽 내이에서 전기 신호로 바뀐 뒤 뇌로 전달된다. 물체의 크기와 밀도에 따라 반사되는 음파가 다르기 때문에 돌고래는 이런 정보를 통해 주변에 어떤 물체가 있는지 알 수 있다. 돌고래가 숭어 떼를 발견하면 등을 구부리고 머리나 꼬리로 해수면을 쳐 어부들에게 신호를 보내고, 그러면 어부는 재빨리 타라파 그물을 던져 많은 숭어를 잡을 수 있다. 이때 숭어 떼는 그물을 피하려고 서로가 뒤엉켜 혼란스럽게 도망치다가 자신도 모르게 종종 돌고래의 입으로 헤엄쳐 들어가고 만다. 인간과 돌고래가 서로 이득을 보는 완벽한 상황이 만들어지는 셈이다.[16]

1890년대 후반 인쇄된 라구나의 신문에는 돌고래와 인간이 서로 돕는 이야기가 실려 있다. 그래서 시모에스-로페스는 이 관계가 최소 130년 이상 이어져 왔다는 것을 알게 되었다. 소수의 돌고래가 어부에게 신호를 보내는데, 어부들은 어떤 돌고래가 신호를 보내는지를 알고 있다고 한다. 시모에스-로페스가 말했다. "남부 브라질에서는 이미 유명한 사실이에요. 저는 그런 돌고래들을 보며 자랐어요. 운하의 바위에 앉아 몇 시간 동안이나 지켜보곤 했죠. 그 돌고래들은 특별해요. 더 남쪽으로 내려가면 큰 항구 근처에도 돌고래가 살긴 하는데 그곳에서는 돌고래와 어부가 상호작용하지 않아요."

지금 시모에스-로페스는 동료 10명과 함께 일하고 있지만, 1988년 연구를 시작할 때는 혼자였다. 박사 과정에 들어가 돌고래와 인간의 협력에 관한 연구 논문을 쓸 때는 매일 바위 위에 접이식 의자를 펴고 앉아 쌍안경으로 돌고래를 관찰하고 사진을 찍었다. 라구나의 거의 모든 돌고래 사진을 찍어 머그샷으로 가득 찬 사진첩을 만들었고, 어부에게 신호를 보내는 돌고래에 대한 데이터를 노트북에 가득 기록했다.

그렇게 시모에스-로페스는 어부들과 친해졌다. 라구나에서 어떤 돌고래가 어부들에게 신호를 보내는지에 대해서도 점점 더 잘 이해하게 되었다. 어부들은 신호를 보내는 '좋은 돌고래'와 신호를 보내지 않는 '나쁜 돌고래'를 구별해서 알려 주었고, 시모에스-로페스는 이런 정보를 바탕으로 돌고래들을 주의 깊게 지켜보았다. 어부들은 돌고래마다 보내는 신호가 조금씩 다르다는 사실도 알려 주었다. 한 어부는 "돌고래마다 다른 신호를 보내기 때문에 물고기를 잡으려면 다양한 신호를 알아야 해요"라고 말했다. 또 다른 어부는 "정말 아름다

운 일이죠. 어디서나 일어나는 흔한 일도 아니고요"라고 좀 더 감성적으로 말하기도 했다.[17]

시모에스-로페스는 어떤 돌고래가 신호를 보내는 '좋은 돌고래'가 되고, 어떤 돌고래는 신호를 보내지 않는 '나쁜 돌고래'가 되는지 더 잘 이해하고 싶어졌다. 몇 년 후, 마우리시오 캔터(Mauricio Cantor)가 시모에스-로페스의 팀에 합류했는데, 캔터는 사회적 네트워크 분석 전문가인 할 화이트헤드(Hal Whitehead)와 함께 일한 적이 있었다. 시모에스-로페스와 캔터는 네트워크 분석이 그들이 매일 관찰하는 종들 사이의 협력을 더 깊이 이해하도록 도와줄 것이라고 생각했다. 그래서 2008년 뉴질랜드에서 병코돌고래의 사회적 네트워크를 연구한 적이 있는 데이비드 루소에게 연락해 이 분야에 대한 전문적인 조언을 해 줄 수 있는지 물었고, 루소는 기꺼이 그들의 팀에 합류하겠다고 대답했다.[18]

시모에스-로페스와 그의 팀은 돌고래가 인간에게 신호를 보내는 방법을 다른 돌고래들에게서 배운다고 생각했다. 그래서 그들은 신호를 보내는 돌고래들이 숭어를 그물 쪽으로 몰 때뿐만 아니라, 평소에도 신호를 보내는 다른 돌고래들과 함께 지내는 것을 좋아하는지 알아보기로 했다. 신호를 보내는 돌고래 그룹과 신호를 보내지 않는 돌고래 그룹이 있는지를 확인하기 위해, 시모에스-로페스 팀은 인간에게 협조적인 돌고래 16마리와 협조적이지 않은 19마리를 조사해 클러스터링 계수를 비교했다.

그들이 발견한 것은 돌고래 35마리로 이루어진 큰 네트워크 안에 3개의 파벌이 있다는 사실이었다. 파벌 1은 16마리였고, 이들은 모두 지역 어부와 협력 관계를 유지했다. 이들은 가을 숭어잡이 시즌뿐만 아니라 나머지 기간에도 자기들끼리 서로 잘 어울리고 협조적이었다. 파벌 2는 12마리였고, 이들은 어부와 협력하지 않았으며, 서로 간 연결이 파벌 1에 비해 약했다. 파벌 3은 8마리였고, 그중 7마리는 어부와 협력하지 않았지만, 나머지 1마리인 '돌고래20'은 협조적이었다. 그리고 돌고래20이 전체 35마리 돌고래 중 신호를 보내는 돌고래와 신호를 보내지 않는 돌고래들 사이에서 가장 많은 시간을 보내는 것으로 드러났다. 시모에스-로페스와 동료들은 이 돌고래가 '사회적 중개자' 역할을 한다고 판단했다.[19]

동물이 사회적 네트워크를 이루는 과정은 정말 복잡하고 흥미롭다. 라구나의 어부들뿐만 아니라, 우리 인간이란 존재가 이를 이해하는 데 어느 정도 기여할 수 있다는 사실에 감사해야 한다.

사회적 네트워크는 코끼리, 박새, 흡혈박쥐, 돌고래 등 다양한 동물들이 먹이를 찾는 데 영향을 끼치는 것으로 드러났다. 진화의 관점에서 보면, 많은 먹이를 찾기 위한 전략이 자연 선택에서 선호되는 이유 중 하나는 동물들이 짝을 찾고, 새끼를 낳고, 부모가 되기 위해 필요한 에너지를 얻는 데 유리하기 때문이다. 그렇다면, 짝짓기나 새끼 양육 등이 동물이 속한 사회적 네트워크 구조로부터 영향을 받는 것은 놀라운 일이 아니다. 실제로 동물들은 번식 성공률을 높이기 위해 네트워크를 적극적으로 조작한다. 다음 장에서는 호주 그레이트 샌디 국립공원에서 캥거루들이 어떻게 이런 일을 하는지 살펴보려고 한다.

제4장

번식 네트워크

아이들을 대하는 태도가 그 사회의 정신을 보여 준다.
-넬슨 만델라(Nelson Mandela), 1997년 9월 27일
워체스터 역에서의 연설

앤 아버에 있는 미시간대학교에서 박사 과정을 마친 앤 골디즌(Anne Goldizen)은 호주 퀸즐랜드에서 박사 후 연구원으로 일하게 되었다. 그녀는 태즈메이니아 토종 암탉(Gallinula mortierii)이라는 새의 짝짓기 방식을 연구하고 있었다. 이 새들은 정말 흥미로웠고, 태즈메이니아 자체가 경이로운 곳이었지만, 한 가지 문제가 있었다. 태즈메이니아에서는 동물 행동을 연구하는 사람이 거의 없었다.[1]

골디즌은 외로움을 느꼈고, 수소문 끝에 시드니에서 북서쪽으로 약 500킬로미터 떨어진 곳에 있는 동물 행동학자이자 보존 생물학자인 피터 자먼(Peter Jarman)에게 연락해 보기로 했다. 자먼은 기꺼이 친구가 되어 주었고, 때때로 조언도 아끼지 않았다. 골디즌이 자먼을 방문했을 때, 그는 마침 동부 회색 캥거루(Macropus giganteus)의 생태와 행동을 연구하고 있었다. 그의 배려로 골디즌은 뉴사우스웨일스주 왈라비 크릭 인근 현장에서 동부 회색 캥거루의 생태 연구를 돕고 있는 현장 조수와 함께 며칠을 보낼 수 있게 되었다. "피터의 현장 조수는 우리에게 캥거루들이 어떤 행동을 하는지, 그리고 캥거루들끼리 어떻게 상호작용하는지를 설명해 주었어요. 정말 환상적이었죠." 그 후 다시 태즈메이니아 토종 암탉 연구로 돌아간 골디즌의 마음속에서

캥거루는 절대 잊히지 않았다.

시간이 지날수록 골디즌은 호주를 떠나고 싶지 않았고, 마침내 퀸즐랜드에 정착해 교수직을 구하기에 이르렀다. 자먼의 연구 현장까지는 차로 8시간이나 가야 했지만, 그녀의 학문적 고향에서 북쪽으로 160킬로미터 떨어진 엘란다 포인트, 쿠타라바 호수 근처에는 연구를 기다리는 동부 회색 캥거루가 100마리나 있었다. 골디즌은 제자 알리시아 카터(Alecia Carter)와 함께 엘란다 포인트에서 암컷 캥거루의 사회적 행동에 대한 연구를 시작했고, 특히 이들의 사회적 네트워크를 조사할 계획이었다.

기린의 사회적 연대: 보육 네트워크

암컷 동부 회색 캥거루는 자신의 영역을 지키면서 동시에 작은 그룹에 속해 먹이를 찾기도 했다. 이 그룹의 구성원은 자주 바뀌었다. 골디즌의 연구팀은 암컷들이 선호하는 먹이 파트너가 있다는 걸 알아챘지만, 그 관계에 대해 제대로 관찰하기도 전에 딩고가 나타났다. 한동안 심각한 가뭄이 지속되자 굶주린 딩고들은 인근 그레이트 샌디 국립공원에서 무서운 기세로 사냥하기 시작했고, 골디즌이 연구하던 캥거루들은 몰살당하다시피 했다. 캥거루 개체 수가 크게 줄어들면서 많은 성체 암컷 캥거루들도 사라졌다. 골디즌은 이 불행한 사건에서 흥미로운 점을 발견했는데, 딩고의 공격 이후 암컷 캥거루들은 먹이 파트너에 대해 훨씬 덜 '선택적'이 되었다는 사실이다. 관찰하던 캥거루들이 대부분 죽은 뒤에도 골디즌은 동부 회색 캥거루의 사회적 네트워크, 그리고 그 네트워크가 새끼 양육에 미치는 영향을 계속 연구하고 싶었다. 그래서 그녀는 퀸즐랜드와 뉴사우스웨일스 경계에 있는 선다운(Sundown) 국립공원으로 연구 현장을 옮기기로 했다. 그곳은 그녀가 몸담은 대학에서 남서쪽으로 4시간 거리에 있었다. 이제부터 골디즌과 그녀의 연구팀이 선다운 국립공원에서 시작할 연구를 살펴볼 텐데, 그 전에 다른 몇 가지 번식 네트워크를 잠깐 언급하고 가겠다.[2]

탄자니아의 카타비(Katavi) 국립공원은 행동학자 미호 사이토(Miho Saito)가 처음으로 기린을 만난 곳은 아니다. 사실, 훨씬 더 어릴 때부터 사이토는 기린에 관심이 많았다. 3살 때 아버지의 일 때문에 가족이 케냐 나이로비로 이사하게 되었고, 그곳에서 사이토는 어린이들이 직접 손으로 기린에게 먹이를 줄 수 있는 곳으로 자주 놀러 갔다. 가족이 일본으로 돌아온 뒤에도, 그녀는 나이로비에서 찍은 사진을 보며 언젠가 다시 케냐로 가 야생 기린을 보고 싶다는 꿈을 꾸었다. 2010년, 교토대학교에서 겐이치 이다니(Gen'ichi Idani) 교수의 석사 프로그램에 들어가게 되면서 그 꿈을 이룰 기회를 잡았다. 이다니 교수는 침팬지와 보노보 연구로 유명했고, 탄자니아의 우갈라에 연구 기지 캠프를 운영하고 있었다. 사이토는 침팬지와 보노보에도 관심이 많았지만, 아프리카로 돌아가고 싶은 가장 큰 이유는 기린이었다. 다행히도 이다니 교수는 그녀가 스스로의 열정을 따르도록 기꺼이 도와주었다.

2010년, 사이토는 이다니 교수와 함께 탄자니아로 갔다. 이다니 교수로부터 지역에 대한 정보를 전달받은 뒤, 다음 5개월 동안 이다니의 연구 기지에서 남쪽으로 약 300킬로미터 떨어진 카타비 국립공원에서 혼자 기린 연구를 진행하게 되었다.

카타비는 탄자니아에서 3번째로 큰 국립공원으로 남서부에 위치하며, 이곳의 숲은 미옴보라고 불리는데 그 안에는 다양한 식물들이 자란다. 예를 들어 그루이아(Grewia)속, 마카미아(Markhamia)속, 콤브레툼(Combretum)속 식물들이 무성하다. 카타비의 넓은 들에는 아프리카 버팔로, 사자, 코끼리, 얼룩하이에나, 들개, 표범, 일런드(초원에서 서식하는 영양의 일종.-역주), 얼룩말, 임팔라, 리드벅, 기린 같은 동물들이 살고 있다. 그리고 하늘을 올려다보면, 아프리카바다수리(African fish eagles), 분홍가슴파랑새(lilac-breasted rollers), 에메랄드얼룩비둘기(emerald-spotted wood doves), 검은배느시(black-bellied bustards), 호사도요(greater paintedsnipes)를 볼 수 있다.[3]

사이토는 카타비 국립공원 근처 시탈리케 마을에서 방을 빌렸다. 매일 아침, 공원의 사무소까지 10분 정도 걸어갔고, 그곳에서 공원 관리인 중 한 사람과 만났다. 공원 안에서 사자, 코끼리, 물소 같은 대형 동물과 마주치면 위험할 수 있기 때문에, 오전과 오후로 나누어 하루 7시간씩 공원에서 일하는 동안에는 항상 무장한 공원 관리인이 그녀와 동행했다. 보통 공원 관리인들은 차로 공원을 순찰하는데, 사이토와 함께하는 동안에는 꽤 많이 걸어야 했다(보통 15킬로미터 이상). 그래서 몇몇 공원 관리인들은 그녀의 연구에 동행하기를 꺼렸지만 대부분 공원 관리인들은 그녀를 돕기 위해 최선을 다했다. 한 공원 관리인은 중학교를 중퇴했는데, 어릴 때 저지른 실수를 반성하고 고등학교 입시를 준비하는 중이었다. 사이토는 "그 공원 관리인은 교과서와 노트를 가져왔어요. 제가 기린에 대한 데이터를 수집하는 동안 열심히 공부를 했죠"라고 회상했다.

초기에는 기린들을 구별하는 것만으로도 벅찼다. 독특한 털 무늬를 가진 성체는 쉽게 알아볼 수 있었고, 어린 기린은 두개골 꼭대기에 튀어나온 2개의 뼈인 오시콘을 관찰해야 했다. 이 뼈의 크기와 모양으로 기린의 나이를 추측할 수 있다. 곧 사이토는 기린 약 150마리의 크기 데이터를 모으고 스케치한 후, 그중 70마리를 계속 관찰하기로 했다.

성체 수컷 기린은 혼자 있는 경우가 많지만, 성체 암컷 기린은 보통 5마리 정도가 작은 무리를 지어 함께 다니는 경우가 많았다. 암컷 기린 무리를 발견하면 사이토는 쌍안경으로 이들을 관찰했다. 서로 200미터 이내에 있는 기린은 모두 같은 무리의 일원으로 간주하면서 무리의 행동 등 모든 것을 관찰 노트에 메모했다.

2010년 카타비에서 근무한 이후, 사이토는 2011년에도 비슷한 일을 하면서 암컷 기린 무리가 매우 유동적으로 그룹을 이룬다는 것을 알게 되었다. 암컷들은 자주 한 그룹에서 다른 그룹으로 이동하고, 특별히 장소에 대한 충성도가 높지 않았다. 하지만 이 규칙에는 예외가 있었다. '보육 그룹'이라고 불리는 수유 중인 암컷 무리는 각각 새끼 1마리를 키우면서, 약 3개월 동안 매일 같은 장소에 머물렀다.

사이토는 새끼들이 보육 그룹에 머무는 동안 어미로부터 받는 것 이상의 추가적인 보호를 받는다는 사실을 발견했다. 어미가 먹이를 찾거나 물을 마시러 1시간 동안 자리를 비우면 다른 수유 중인 암컷이 나서서 새끼를 지켜 주었고, 특히 사자가 자주 출몰하는 지역에 있을 때는 더욱 삼엄한 경계를 섰다. 보육 그룹의 새끼들에겐 또 다른 이점도 있었다. 원래 기린 암컷들은 자기 새끼에게만 젖을 먹이려는 경향이 강한데, 보육 그룹에서는 새끼들이 가끔 다른 암컷들의

젖을 얻어먹기도 했다.[4]

사이토는 수유 중인 암컷 기린과 다른 암컷 기린의 사회적 행동이 다르다는 것을 알았지만, 보육 그룹이 기린의 사회적 관계에 미치는 장기적인 영향을 어떻게 연구해야 할지 막막했다. 그러던 중 동물행동학자 프레드 버코비치(Fred Bercovitch)와 함께 박사 과정을 시작하면서 상황이 바뀌었다. 버코비치는 기린을 다룬 경험이 많았고, 사회적 네트워크 이론에 대해서도 잘 알고 있었다. 그래서 사이토는 사회적 네트워크에 관한 연구 자료들을 읽기 시작했고, 네트워크 분석이 기린을 이해하는 데 큰 도움이 될 것이라고 확신했다. 그리고 2016년, 2017년, 2019년에 박사 과정 연구를 위해 카타비로 돌아갔을 때, 그녀는 사회적 네트워크 관점에서 연구를 진행했다.

사이토는 암컷 기린과 새끼들이 보육 그룹에 있는 약 3개월 동안 자주 상호작용하며, 카타비의 큰 집단 안에서 뚜렷한 클러스터를 형성한다는 것을 알고 있었다. 하지만 보육 그룹이 해체된 후에는 어떻게 될지가 궁금했다. 어린 기린은 약 1살이 될 때까지 젖을 떼지 않고, 보통 18개월 정도까지 어미와 함께 지내기 때문에 새끼와 어미 사이의 유대는 그만큼 강하게 유지된다. 그렇다면 최근까지 같은 보육 그룹에 있었던 성인 암컷들 간의 상호작용은 어떨까? 이들은 보육 그룹이 해체된 후에도 함께 모일까? 보육 그룹에서 만들어진 네트워크가 보육 그룹 자체보다 더 오래 지속될까?

사이토는 카타비에서 현장 연구를 진행하는 시즌마다 1개의 보육 그룹에 대한 데이터를 모았다. 그리고 그 보육 그룹이 해체된 후에도 여전히 새끼와 함께 지내는 암컷들 간의 평균 연결 강도를 계산했다. 그리고 새끼가 어미로부터 분리되어 생후 약 18개월이 된 또래

집단에 합류한 뒤에는 같은 보육 그룹에 속했던 암컷들의 동일한 네트워크 측정값도 살펴보았다. 그리고 이 값을 최근에 이 보육 그룹에 속하지 않았던 암컷들과 비교해 보았다. 그 결과, 새끼와 함께 지내는 동안에 같은 보육 그룹에서 함께 시간을 보낸 암컷들이 전체 기린 네트워크에서 서로에 대한 가중 연결 값도 훨씬 높았다. 하지만 새끼가 자라 각자의 길을 가게 되면, 그 연결은 약해졌다. 즉, 보육 그룹에서의 네트워크는 그룹이 해체된 후에도 어미들에게 영향을 끼쳤지만, 그 효과는 오래가지 않았다.[5]

자연 선택을 넘어서: 멕시코양지니의 사회적 유연성

번식과 관련된 네트워크는 양육만을 의미하지 않는다. 행동 생태학자 케빈 오(Kevin Oh)가 연구하는 멕시코양지니(Haemorhous mexicanus)의 경우 사회적 네트워크는 짝을 선택하는 것과도 관련이 있다.

멕시코양지니는 생명력이 매우 강한 새다. 1930년대 후반, 그들의 서식지는 미국 동부로 확장되었는데, 새들이 원해서 시작된 일은 아니었다. 캘리포니아의 한 상인이 불법으로 멕시코양지니 몇 마리를 뉴욕 롱아일랜드 지역으로 운송하면서 새들은 이 지역을 장악하게 되었다. 1941년 4월 11일, 존스 비치 야생에서 처음으로 멕시코양지니가 발견되었다. 1년 후, 약 25킬로미터 떨어진 바빌론에서 멕시코양지니 7마리가 관찰되었고, 곧 더 멀리 떨어진 곳에서 멕시코양지니 둥지가 발견되었다. 롱아일랜드의 새들은 캘리포니아의 새들보다 깃털이 더 어둡고 황갈색으로 보였지만, 막상 새들을 포획해 씻어 보니 황갈색이 그을음이었다는 사실이 밝혀졌다. 그을음이 벗겨지자, 이 새들은 캘리포니아의 멕시코양지니와 똑같은 모습이 되었다. 1951년에는 롱아일랜드 4곳에 거의 300마리에 이르는 멕시코양지니가 살았다. 현재까지 코넬대학교 조류학 연구소는 롱아일랜드 지역에서 매주 멕시코양지니 관찰 사례를 약 1만 7,000건 기록했고, 뉴욕주 전체에서는 거의 40만 건이 관찰되었다. 이는 이 새가 주어진 환경에서 잘 적응하고 있다는 것을 보여 준다.[6]

어릴 적 케빈 오는 크리스마스 선물로 작은 현미경을 받았다. 이 현미경에는 조잡한 프로젝터로도 사용할 수 있는 어댑터가 달려 있었다. 케빈 오는 물벼룩, 식물 뿌리, 곤충 등의 흐릿한 이미지가 이 프로젝터를 통해 침실 벽에 비치는 모습을 보면서 과학자가 되고 싶다는 꿈을 꾸었다. 10년 후, 그는 메인주 보우도인대학교 의예과에 다니면서 연구 경험을 쌓고자 했다. 운이 좋게도 너대니얼 소로 휠라이트(Nathaniel Thoreau Wheelwright)가 가르치는 조류학 수업을 들었는데, 이때 새 연구가 그의 관심을 크게 끄는 계기가 되었다.

휠라이트 교수와 다른 연구자들은 캐나다 국경 너머 펀디 만의 켄트 섬에서 보우도인 과학 기지를 운영하고 있었다. 대학에서 이곳까지 가려면 차로 반나절은 달려야 했다. 케빈 오와 그가 '한 무리의 학부생들'이라고 묘사한 동료들은 이 기지를 찾아가 여름 동안 프로젝트를 진행했고, 그곳을 방문한 과학자나 박사 후 연구원들과도 교류했다. 그는 초원멧새(Passerculus sandwichensis)의 영역성을 연구하면서, 동물 행동을 관찰하기 위한 현장 연구가 과학에 대한 사랑과 자연에 대한 열정을 결합해 준다는 사실을 빠르게 깨달았다.

케빈 오는 2003년 애리조나대학교에서 박사 과정을 시작했다. 당시 그의 지도교수였던 알렉산더 바디야예프(Alexander Badyaev)는 1년 전 교수로 합류한 상태였다. 박사 과정에서 멕시코양지니를 연구한 바디야예프는 투손에 도착하자마자 캠퍼스에 있는 수천 마리의 멕시코양지니를 연구하기로 결심했다. 첫 번째 단계는 모든 멕시코양지니에 밴드를 달아 각 새를 구별할 수 있게 하는 것이었다. 바디야예프는 케빈 오에게 이 작업을 맡아서 하면 논문에 대한 아이디어를 전개하는 데 도움이 될 거라고 말했고, 케빈 오는 잠시 고민에 빠졌다. 왜냐하면 연구를 위해 세계 여러 나라로 떠나는 친구들을 보았기 때문이었다. 하지만 곧 프로젝트에 참여하기로 했고, 멕시코양지니를 잡아 한쪽 다리에 알루미늄 밴드 하나와 플라스틱 색상 밴드 3개를 채우기 시작했다. 6년 후 박사 과정을 마칠 때쯤 케빈 오와 다른 연구자들은 1만 마리 이상의 새에 이런 밴드를 채울 수 있었다.

대규모 현장 연구를 시작하려면 단순히 새의 다리에 밴드를 채우는 것만으로는 부족했다. 캠퍼스 주변에 먹이통을 격자형으로 설치했고, 많은 둥지 상자도 만들어 놓았다. 멕시코양지니들은 캠퍼스의 관목과 나무에서 번식했지만, 둥지 상자를 정말 좋아했다. 충분한 수의 멕시코양지니들에게 밴드를 채우고, 먹이통과 둥지 상자가 준비되자, 케빈 오가 이끄는 바디야예프 연구팀은 기본적인 형태학적 측정을 할 수 있게 되었다. 일부 새들의 경우에는 DNA 분석을 위해 혈액 샘플도 채취했다.

새들과 친해진 후, 케빈 오의 논문 프로젝트 아이디어는 멕시코양지니의 사회적 네트워크, 짝 선택, 그리고 번식에 관한 주제로 구체화되기 시작했다. 동물 행동학자 제프 힐(Geoff Hill)의 연구에 따르면, 화려한 수컷 멕시코양지니가 그렇지 못한 수컷보다 짝을 얻을 확률이 높았다. 케빈 오는 덜 매력적인 수컷들이 어떻게 사회적 네트워크를 이용해 자신의 매력을 높일 수 있는지 궁금했다. 케빈 오의 연구는 수컷의 색상도 측정해야 하고, 암컷과 수컷이 섞인 그룹에서 1년짜리 수컷들을 추적하면서 데이터도 모아야 하며, 이를 위해 번식 시즌에는 캠퍼스의 모든 둥지를 찾아내야 하는 복잡한 일이었다.[7]

번식 시즌이 아닐 때, 암컷과 수컷이 섞인 무리에 대한 데이터는 먹이통 근처에서 수집되었다. 케빈 오와 그의 동료들은 먹이통 근처에 약 1세제곱미터 크기의 '워크인 트랩(스스로 걸어 들어가게 만든 덫.-역주)'을 설치했다. 멕시코양지니들이 먹이를 쫓아 덫 안으로 들어가면 안에 갇히게 되는 것이다. 케빈 오와 동료들은 갇힌 새들을 꺼내서 종이봉투에 넣은 뒤, 그 봉투를 자전거에 연결된 작은 유아용 트레일러에 실어 실험실로 가져갔다. 케빈 오는 "닭장처럼 생긴 철망 큐브 안에서 20~30개의 작은 종이봉투가 위아래로 흔들렸어요"라고 말했다. 실험실에 도착하면 새들의 무게를 재고, 사진을 찍고, 다른 여러 가지 데이터를 수집했다. 모든 작업이 끝나면 새들은 다시 봉투에 넣어져 유아용 트레일러에 실린 뒤 그들이 잡혔던 장소로 되돌아가는 짧은 여행을 마치게 된다.

케빈 오와 바디야예프는 비번식기 동안 캠퍼스의 멕시코양지니들이 약 24개의 무리를 짓고, 각 무리는 평균 30마리 정도로 이루어진다는 것을 발견했다. 대부분 같은 무리에 속한 멕시코양지니들 사이에서는 많은 행동 상호작용이 일어났지만, 항상 그렇다고 단정할 수는 없었다. 암컷들은 다른 무리의 새들과 잘 어울리지 않는 경향이 있었는데, 케빈 오와 바디야예프는 이를 '낮은 사회적 유연성'이라고 불렀다. 수컷의 경우, 사회적 유연성은 깃털 색상에 따라 달라졌다.

색이 화려하지 않은 수컷은 화려한 수컷보다 다른 새들과 더 많이 어울리는 경향을 보였다. 왜일까? 케빈 오와 바디야예프는 화려하지 않은 수컷이 화려한 수컷에게 쫓겨났을 가능성을 생각해 보았지만, 사실은 그렇지 않았다. 화려하지 않은 수컷은 화려한 수컷보다 행동면에서 오히려 우세했기 때문에 괴롭힘을 당하지도 않았고, 그룹 외부의 새들과 상호작용하도록 강요받지도 않았다. 그런 의미에서 화려하지 않은 수컷의 높은 사회적 유연성은 스스로 선택한 것이었다. 이렇게 퍼즐의 한 조각이 맞춰지면서, 케빈 오는 짝짓기와 번식에 대한 자신의 관심을 네트워크 작동 방식과 연결할 수 있게 되었다. 그래서 그는 바디야예프와 함께 짝짓기가 이루어지는 1월과 2월에 멕시코양지니의 사회적 네트워크를 집중적으로 관찰했다.

처음 짝짓기를 하는 암컷들은 자신이 속한 무리뿐만 아니라, 주변에 있는 다른 무리의 수컷들도 짝짓기 대상으로 여기며 탐색에 들어갔다. 일반적으로 암컷들은 화려한 깃털을 가진 수컷을 선호하지만, 화려하지 않은 수컷들은 사회적 관계를 맺는 데 더 유연하다는 장점이 있었다. 관찰 결과에 따르면, 화려한 수컷들은 한 그룹에 머물든 다른 그룹과 상호작용하며 그곳으로 이동하든 번식에서 비슷한 성과를 냈다. 어디에 있든 암컷의 눈에 띄어 선택받았기 때문이다. 반면, 화려하지 않은 수컷에게는 사회적 유연성이 중요했다. 이 수컷들은 다른 무리와 상호작용이 많으면 많을수록 번식 성공률이 높아졌다. 이는 암컷들이 가장 활발하게 짝을 선택하는 시기에 이곳저곳으로 다니다 보면, 특정 시점에 자신의 매력을 과시할 기회가 상대적으로 많아지기 때문이다.

케빈 오와 바디야예프는 수컷의 번식 성공률을 경도, 위도, 고도가 표시된 지형도처럼 보이는 3차원 그래프로 나타냈다. 이 그래프에서 3개의 축은 각각 사회적 유연성, 깃털의 화려함 정도, 번식 성공률을 나타내는데, 2개의 정점이 지도 밖으로 튀어나와 있다. 그중 하나는 화려하지 않고 유연성이 큰 수컷의 높은 번식 성공률과 관련이 있고, 다른 하나는 화려하고 유연성이 적은 수컷의 높은 번식 성공률과 관련이 있다. 이 그래프는 화려한 깃털을 가진 수컷이 다른 수컷들보다 더 많은 암컷의 관심을 끌어 상대적으로 안정적인 환경에서 높은 번식 성공률을 기록한다는 사실을 보여 주지만, 화려하지 않은 수컷들이 자연 선택에서 불리한 상황을 극복하고자 사회적 유연성을 활용해 자신의 사회적 네트워크를 재구성한다는 사실도 보여 준다. 즉, 이들은 자신의 사회적 관계를 조정하고, 다른 수컷들과의 상호작용을 통해 자신에게 유리한 환경을 만들려고 노력했다. 이는 다름 아닌 사회적 관계를 통해 더 많은 기회를 만들어 경쟁에서 우위를 점하려는 전략이다.[8]

먹이 사냥과 권력 다툼: 캥거루 사회의 이면

호주 선다운 국립공원의 캥거루들은 멕시코양지니처럼 네트워크를 구성하기 위해 특별한 노력을 기울이는 것 같아 보이진 않았다. 하지만 앤 골디즌은 그들의 사회적 네트워크에서 무슨 일이 일어나고 있는지 알아보기 위해 출발했다. 둥근잎호주벽오동과 점박이 수선화로 둘러싸인 아름다운 풍경 위로 하늘에는 바우어새(bowerbirds), 줄무늬 꿀빨이새(striped honeyeaters), 우의 앵무새(red-winged parrots), 그리고 멋진 큰거문고새(superb lyrebirds)가 평화롭게 날고 있었다. 때 묻지 않은 자연환경이 둘러싸고 있어 연구하기에 더없이 좋았지만, 여름에는 기온이 40도에 이르러 쉽지만은 않았다. 골디즌의 제자인 에밀리 베스트(Emily Best)와 클레멘타인 멘즈(Clementine Menz)가 세를 들어 살고 있는 공원 관리인의 집에는 에어컨은 물론이고, 그 외 별다른 세간살이도 없었다. 집안에서 유독 눈길을 끄는 쥐도 거슬렸지만, 외로움도 큰 문제였다. 선다운은 국립공원인데도 방문객이 별로 없었고, 베스트와 멘즈가 일하던 공원 근처에는 거의 아무도 오지 않았다. 골디즌은 두 제자가 공원에서 시간을 보낼 때는 반드시 누군가와 동행해야 한다고 주장했다. 주변에 위험한 뱀이 많아서 안전상의 이유도 있었지만 말동무도 필요하다고 생각했기 때문이다.

베스트와 마찬가지로 캥거루들도 여름철 무더운 날씨를 별로 좋아하지 않았다. 캥거루들은 아침에 약 2시간, 늦은 오후에 또 2시간 정도만 활동했다. 캥거루의 활동이란 주로 먹이를 먹는 것을 의미한다. 다행히도 캥거루들이 먹이를 찾는 곳은 공원 관리인의 오두막에서 가까웠다. 베스트는 2년 동안 매달 2주씩 매일같이, 어떤 캥거루들이 함께 먹이를 먹는지에 대한 데이터를 모았다.

베스트와 멘즈가 캥거루의 사회 구조에 관한 데이터를 수집하는 동안 골디즌은 이를 분석할 방법을 고민했다. 그녀는 동물의 사회적 네트워크에 관한 연구를 살펴보았고 대부분이 영장류, 조류, 해양 포유류에 초점을 맞추고 있다는 것을 금방 알아차렸다. 하지만 그녀는 자신과 동료들이 연구 중인 캥거루 역시 복잡한 사회를 이루며 살고 있다는 것을 알았고, 그 사회를 구성하는 네트워크가 있을 가능성이 높다고 생각했다.

엘란다 포인트의 캥거루들과 마찬가지로, 선다운 국립공원의 암컷 캥거루들도 자신의 영역을 지키고 작은 그룹을 지어 먹이를 찾아다녔다. 그룹의 구성은 시간마다, 심지어 분 단위로 바뀌기도 했다. 또, 엘란다 포인트의 암컷 캥거루들처럼, 일부 암컷들은 먹이 찾기를 함께하는 파트너가 있었고, 골디즌과 동료들은 이를 '하프웨이트 지수(half-weight index, 개체 간 상호작용의 강도를 반영하여 평가하는 방식으로, 서로를 얼마나 자주 만나는지, 얼마나 많은 시간을 할애하는지 등을 측정한다.-역주)'라는 방법으로 측정했다. 선다운 캥거루들이 먹이 찾기에 이용하는 네트워크는 엘란다 포인트에서보다 더 복잡했다.

골디즌 팀이 큰 네트워크 안에서 어떤 파벌이 형성되는지를 알아보기 위해 클러스터링 계수를 계산하자, 파트너 선호가 강한 암컷들끼리 함께 있는 경우가 많은 것으로 나타났다. 즉, 특정 암컷들은 서로를 선호하여 자주 상호작용하며, 이들 사이에는 강한 연결이 형성되고 있었다. 하지만 한 암컷이 특정한 파트너를 선호한다고 해서, 그와 비슷한 선호를 가진 다른 암컷들과도 자연스럽게 연결된다고 해석할 수는 없었다. 개별적인 선호가 반드시 사회적 연결로 이어지지 않을 수도 있기 때문이다. 그런데 골디즌의 분석 결과에 따르면, 강한 파트너 선호를 가진 암컷들은 서로를 좋아하고, 친밀한 우정을 쌓는 경향이 강했다.

골디즌 팀은 캥거루의 먹이 네트워크를 더 잘 이해할수록, 그 네트워크가 어떤 결과를 가져오는지 더 자세히 알고 싶어졌다. 그들이 발견한 내용은 놀라웠다. 먹이 사냥 친구를 선택하는 방식은 양육이나 새끼의 생존에 큰 영향을 끼치고 있었다. 예상과는 달리, 암컷 캥거루에게 친구가 많을수록 새끼 캥거루가 무사히 성체로 자랄 확률은 낮아졌다. 특히 새끼가 더 이상 어미의 주머니에 들어갈 수 없을 만큼 커졌을 때와, 완전히 젖을 떼는 시점 사이에 가장 크게 부정적인 영향을 끼쳤다.[9]

골디즌은 먹이 사냥 네트워크에서 나타나는 선호가 새끼 캥거루의 생존에 영향을 끼치는 2가지 이유를 다음과 같이 설명했다. 첫째, 선호하는 먹이 파트너가 많은 사교적인 암컷은 자신처럼 사교적인 새끼를 낳을 가능성이 크다. 그리고 이런 사교적인 성향 때문에 젖을 떼지도 않은 새끼가 어미와 떨어져 있는 시간이 길어지면, 포식자에게 죽임을 당할 확률이 높아진다. 둘째, 어미 캥거루가 좋아하는 친구와 어울리느라 새끼 캥거루를 소홀히 할 수 있다. 어미가 선호하는 파트너와 교제하며 시간과 에너지를 쓰는 동안 새끼는 방치되어 젖도 충분히 먹지 못하고, 포식자에게 잡힐 위험도 더 커진다.[10]

지금까지 살펴본 기린의 보육 그룹, 캥거루의 우정, 수컷 멕시코양지니의 네트워크 재구성 능력 등은 사회적 네트워크가 동물의 번식에 많은 영향을 끼친다는 사실을 보여 준다. 그리고 인간 사회든 동물 사회든 후손을 통해 유지되는 사회라면, 항상 권력을 위한 투쟁이 있기 마련이다. 즉, 권력 투쟁은 동물 사회 전반에 영향을 끼친다. 그리고 사회적 네트워크 분석은 이런 권력 투쟁이 어떻게, 왜 발생하는지, 그리고 그것이 무엇을 의미하는지를 이해하는 데 유용한 도구가 될 것이다.

예를 들어, 호주에서 뉴질랜드로 이동해 푸케코 사회에서 일어나는 권력 투쟁을 살펴보면 좋겠다.

제5장

권력 네트워크

당은 오직 자체의 이익을 위해 권력을 추구하지.
우리는 타인의 행복 따위에는 관심도 없어.
오직 권력, 순수한 권력에만 관심이 있지. (……)
누구도 권력을 포기할 의도로 권력을 장악하지 않는다는 사실도
우린 알고 있어.
-조지 오웰(George Orwell), 『1984』(1949)

마오리족 전설에는 아주 오래전부터 뉴질랜드에서 살아온 화려한 새, 푸케코(Porphyrio melanotus)에 대한 이야기가 전해져 온다. 이 새는 오스트레일리아 스웜펜(Australasian swamphen)으로도 알려져 있는데, 전설에 따르면 고위 족장인 타와키(Tāwhaki)가 죽어갈 때 그의 피가 푸케코의 부리를 짙은 빨간색으로 물들였다고 한다.

또 다른 전설인 '키위(뉴질랜드 삼림지대에 서식하는 키위과의 새.-역주)가 날개를 잃은 이야기'는 푸케코가 늪지대를 선호하는 이유에 대해 알려 주고 있다. 숲의 신인 테네마후타(Tānemahuta)는 벌레들이 나무를 갉아먹는 것에 화가 났다. 그래서 숲에 사는 새들에게 나무에서 내려와 땅에 살면서 벌레를 잡아먹으라고 부탁하며 다녔다. 테네마후타가 푸케코에게 다가가자, 이 새는 태양을 올려다보았다가 다시 숲 바닥을 내려다보며 말했다. "싫습니다, 테네마후타. 땅바닥은 너무 습해요. 발이 젖고 싶지 않아요." 테네마후타는 다른 새들에게 부탁하러 갔고, 결국 키위가 그를 도와주겠다고 나섰다. 숲의 신이 자신의 부탁을 거절한 새들에게 벌을 내릴 때, 푸케코에게 내린 형벌은 죄에 딱

맞는 것이었다. "너는 발이 젖는 걸 원하지 않았으니, 영원히 늪에서 살도록 해 주마."

푸케코의 권력 게임: 공동 산란과 사회적 네트워크

늪을 좋아하는 사람에게 뉴질랜드 북섬의 타와라누이(Tāwharanui) 공원은 정말 매력적이다. 이 공원은 오클랜드에서 북쪽으로 약 1시간 거리에 있고, 카와우 섬에서 단 3킬로미터 떨어져 있으며 동쪽은 태평양, 서쪽은 타와라누이 반도로 둘러싸여 있다. 푸케코는 공원 곳곳에 있는 습지를 좋아하고, 그곳에서 자신들만의 영역을 만들며 살아간다. 동물 행동학자인 코디 데이(Cody Dey)는 그들이 만드는 복잡한 사회적 관계를 연구하는 데 큰 흥미를 느꼈다.

데이는 박사 과정에서 '협동 번식'에 대해 연구하고 싶었다. 협동 번식이란, '조력자' 역할을 하는 개체가 자신의 새끼가 아닌 다른 개체의 새끼를 돌보는 것을 말한다. 조력자들은 종종 자신의 번식 기회를 미루고, 대신 다른 새끼를 돌보기도 한다. 푸케코는 협동 번식에 관한 질문을 연구하기에 완벽한 대상이었다. 물론 지구 반대편에서의 현장 연구라는 매력도 있었지만, 푸케코가 보여 주는 협동 번식은 그 자체가 정말 흥미롭고 중요한 연구 주제였다. 푸케코는 다른 개체의 새끼를 돌보는 협동 번식자일 뿐만 아니라, 여러 암컷이 같은 둥지에 알을 낳는 가장 희귀한 형태의 협동 번식자이자, '공동 산란자'이기도 하다.[1]

데이는 타와라누이 공원에서 6개월 동안 푸케코를 연구했다. 사람들은 대부분 서핑을 하기 위해 공원을 찾았기 때문에 데이의 연구에 방해가 되는 일은 거의 없었다. 푸케코의 활동 지역은 주로 소가 풀을 뜯고 있는 울타리 근처라 해변과는 떨어져 있었기 때문이다. 새를 좋아해 공원을 찾은 뉴질랜드 사람들에게도 푸케코는 늘 뒷전으로 밀려났다. 데이는 "뉴질랜드에서 푸케코는 캐나다 거위 같은 존재예요. 사람들은 키위를 보러 가기 위해 푸케코는 그냥 지나치거든요"라고 말했다.[2]

푸케코는 무리를 지어 사는 것이 특징이다. 특히 공동으로 알을 낳는 암컷들은 공원 안의 가축 방목장과 가까운 지역에 거주하고 있었다. 이들은 자신의 영역을 매우 열심히 지켰고, 때로는 그냥 그 자리에서 꽥꽥거리는 정도였지만, 가끔은 심각한 싸움이 벌어지기도 했다. 서로 다른 영역에 속한 푸케코들이 같은 풀밭에서 먹이를 먹을 때는 오히려 평화로웠고, 자신의 영역을 방어할 때처럼 공격적이지 않았다.

매일 아침 해가 뜨면 데이는 임시로 관찰할 수 있는 망원경을 설치했다. 보통은 사육지와 주변을 잘 볼 수 있는 언덕 위에 설치했지만, 가끔은 사육지 울타리의 반대편에 놓기도 했다.

데이는 망원경을 통해 푸케코들이 자기 영역에 있을 때와 중립 지역인 먹이터에 있을 때 보이는 권력 다툼, 구애, 둥지 만들기 및 기타 행동에 대한 데이터를 수집했다.

데이는 자신이 푸케코에 대해 2가지 오해를 품고 뉴질랜드로 건너왔다는 사실을 곧 깨달았다. 첫째, 그는 푸케코 무리가 작을 것이라고 생각했다. 보통 4~5마리 정도일 것이라고 예상했지만, 실제 푸케코 무리는 10마리 이상인 경우도 많았다. 둘째, 푸케코는 공동 산란을 하는 동물이니까 같은 영역에 사는 새들끼리는 일반적으로 서로에게 친절할 것이라고 예상했지만, 전혀 그렇지 않았다. 푸케코의 일상에서는 권력 추구가 핵심이며, 종종 다소 지저분한 행동도 보였다. 우두머리 푸케코는 쪼고, 발로 차고, 돌진하는 반면, 부하 푸케코는 뒤로 물러나거나 머리와 부리가 아래를 향하도록 자세를 바꾸는 등 복종하는 행동을 보이곤 했다. 또한 수컷의 경우 부리 위에 있는 붉은 살색의 '정면 보호막'이 권력의 상징이었다. 데이는 이 상징이 클수록(고환 크기와 함께) 권력 구조에서 더 높은 자리를 차지한다는 것을 이해하게 되었다.[3]

데이와 동료들은 공동으로 알을 낳는 것과 공격성의 관계가 궁금했다. 그리고 여러 암컷이 알을 낳는 둥지에서 태어난 새끼들을 관찰하자, 강한 어미가 얼마나 중요한지를 알게 되었다. 지배적인 암컷의 새끼들은 가장 먼저 태어났고, 더 빨리 성장했으며, 생존율도 높았을 뿐만 아니라, 나중에 지배적인 위치에 오를 가능성도 더 컸다. 부화 순서가 그 이후 지배력에 미치는 영향을 관찰한 결과 푸케코의 지배성에 대한 일부 통찰을 얻을 수는 있었지만, 데이는 그것만으로는 푸케코 사회의 복잡한 권력 구조를 충분히 이해할 수 없다고 느꼈다. 왜냐하면 부화 순서와 지배성의 관계를 개별적인 차원에서 이해할 수는 있어도, 그것을 통해 전체 그룹 내에서 권력관계나 상호작용을 포착하기는 어렵기 때문이었다. 다행히도 데이는 그의 또 다른 연구 관심사인 사회적 네트워크 분석을 통해 이 문제를 해결할 수 있겠다는 생각이 들었다. 이 분석법을 통해 개체 간의 관계와 상호작용을 시각적으로 표현하면, 푸케코 사회의 권력 구조를 더 깊이 이해할 수 있을 게 분명했다.

데이는 푸케코 네트워크의 권력관계를 더 잘 분석하기 위해 사회적 네트워크 소프트웨어를 수정했다. 그는 단순히 그룹 내에서 누가 지배적이고 누가 종속적인지를 알아보는 데 만족하지 않았다. 대신, 소프트웨어를 조정해 3마리의 푸케코를 동시에 살펴보고, 이들 사이의 지배 관계가 '전이적'인지 확인했다. 예를 들어, 3마리(푸케코 1, 푸케코 2, 푸케코 3) 중 푸케코 1이 푸케코 2에게 지배적이고, 푸케코 2가 푸케코 3에게 지배적이라면, 자연스럽게 푸케코 1이 푸케코 3에게도 지배적인 트로이카를 이루는지를 확인하는 것이다.

이런 전이적 트로이카를 이루는 권력관계는 매우 흥미로운데, 이런 구조가 확인된다면 큰 그룹이라 해도 그 권력관계가 매우 뚜렷해지기 때문이다. 여기에서는 푸케코 1이 푸케코 2를 지배하고, 푸케코 2가 푸케코 3을 지배하며, 푸케코 3이 푸케코 4를 지배하는 식으로 이어지는데, 안타깝게도 가장 낮은 순위의 개체는 아무도 지배할 수 없게 된다.

데이는 다양한 규모의 푸케코 그룹에서 데이터를 수집했다. 예를 들어 그룹 내에 트로이카 권력 구조가 4개만 있는 경우에서 13개가 있는 경우까지 모두 11개 푸케코 그룹에서 공격성에 대한 데이터를 수집했다. 데이는 새들의 행동을 관찰하기 직전에 새들이 있는 지역에 옥수수를 던져 서로 간의 경쟁이나 공격적인 행동을 유도했다. 즉, 먹이를 제공함으로써 새들 간의 상호작용을 활성화한 뒤, 그룹 구성원들이 보이는 공격적이거나 복종하는 행동을 기록했다.

두 해에 걸친 사회적 네트워크 연구에서 트로이카를 이루는 권력은 대부분 전이적이었고, 이는 11개 그룹 모두에서 뚜렷하게 선형적인 위계질서를 만들어 냈다. 즉, 푸케코 그룹 내에서 권력관계는 아주 명확했다. 그런데 생태학자들 사이에서는 이런 크고 안정적인 위계 질서가 그룹 전체의 공격성을 줄여 모든 구성원에게 이익이 되는지를 둘러싸고 의견이 갈렸고, 논쟁이 붙었다. 하나만은 확실하다. 푸코의 권력관계는 부분적으로 사회적 네트워크와 관련이 있다는 사실이다.[4]

초원에서 벌어지는 은밀한 경쟁: 귀뚜라미들의 권력 다툼

네트워크가 권력의 역학 관계에서 왜 중요한지 알아보기 전에, 먼저 권력이 무엇인지 명확히 정의할 필요가 있다. 여기서 권력이란 다른 사람의 행동을 지시하고, 통제하며, 영향을 미치는 힘이자, 자원에 대한 접근을 조절하는 능력을 뜻한다. 동물들이 권력을 얻기 위해 사용하는 미묘하거나 명백한 방법들은 정말 놀랍고 흥미롭다. 이들이 어떻게 권력을 얻고 유지하는지를 살펴보면 이들이 어떻게 진화해 왔고, 집단생활을 하는 종의 행동 역학이 어떻게 형성되는지를 이해하는 데 도움이 된다. 집단생활을 하는 동물들은 상호작용하며 사회적 구조를 형성한다. 따라서 이 동물들이 권력을 얻기 위해 사용하는 다양한 방법은 그런 사회적 구조와 행동의 복잡성을 이해하는 데 아주 중요한 역할을 한다. 즉, 사회적 네트워크 분석은 동물 집단 내 권력의 복잡성을 이해하는 데 매우 유용한 도구이다. 그리고 이 도구는 귀뚜라미의 권력 싸움을 연구할 때 특히 도움이 된다.[5]

스페인의 어느 초원을 걷다 보면, 지면에서 그리 높지 않은 곳에 설치된 CCTV 카메라 120대 중 하나에 걸려 넘어질 수도 있다. 그리고 그 카메라가 귀뚜라미 굴을 향해 있다는 사실을 알게 될 것이다. 누군가 곤충의 삶을 담은 리얼리티 TV 프로그램을 찍고 있다고 생각한다면, 반쯤 맞았다고 할 수 있다. 이 리얼리티 쇼는 곤충의 사회적 네트워크를 중심으로 진행되는데, 사실은 연구를 위해 데이터를 수집하는 과정이기도 하다. 만약 당신이 데이비드 피셔(David Fisher)와 그의 동료인 롤란도 로드리게스-무뇨스(Rolando Rodríguez-Muñoz), 톰 트레겐자(Tom Tregenza)와 함께 귀뚜라미의 사회적 네트워크를 연구하고 싶다면, 지금부터 이 리얼리티 쇼에 적극적으로 동참해 보자.

이 카메라들이 설치된 곳은 스페인 북부 아스투리아스 지역 한 계곡의 북서쪽 경사면이다. 초원에서 사는 수백 마리 초원귀뚜라미(Gryllus campestris)의 행동을 관찰하기 위한 것으로, 2005년에 첫 번째 카메라 세트가 이 초원에 설치되었고, 각 카메라는 최소한 하나의 굴을 바라보게 되어 있다. 모든 굴에는 연구자들이 식별할 수 있도록 세 자리 숫자가 적힌 작은 깃발이 붙어 있다. 그리고 연구자들은 각 귀뚜라미를 잠깐 잡아 DNA 샘플을 채취하고, 등에 아주 작은 알파벳 숫자 태그를 붙인 뒤 다시 굴로 보냈다. 그 결과 연구자들은 모든 귀뚜라미의 신원을 확인할 수 있게 되었다. 카메라는 굴 주변 약 60제곱센티미터 영역에서 이루어지는 귀뚜라미들의 상호작용을 모두 기록했고, 그 영상은 현장에 설치된 복잡한 광케이블을 통해 근처의 작은 집에 있는 컴퓨터로 전송되었다. 번식기인 4월 말부터 7월 초까지는 굴 주변에서 이루어지는 귀뚜라미의 상호작용이 수만 시간에 걸쳐 기록된다.[6]

초원귀뚜라미는 약 1년 동안 살고, 한 번만 알을 낳는다. 유충은 굴에서 겨울을 보내고, 봄이 오면 성체로 변한다. 성숙한 수컷은 낮에 굴에서 나와서 짝을 찾기 위해 울음소리를 내고, 또 초원을 돌아다니며 짝짓기 대상인 암컷이 사는 굴을 찾는다. 수컷들이 좋아하는 굴은 더 깊고, 먹이가 풍부하고, 그 안에 암컷이 살고 있는 굴이다. 수컷은 이런 굴을 차지하기 위해 항상 노력하고, 이미 다른 수컷이 있는 굴이라도 포기하지 않는다. 물론, 이미 굴에 자리 잡고 있던 수컷들도 자기의 집이나 짝을 쉽게 포기하지 않아서, 다툼은 수시로 발생한다. 이때 수컷들은 턱을 부풀리고 돌진하며 힘겨루기를 한다. 이런 경쟁은 주로 굴 입구 근처에서 일어나기 때문에 감시 카메라가 모든 장면을 잘 포착할 수 있다.

데이비드 피셔는 2012년에 귀뚜라미 프로젝트에 참여하게 되었다. 논문 작업을 시작할 곳을 찾던 중 엑시터대학교의 동물 행동학자 톰 트레겐자가 올린 구인 광고를 보게 되었고, 트레겐자는 롤란도 로드리게스-무뇨스와 함께 귀뚜라미의 사회적 네트워크를 연구할 박사 과정 학생을 찾고 있었다.

당시 피셔는 귀뚜라미에 점점 더 큰 흥미를 느끼고 있었는데, 마침 트레겐자와 로드리게스-무뇨스가 자신이 실험실에서 귀뚜라미를 연구하는 것과 같은 일을 야생에서 하고 있다는 사실을 알게 되었다. 곧 피셔는 엑시터로 가서 귀뚜라미 프로젝트에 참여했고, 일단 그곳에서 사회적 네트워크에 관한 책과 논문을 읽으며 공부했다. 이후에는 스페인으로 건너가 귀뚜라미에 태그를 붙이고 많은 동영상을 검토하는 일을 하게 되었다. 귀뚜라미가 사는 굴이 좁은 탓에 힘겨루기나 짝짓기는 모두 굴 입구 근처에서 이루어졌고, 덕분에 2가지 활동을 모두 집중적으로 관찰할 수 있었다.

귀뚜라미의 짝짓기 시즌이 끝나면 컴퓨터 화면 앞에 앉아 이전

시즌에 찍힌 많은 비디오를 보며 사건들을 기록했다. 가끔 그는 다른 종류의 크리켓(cricket, 귀뚜라미)에도 빠져들곤 했다. "영국이 인도에서 크리켓 경기를 하고 있었어요. 새벽 5시쯤 일어나서 중계방송을 듣곤 했죠." 물론 그 경기가 끝나면 피셔는 다시 컴퓨터 화면 앞으로 돌아가야 했다. "귀뚜라미가 굴을 나가면 'A1이 10시 05분에 굴 32를 나갔다'고 기록했어요. 그리고 1시간 후에는 '귀뚜라미 A1이 11시 30분에 굴 58에 도착했다'고 적었죠. 귀뚜라미들이 계속 움직였기 때문에 우리는 이렇게 그들의 행동을 기록하며 네트워크를 연결할 수 있었어요. 수컷끼리 경쟁하며 싸우는 네트워크나 짝짓기가 이루어지는 네트워크 같은 것들 말입니다."

가끔 CCTV 카메라에 파랑새나 고슴도치가 나타나면서 지루한 시간의 활력소가 되기도 했다. 하지만 대부분 화면에는 아무것도 없거나(너무 자주 그랬다) 싸우거나 짝짓기하는 귀뚜라미들만 보였다.

현장에 있지 않거나 컴퓨터 앞에 앉아 있지 않을 때, 피셔는 어떤 네트워크 측정 방법과 네트워크 모델을 선택해야 할지 고민하는 시간을 가졌다. 관련 자료를 깊이 파고 들어간 끝에, 결국 그는 귀뚜라미에 적용할 수 있는 사회학 모델을 찾아냈다.

피셔와 동료들은 귀뚜라미의 행동이나 상호작용을 녹화한 자료를 글로 기록하고 정리한 뒤, 귀뚜라미들의 전투 네트워크와 짝짓기 네트워크를 만들었다. 그들이 만든 전투 네트워크는 더 크고 무거운 수컷이 더 많은 상대와 싸운다는 것을 보여 주었고, 일반적으로 수컷들은 자기의 굴과 가까운 곳에 있는 다른 수컷과 싸울 가능성이 컸다. 이 2가지 결과는 상당히 직관적이라 이해하기 쉬웠지만, 다른 결과는 그렇지 않았다. 굴 주변에 공통의 적을 가진 수컷들은 공통의 적은 없지만 굴이 가까운 수컷들보다 서로 싸울 가능성이 더 컸다. 즉, 물리적으로 가까운 것만으로는 상황을 설명할 수 없었다. 단순히 가까이 있다고 해서 싸움이 발생하는 것이 아니라, 사회적 관계나 경쟁의 맥락이 더 중요했고, 초원귀뚜라미의 사회적 네트워크는 생각보다 훨씬 더 복잡하고 미묘했다.

피셔와 동료들이 귀뚜라미의 짝짓기 네트워크를 연구한 결과에 따르면, 서로 싸운 수컷들이 같은 암컷과 교미하고, 그 암컷을 성공적으로 수정시킬 가능성이 더 높았다. 수컷들 간의 싸움은 이들의 사회적 지위나 관계를 형성해 교미 기회에 직접적인 영향을 끼치는 것으로 보였다. 다시 한번 강조하지만, 단순히 물리적인 거리만으로는 설명할 수 없는 무언가가 이들의 네트워크 안에 있었다. 스페인의 초원에서 벌어지는 귀뚜라미 리얼리티 쇼에서는 누가 누구와 싸우고, 누가 누구와 짝짓기하는지가 복잡한 소셜 네트워크의 그물망으로 얽혀 있었다.[7]

리얼리티 쇼가 열렸던 초원은 귀뚜라미가 활동하는 시기에 영하로 떨어진 적이 거의 없었다. 어떤 동물에게나 포식자가 항상 문제이긴 하지만, 먹을 것이 풍부한 이 초원은 그럭저럭 살기 좋은 곳이다. 반면에 럼 섬의 산들은 그렇지 않아서, 이곳에 서식하는 야생 염소들은 힘든 상황에 처해 있었다.

영리한 염소들의 생존 법칙

스코틀랜드 서해안에 있는 럼 섬에 킨로흐(Kinloch) 성이 있다. 이

성은 빅토리아 여왕이 통치하던 마지막 해에 지어졌고, 지금은 수리가 필요한 상태다. 런던의 건축 회사인 리밍 & 리밍(Leeming & Leeming)이 설계한 이 성은 한때 섬유 사업가인 조지 불러(George Bullough) 경과 그의 부유한 친구들을 위한 멋진 사냥터였다. 글래스고에서 북서쪽으로 270킬로미터 떨어진 이 섬의 원래 주인은 불러 가문이었지만, 1950년대에 국가 자연보호구역으로 지정되면서 야생 동물 보호구역이 되었다. 지금 이 섬에는 붉은 사슴(red deer), 럼 조랑말(Rùm ponies), 하이랜드 소(Highland cattle), 그리고 큰흰배슴새(Manx shearwaters)가 많이 살고, 상주하는 사람은 약 20명 정도밖에 안 된다.

지난 50년 동안 동물 행동학자 팀 클러턴-브록(Tim Clutton-Brock)과 동료들은 럼 섬 북쪽 끝에 사는 붉은 사슴을 연구해 왔다. 그런데 이 섬의 험준한 산악지대가 진화 인류학자 로빈 던바(Robin Dunbar)를 끌어들였다. 산에는 야생 염소 수백 마리가 힘겹게 살아가고 있었다. 던바는 염소들의 사회적 네트워크가 생존에 도움이 되는지, 도움이 된다면 어떤 식인지 궁금했다.

로빈 던바라는 이름을 들어 본 적이 있다면, 아마도 야생 염소(Capra hircus) 연구 때문이 아니라, 1990년대 초에 만든 유명한 이론 때문일 것이다. 던바는 2021년 《더 컨버세이션(The Conversation)》에 기고한 글에서 이렇게 말했다. "30년 전, 나는 영장류 집단의 크기와 뇌 크기를 비교한 그래프에 대해 깊이 생각하고 분석하고 있었다. 그 과정에서 뇌가 클수록 집단 크기도 커진다는 사실을 발견했다. (……) 이렇게 해서 '사회적 두뇌 가설'이 탄생하게 된 것이다."

사회적 두뇌 가설 연구는 곧 던바를 사회적 네트워크의 세계로 이끌었다. 당시 케임브리지에서 클러턴-브록과 같은 그룹에 속해 있던 던바는 연구 아이디어를 종합하는 과정에서 중요한 사실을 깨달았다. 먼 곳으로 떠나 영장류를 연구하기 위한 자금을 받는 것이 점점 더 어려워지고 있다는 사실이었다. 그는 "팀 클러턴-브록처럼, 집 근처에서 연구하는 것이 더 낫겠다는 생각이 들었고, 우연히 럼 섬에서 아무도 연구하지 않는 염소를 발견하게 되었죠"라고 말했다. 곧 던바는 염소가 얼마나 똑똑한 동물인지를 누구에게나 이야기하고 다니게 되었다.[8]

럼 섬의 서쪽 지역은 염소와 인간 모두에게 살아가기 쉽지 않은 곳이다. 대서양에서는 강한 바람이 불고, 겨울에는 그 바람을 막아줄 나무가 거의 없다. 여름에는 던바와 동료들뿐만 아니라 염소들도 곤충, 특히 시도 때도 없이 물어대는 각다귀 때문에 골머리를 앓았다. 던바의 팀은 3개의 방과 주방이 있는 19세기 사냥 오두막인 보시(스코틀랜드에서 농장 일꾼들이 묵는 오두막집.-역주)에서 지냈다. 음식은 일주일에 한 번씩 섬으로 배달되었는데 그 음식을 받으러 가려면 13킬로미터를 걸어야 했다. 길은 국립 구조대가 훈련할 정도로 험준한 산길이었고, 섬의 동쪽에 있는 국립 자연보호구역 사무소로 이어졌다. 매일 1,000피트 높이의 바다 절벽에 올라 먹이를 찾는 염소에게 겨울은 특히 잔인한 계절이다. 사실 추위는 큰 문제가 아니다. 언제든 산 아래 해변이나 운이 좋으면 동굴에 들어가서 잠을 자거나 쉴 수 있기 때문이다. 하지만 먹이를 찾는 건 정말 어려운 일이다. 던바는 말했다. "정말 끔찍합니다. 진짜 문제는 시간이에요. 낮이 너무 짧아서 염소들이 정말 힘들어해요. 특히 추운 겨울에는 충분한 먹이를 구할 수가 없어요."

던바는 염소들이 어떻게 이런 어려움을 이겨 내고, 그 과정에서 서로를 어떻게 돕는지 궁금했다. 그는 털 색깔과 자연스러운 표식으로 모든 염소를 구별할 수 있었고, 염소들이 전혀 신경 쓰지 않는 것처럼 보였기 때문에 그냥 밖에 앉아 지켜보았다. 그는 구식 제독 스타일의 망원경으로 염소들을 관찰하기도 했는데, 나폴레옹 전쟁의 영웅 호레이쇼 넬슨(Horatio Nelson) 제독이 투시력을 가진 눈으로 사용한 망원경이라며 자랑했다. 그와 동료들은 염소들 간 힘의 역학, 염소들의 먹이, 무리의 크기, 염소들 사이의 거리 등에 대한 데이터를 수집했다.

혹독한 환경에서 생활하는 것이 평화로운 집단 관계를 만들지, 아니면 권력 다툼을 만들지는 까다로운 문제이다. 겨울철에 염소들은 먹이를 찾느라 바빠서 공격적인 행동은 드물게 나타났지만, 먹이가 귀하다 보니 남아 있는 적은 양의 먹이 때문에 권력 다툼이 생길 수도 있었다.

다행히도 사회적 네트워크 분석을 통해 이런 질문의 해답을 찾을 수 있었다. 던바와 동료들은 데이터를 네트워크 모델에 적용함으로써, 염소들 간 상호작용을 시각적으로 분석할 수 있었다. 네트워크 모델은 염소 개체들 사이의 관계를 노드와 에지로 표현하여 복잡한 상호작용을 이해하는 데 도움을 주었다. 네트워크 분석을 통해 드러난 염소들 간의 상호작용은 단순히 공격적이거나 비공격적인 것 이상의 복잡성을 가지고 있었다. 즉, 염소들의 네트워크에는 단순한 이분법적 접근으로는 설명할 수 없는 다양한 행동 양식이 포함되어 있었다.

던바와 그의 동료 크리스티나 스탠리(Christina Stanley)는 두 그룹의 암컷 염소에 주목했다. 두 그룹에서 공격이 시작될 때 보통 한 염소가 다른 염소 쪽으로 다가가면, 위험한 일이 생기기 전에 다른 염소가 자리를 떠나는 경우가 많았다. 하지만 가끔은 다가오는 염소가 미처 피할 틈도 주지 않고, 심하게 박치기를 하기도 했다. 던바와 스탠리는 먼저 염소들의 공격적인 상호작용을 바탕으로 한 사회적 네트워크를 만든 뒤, 추가 네트워크를 2개 더 만들었다. 하나는 경쟁 중이 아닐 때 염소들이 서로 얼마나 가까이 있는지를 기반으로 한 네트워크이고, 다른 하나는 한 염소가 다른 염소에게 접근할 때 개체가 이동하지 않고 하던 일을 계속하는 경우를 포함하는 '접근 행동' 기반 네트워크였다. 이 두 네트워크는 염소의 친사회적 행동을 포착했으며, 각 무리를 분석한 결과 이 모든 네트워크의 핵심에는 12~13마리의 암컷으로 구성된 핵심 클러스터가 있었다. 나머지 염소들은 그들과 '덜 상호작용하는 개체들(outlier, 통계학에서 일반적인 패턴이나 경향에서 벗어난 데이터 포인트를 가리킨다.-역주)'이었다.

연구자들이 처음 네트워크를 살펴봤을 때는 권력 네트워크와 접근 행동, 그리고 가까운 관계 네트워크 사이에 양적인 상관관계가 발견되었다. 즉, 염소들이 서로에게 다가가고, 가까이 있을수록 그들 사이의 관계가 긍정적이라는 뜻이다.

그런데 이어지는 연구 결과에는 염소들이 친구로 선택한 개체들에게 오히려 공격적이라는 것을 보여 주는 데이터가 있었다. 이는 연구자들의 예상과는 반대여서 직관적으로는 이해하기 어려운 결과였다. 하지만 염소들은 친구를 선택할 때 미묘하지만 중요한 구분을 하고 있는 것으로 밝혀졌다. 두 번째로 네트워크 데이터를 분석한 던바와 스탠리는 염소가 누구와 얼마나 자주 상호작용했는지를 살펴보았고, 그 결과 염소들이 가장 많은 시간을 함께 보낸 친구들에게는 덜 공격적이라는 사실을 알아냈다. 던바는 처음부터 염소들이 얼마나 똑똑한지를 정확히 알고 있었던 것이다. 럼 섬의 절벽에서 염소들은 단순히 친구를 사귀는 것이 아니라, 친구와 지인을 구분하고 있었다.[9]

바바리마카크와 권력 네트워크: 혹한에서 찾은 생존의 열쇠

우리는 염소가 춥고 척박한 산에서 사는 것은 그럴 수도 있다고 생각한다. 하지만 영장류의 경우엔 그렇지 않다. 영장류 하면 아프리카나 남미의 습한 열대 우림이 떠오르고, 눈 쌓인 험준한 산은 이 동물과 전혀 상관이 없을 것 같다. 하지만 모로코 중부의 아틀라스산맥에 사는 원숭이 바바리마카크(Macaca sylvanus)는 겨울이 되면 제인 구달(Jane Goodal)의 연구지인 곰베보다는 럼 섬과 더 비슷한 환경에서 살아간다. 행동 생태학자인 리처드 맥팔랜드(Richard McFarland)는 이 사실을 잘 알고 있다. 그는 "바바리마카크의 행동 생태학을 연구하기 위해 모로코에 간 적이 있어요. 그런데 어느 겨울, 폭설로 원숭이들의 자원이 모두 사라졌습니다"라고 말했다. 그리고 그는 그 겨울 동안 바바리마카크의 사회 구조가 생존에 어떤 영향을 끼치는지를 알아내려고 노력했다.

바바리마카크는 해발 1,500미터가 넘는 아틀라스산맥 이프란(Ifrane) 국립공원에서 20~30마리로 이루어진 4개 무리를 만들어 살고 있다. 이 동물들은 이곳에서 멧돼지, 제넷고양이, 여우, 자칼, 늑대, 독수리 등의 포식자들과 마찬가지로 공원을 자유롭게 돌아다녔다. 성체 수컷 바바리마카크의 몸무게는 약 16킬로그램에 달하며, 뚜렷하고 길쭉한 송곳니로 적을 공격한다. 반면 암컷은 약 9킬로그램에 불과하고 송곳니가 훨씬 작다. 5~6살 무렵이면 성적으로 성숙하는데, 해마다 가을에서 초겨울 사이에 짝짓기하고, 새끼는 봄에 태어난다. 겨울철에 이프란 국립공원은 기온이 영하로 떨어지기도 하며, 가장 온화한 겨울에도 약 70일 동안 눈이 땅을 덮고 있다.[10]

바바리마카크 프로젝트는 2008년 모로코 살레에 있는 국립산림학교(Ecole Nationale Forestière d'Ingénieurs)의 생태학자 모하메드 카로(Mohamed Qarro)와 링컨대학교의 영장류학자 보나벤투라 마졸로(Bonaventura Majolo)의 아이디어로 시작되었다. 마졸로와 카로는 바바리마카크가 아시아 이외 지역에 사는 유일한 마카크 원숭이라는 점, 그리고 세계자연보전연맹(IUCN)에서 멸종 위기 종으로 지정한 원숭이라는 점에서 특히 매력적이라고 생각했다. 게다가 바바리마카크의 행동이나 습성에 대해 알려진 것이 거의 없었고, 유럽의 영장류학 대학원생들이 지구의 절반을 돌아가지 않고도 연구할 수 있는 좋은 기회이기도 했다.

맥팔랜드는 2008년 11월에 박사 과정을 시작했다. 그때부터 그는 아즈루라는 인구 8만 명이 사는 도시에 정착했는데, 이 도시는 페즈에서 약 100킬로미터 남쪽에 있고, 연구 장소인 산까지는 차로 30분 정도 걸렸다. 그의 첫 번째 임무는 원숭이들이 그를 익숙하게 받아들이도록 하는 것이었다.

처음 연구를 시작했을 때, 맥팔랜드가 마카크 원숭이들 근처 100미터 정도까지 다가가면 그들은 재빨리 도망쳤다. 첫 5개월 동안 그는 매일 차를 운전해 원숭이들이 있는 곳으로 가서 12시간을 보내며 "조금씩 가까이, 조금씩 가까이 다가가 마침내 원숭이들이 받아들일 때까지" 노력했다고 한다. 그는 원숭이들에게 먹이를 주거나 만지려하지 않았고, 그냥 가만히 앉아 있거나 주변을 돌아다니며 무관심한 척했다. 마치 집안에 가구처럼, 숲에서 슬금슬금 걸어 다니는 나무처럼 행동했다. 그러면서 그는 털 색깔, 얼굴 모양, 상처 등으로 원숭이를 구별하는 방법을 배워 갔다.

5개월이 지나자, 맥팔랜드는 원숭이들 근처로 몇 미터까지는 다가가도 될 만큼 익숙해졌다. 그는 망원경을 들고 앉아 멀리 있는 원숭이들을 관찰하고, 태블릿으로 공격적인 행동, 무리의 크기, 누가 누구와 가까이 있었는지, 누가 누구를 그루밍했는지, 무엇을 먹었는지, 어디서 잤는지 등을 기록했다. 정말 힘든 작업이었던 것이, 마카크 원숭이들은 먹이를 찾기 위해 하루에 10킬로미터까지 이동할 수 있기 때문이다. 먹이는 대부분 땅에서 찾았지만, 먼 거리를 이동할 때는 나무에서 활동했고, 결정적으로 맥팔랜드보다 원숭이들이 훨씬 빠르게 움직였다. 그는 매일 밤 원숭이들의 잠자리 나무가 결정될 때까지 그들의 뒤를 따라다녀야 했기 때문에 최선을 다해 재빨리 움직였다. 게다가 원숭이들이 안전하게 잠을 잘 수 있도록 은근슬쩍 도와주어야만, 그들이 밤중에 어디론가 사라지는 일을 막을 수 있었다. 만약 원숭이들의 잠자리를 제대로 챙겨 주지 않았다가는 다음 날 아침 이들을 놓칠 수도 있었다.

여름에 원숭이들을 따라다니는 것도 일이지만, 겨울에 눈이라도 내리면 더욱 힘들었다. "원숭이들을 따라다니다가 눈구덩이에 빠지면, 발가락과 손끝이 금방 얼어 버리고 말아요. 그런 날엔 저녁에 돌아와 샤워하고 가능한 한 많은 음식을 먹어서 체력을 보충하죠. 그리고 작은 가스 불 옆에서 등산화를 바싹 말려야 해요."

그는 1년 동안 현장에서 원숭이들이 자신의 존재에 익숙해지도록 만들었고, 그 자신도 원숭이 개체들을 식별할 수 있게 되었다. 또, 원숭이 행동을 200가지로 분류하고, 그 흐름을 정리한 목록인 에소그램(ethogram)도 개발했다. 덕분에 맥팔랜드는 바바리마카크 연구에 자신감이 생겼고, 이제 본격적으로 이 원숭이의 일상을 파악할 수 있을 거라는 생각이 들었다. 하지만 그 시점에서 문제가 발견되었다. 2008년과 2009년 겨울 동안 바바리마카크의 삶이 그런 일상과는 거리가 멀 정도로 평범하지 않았기 때문이다.

그해 겨울은 기록상 가장 추운 겨울이었다. 11월부터 3월 말까지 5개월 동안 땅은 눈으로 덮였다. 이는 겨울 동안 원숭이의 생존에 필요한 씨앗, 이끼, 곰팡이, 잎, 뿌리가 눈 속에 묻혀 있다는 것을 의미했다. 원숭이들은 생존을 위해 고군분투할 수밖에 없었다. 맥팔랜드는 "1월에는 매일 원숭이들이 사라졌어요. 또 포식자에게 먹힌 원숭이의 해골을 보기도 했죠"라고 말했다. 겨울이 끝날 무렵, 맥팔랜드와 동료들이 추적하던 47마리 바바리마카크 중 30마리가 굶어 죽었다.[11]

맥팔랜드는 그 혹독한 겨울에 살아남은 원숭이들에게 특별한 무언가가 있는지 알고 싶었다. 생존한 원숭이들은 먹이를 찾는 기술이 좀 더 뛰어났을 수도 있고, 운 좋게도 다른 원숭이들이 찾지 못한 먹이를 발견했을 수도 있었다. 그는 집단의 힘이 원숭이의 생존에 영향을 끼쳤을지도 모른다고 생각했다. 다만, 동물 행동학자로서 그런 사실을 연구하는 데 흥미를 느끼는 것 이상으로 중요한 것도 있었다. '원숭이들이 내가 옆에 있는 걸 좋아하는 것만으로도 특권이지'라는 생각을 가진 맥팔랜드였기에, 가족처럼 아끼는 이 동물들의 삶과 죽음을 제대로 이해하고 싶었다.

맥팔랜드와 그의 조언자 마졸로는 사회 네트워크 분석이 집단 역학을 탐구하는 데 강력한 도구라는 것을 알고 있었지만, 두 사람 모두 네트워크 모델 작업에 대한 경험이 없었다. 그러나 그들의 동료인 줄리아 레만(Julia Lehmann)은 달랐다. 맥팔랜드와 마졸로는 네트워크 모델링에 도움을 얻기 위해 레만을 영입했고, 그때 이미 레만은 침팬지와 개코원숭이의 사회적 네트워크를 연구하는 광범위한 작업을 수행한 경험이 있었다. 그들은 그 잔혹한 날씨가 닥치기 전 6개월 동안 바바리마카크들의 상호작용을 기반으로 2가지 다른 사회적 네트워크를 구축했다. 하나는 원숭이들이 서로를 그루밍하거나 신체 접촉했던 횟수를 기반으로 한 친사회성 네트워크였고, 다른 하나는 물기, 찰싹 때리기, 전면 돌진, 잡기, 추적 등을 항목으로 사용하는 권력 네트워크였다.

원숭이들의 친사회성 네트워크만을 살펴보았을 때, 개체가 가진 유대 관계의 수는 생존과 긍정적인 상관관계가 있었다. 이는 겨울철 낮 동안 많은 사회적 파트너를 가진 마카크가 밤에 더 많은 수면 파트너와 함께 모여 자는 결과와 잘 맞아떨어졌다. 이런 '사회적 온도 조절'은 체온 손실을 줄이고 생존 가능성을 높이는 것으로 보인다.[12]

맥팔랜드와 동료들은 바바리마카크들의 권력 네트워크만 살펴보기도 했다. 그 결과, 유대 관계를 많이 맺은 원숭이일수록 생존 확률이 높다는 것을 발견했다. 그런데 권력과 생존에 관한 이야기에는 흥미로운 반전이 있었다. 분석 결과, 클러스터 계수가 낮은 원숭이가 다른 원숭이들보다 더 잘 생존한다는 사실이 밝혀진 것이다. 클러스터 계수는 주변 친구들이 서로 얼마나 연결되어 있는지를 나타내는 지표이다. 즉, 원숭이의 권력 네트워크에서 클러스터 계수가 낮다는

허리케인 '마리아'가 지나간 후, 푸에르토리코의 카요 산티아고 섬에 사는 붉은털원숭이들은 그루밍 네트워크에서 파트너의 수를 늘렸지만, 그루밍의 깊이나 강도는 변하지 않았다.

사진 제공: 로렌 브렌트

호주 시드니에서 먹이를 찾고 있는 큰유황앵무 무리. 색깔 표시로 개체를 구별할 수 있다(대신 날개 태그를 붙이지 않았다). 먹이가 부족할 때, 이 새들은 사회적 네트워크에 있는 다른 새들과 유대를 더 강화한다.

사진 제공: 윙태그 프로젝트

이스라엘 엔게디 자연보호구역의 절벽에 있는 바위너구리. 평등한 사회적 네트워크에 속한 바위너구리는 몇몇 개체가 중심이 되는 네트워크에 속했을 때보다 더 오래 산다.

사진 제공: 에란 기시스(Eran Gissis)

해수면에 보이는 만타가오리 떼. 만타가오리는 댐피어 해협의 얕은 바닷속 수중 '미용실'과 '산호초 식당'에서 사회적 네트워크를 형성한다.

사진 제공: 롭 페리먼과 그의 드론

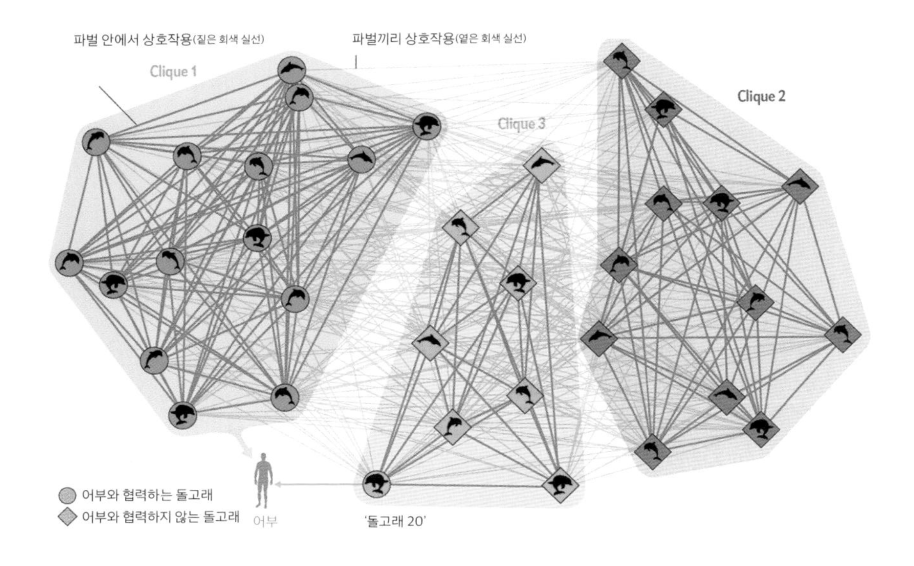

브라질 바다에 서식하는 돌고래의 사회적 네트워크는 3개의 파벌로 나뉜다. 그림에서 동그라미는 어부에게 신호를 보내는 돌고래, 네모는 신호를 보내지 않는 돌고래를 나타낸다. 파벌 1(녹색)의 모든 돌고래는 지역 어부와 협력해 숭어 잡이를 한다. 파벌 2(보라색)의 돌고래들은 어부와 협력하지 않는다. 파벌 3(주황색)에선 오직 '돌고래 20'만 어부와 협력하고 있다.

출처: L. A. 듀가킨과 매트 하센야거, "네트워크 동물", 《사이언티픽 아메리칸》 312(2015): 50-55. "돌고래와 인간이 함께 물고기를 잡다" 허가를 받아 재생산됨.

미국 소노란 사막의 선인장 위에 있는 멕시코양지니 무리. 색이 화려하지 않은 수컷들은 화려한 수컷들보다 무리 사이를 더 자주 이동하며, 이런 사회적 유연성을 이용해 번식 성공률을 높인다.

사진 제공: 알렉스 바디야예프 www.tenbestphotos.com

호주 선다운 국립공원의 캥거루들. 먹이 네트워크 안에서 가까운 친구가 많은 암컷 캥거루는 새끼가 다 자랄 때까지 건강하게 키울 확률이 낮다.

사진 제공: 앤 골디즌

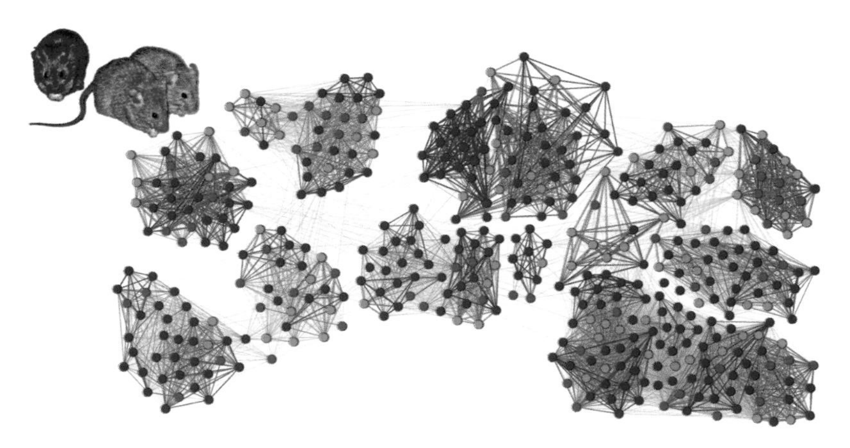

포식자로부터 대규모 습격을 당한 뒤 스위스의 생쥐 네트워크 모습.
빨간색 = 대규모 습격 사건 이후 발견된 죽은 쥐, 보라색 = 대규모 습격 사건 이후 실종된 개체, 파란색 = 대규모 습격 사건에서 살아남은 쥐. 선의 두께는 쥐들 간 연결 관계 강도를 나타낸다. 고양이(또는 고양이들)가 공격하기 전 연결이 상대적으로 적었던 쥐들은 사건 후 약하지만 새로운 유대 관계를 많이 형성했다. 대규모 습격 사건 전에 잘 연결되어 있던 쥐들은 공격당한 뒤 친구의 수가 줄었지만, 유대 관계의 강도는 사건 전보다 더 강해졌다.

그림 제공: 줄리언 에반스

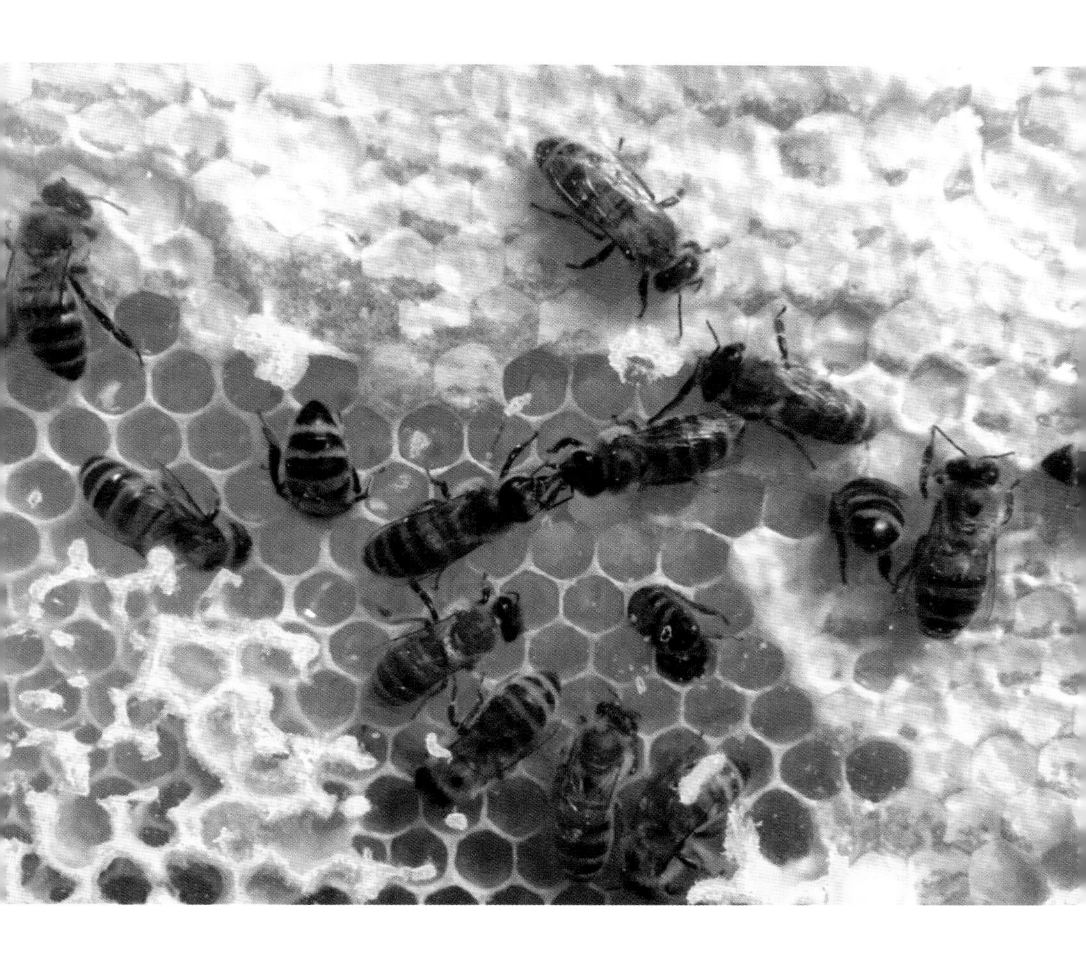

사진 가운데 벌 2마리는 영양 교환 중이다. 영양 교환은 먹이를 채집해 온 벌이 다른 벌에게 꿀을 전달하는 과정이다. 영양 교환 네트워크는 벌들이 태양의 위치로 벌집을 찾을 수 없을 때 중요하다.

사진 제공: 매트 하센야거

파나마 감보아에 위치한 스미소니언 열대 연구소의 흡혈박쥐 서식지. 이곳에서는 흡혈박쥐의 먹이 네트워크가 흥미롭게 작동 중이다. 굶주린 박쥐가 그룹 내 다른 구성원에게서 받는 혈액의 양은, 그 박쥐가 굶주렸을 때 해당 구성원에게 제공한 혈액의 양에 따라 예측할 수 있다.

사진 제공: 사이먼 리퍼거

것은 공격적인 상호작용을 적게 하는 원숭이들을 우선 공격 대상으로 삼는다는 뜻이다. 즉, 사회적 관계가 밀접하지 않은 대상을 공격함으로써 생존 확률을 높이는 전략을 취하고 있다는 의미이기도 하다. 이건 이해하기 쉬운 내용이지만, 네트워크 분석이 없었다면 맥팔랜드도 이 사실을 알아차리지 못했을 것이다.[13]

맥팔랜드와 동료들은 각 네트워크가 생존에 대해 어떤 정보를 주는지 이해한 후, 각 네트워크만으로는 생존의 원리를 알 수 없다는 결론을 내렸다. 그리고 권력 네트워크, 친사회성 네트워크, 또는 두 네트워크의 조합 중 어떤 경우가 생존에 큰 영향을 끼치는지를 파고들었고, 생존에 가장 잘 맞는 모델은 권력 네트워크라는 사실을 밝혔다. 그랬다. 오직 권력 네트워크만이 그 역할을 했다. 바바리마카크들에게는 권력이 친사회성보다 더 중요했다. 특히 날씨가 추워서 먹이가 눈에 덮여 있고, 다음 날까지 살아남기 위해 애써야 할 때는 더욱 그랬다. 즉, 날씨가 매우 추워 먹이가 부족할 때는 생존을 위해 필요한 자원을 확보할 힘이 가장 중요한 것이다.[14]

제6장

안전 네트워크

안전과 한 통의 맥주를 위해서라면,
내 모든 명성을 바칠 수 있다.
-윌리엄 셰익스피어(William Shakespeare), 『헨리 5세』

진화 생물학자 윌리엄 D. 해밀턴(William D. Hamilton)은 「이기적 무리의 기하학(Geometry of the Selfish Herd)」이라는 유명한 논문에서, 동물들이 포식자의 위협을 받을 때 무리를 지으면 생존에 유리하다고 주장했다. 즉, 집단행동이 자연 선택 과정에서 진화적으로 유리한 전략이 된다는 뜻이다. 해밀턴은 이에 더해 동물들이 가장 안전한 위치인 무리의 중앙으로 가기 위해 경쟁한다는 사실을 보여 주는 수학적 모델도 구축했다. 동물 집단생활이 일정 부분 보호 기능을 한다고 주장한 사람은 해밀턴이 처음은 아니다. 하지만 그의 연구 이후 동물 행동학자들은 집단생활이 여러 가지 다양한 이점을 제공한다고 주장하는 연구를 잇달아 내놓고 있다. 예를 들어 무리의 중앙에 위치하는 것은 단순히 포식자로부터 안전함을 넘어서는 다른 이점들도 있다는 것이다. 즉, 그룹이 클수록 개체가 포식자에게 잡힐 확률이 낮아지는 '희석 효과'와 포식자가 공격해 오기 전에 일부 그룹 구성원이 먼저 감지할 확률이 높아지는 '다수의 눈' 효과가 그것이다.[1]

수백 편의 논문이 이런 아이디어를 검증해 왔다. 그러나 위험에 대처하는 데 있어 집단생활의 의미는 단순히 포식자에게 잡힐 확률을 낮추고, 무리 중앙을 차지하기 위해 경쟁하며, 포식자의 출현을 알아차릴 눈이 많아지는 것 이상이다. 많은 종에게는 네트워킹이 있고, 이것은 생태계 내에서 상호작용과 진화적 적응에도 중요한 역할을 한다. 네트워크가 구성원의 안전에 미치는 역할을 더 잘 이해하기 위해, 스위스의 특별한 헛간에 사는 쥐들을 살펴보려 한다.

생쥐가 재난에 대처하는 법

취리히에서 북서쪽으로 25킬로미터 떨어진 일나우 자치단체 근처 작은 숲속 언덕 위에 헛간이 하나 있다. 외관상으로는 다른 헛간과 비슷해 보이지만, 약 74제곱미터의 건물 안으로 들어가면 누군가 도시 계획가 쥐들에게 4개의 고급 설치류 구역을 건설할 자유를 주었다는 생각이 들 정도다. 하지만 실제로 설계와 건축을 담당하고 유지 관리를 맡고 있는 것은 쥐가 아닌 인간이다. 바버라 쾨니히(Barbara König)가 이끄는 동물 행동학자 팀이 그들이다. 쾨니히는 "자연 선택에 노출된 야생 포유류의 유전체 연구를 하고 있어요"라며 말을 이었다. "유럽에서 생쥐(Mus musculus)는 항상 인간과 연결되어 있습니다. 주로 우리가 음식을 보관하는 마구간이나 헛간에 살아 왔죠."

그의 말대로 생쥐는 아주 오랫동안 인간과 함께 살아왔다. 고고학적 증거에 따르면, 기원전 8000년부터 인간과 공생 관계를 맺어 왔다고 한다.[2]

쾨니히의 헛간에 설치된 쥐의 주거지 4개 구역에는 아늑한 둥지 상자가 10개 있다. 둥지마다 1마리 이상의 암컷과 새끼들이 살고 있으며, 갈증을 해소할 수 있는 음수대 3개와 급식 장치 10개가 마련돼 있다. 쥐들의 먹이로는 맛있는 귀리에 상업용 사료를 섞어 주었고, 그 외 피신처와 오락거리가 될 벽돌, 나무판자 장치도 있었다. 헛간의 주민들은 자유롭게 구역 간 이동이 가능하고, 벽에 난 구멍이나 지붕 아래 빈틈을 통해 헛간을 떠날 수도 있지만, 그럴 경우 여우, 고양이, 오소리, 그리고 굶주린 다양한 새들과 마주해야 했다. 본능적으로 이 사실을 깨달은 쥐들은 대부분 헛간 안 주거지에 그냥 남아 있었다. 쥐들의 삶은 바쁘고 혼잡했다. 항상 움직였고, 다른 쥐들이 남긴 소변 자국의 냄새를 맡으며 돌아다녔다. 쾨니히가 말했다. "그들에겐 실험실 쥐들이 가진 시간적 여유 따윈 없거든요(실험실 쥐들은 안정된 환경에서 더 많은 시간을 먹이 섭취나 번식에 쓸 수 있지만, 자연에서 사는 쥐들은 생존하고 위험을 피하는 데 더 많은 시간을 써야 한다.-역주)."

쾨니히의 헛간 연구는 2002년 11월에 시작되었다. 그녀와 안드레아 바이트(Andrea Weidt)는 이 헛간 5킬로미터 이내에서 잡은 수컷 쥐 4마리와 암컷 쥐 8마리로 이 연구를 시작했다. 현재 헛간에는 약 400마리의 쥐가 살고 있으며, 모든 것이 통제되고 있는지 확인하기 위해 상주하는 연구 기술자가 있다. 쾨니히와 동료들은 헛간의 모든 쥐를 약 7주마다 조사해 쥐의 개체 수를 파악했다. 이는 힘든 작업이며 결코 멋진 일도 아니었다. "그 조사에는 모든 인원이 동원되었어요." 박사 후 연구원이었던 줄리언 에반스(Julian Evans)가 말을 이었다. "우리는 하루종일 무릎을 꿇고 둥지 상자들을 비웠는데, 수백 마리의 쥐가 사는 불쾌한 헛간 속에서 이 모든 일을 해야 했죠."

데이터를 좀 더 쉽게 수집하기 위해, 개체 수를 조사하는 동안에는 18그램이 넘는 모든 쥐의 피부 아래에 아주 작은 PIT 태그를 삽입했다. 이 태그는 쾨니히와 동료들이 여러 방법으로 읽을 수 있는 특별한 신호를 보냈다. 시행착오도 있었지만, 몇 년간 손을 보아 결국 강력한 모니터링 시스템이 구축되었다. 각 쥐의 둥지 상자는 45도 각도로 구부러진 아크릴 터널을 통해서만 들어갈 수 있었다. 쥐가 빠르게 들어오는 것을 막기 위한 장치였는데, 각 터널의 입구에는 2개의 안테나가 설치되어 둥지를 드나드는 쥐의 신호를 감지했다. 안테나는 음수대에도 설치되어 있었다. 이렇게 해서 둥지 안에 누가 있는지, 언제 들어오고 나가는지, 그리고 둥지 밖(음수대에서)에서 어떤 쥐들이 상호작용하는지를 계속 관찰해 관련 데이터를 수집할 수 있었다. 게다가 일부 음수대 아래에는 적외선 모션 감지기를 가진 디지털 저울이 설치되어 쥐의 몸무게를 정기적으로 업데이트할 수 있었다.

이 데이터는 헛간 바닥 아래에 묻힌 케이블을 통해 헛간 테이블 위의 노트북으로 보내졌다. 매일 저녁 이 정보는 자동으로 취리히대학교의 서버로 전송되었고, 그곳 컴퓨터의 프로그램이 모든 원시 데이터를 모아 연구팀이 이해할 수 있는 형태로 변환했다. 이 데이터에는 쥐들이 둥지 상자에 들어오고 나가는 것, 상자에 머무는 시간 등이 포함되어 있었다. 이 모든 데이터를 이용해 생쥐 네트워크를 만들기 위해서는 동물의 사회적 네트워크 모델링 경험이 있는 에반스의 역할이 중요했다.[3]

에반스가 프로젝트에 합류했을 무렵 헛간의 쥐들은 꽤 좋은 상황에 있었다. 헛간에만 머물고 밖으로 나가지 않는 한, 쥐들에게 큰 위험은 없어 보였다. 그러던 중 2019년 1월 19일 주말에 접어들었고, 마침내 비극의 월요일 아침이 찾아왔다. 기술자가 헛간에 들어갔을 때 이미 끔찍한 상황은 종료된 뒤였다. 아마도 고양이 여러 마리가 주말 동안 헛간에 들어와 쥐들을 공격한 것 같았다. 이전 주까지 PIT

태그를 달고 있던 478마리의 쥐들 중에서 85마리가 죽었고, 이 쥐들 사이에는 태그가 없는 쥐도 32마리나 있었다. 또 다른 쥐 100마리 정도는 어디론가 사라져 버려, 집중적인 수색에도 다시는 볼 수 없었다.

고양이 여러 마리가 어떻게 헛간에 들어갔는지 확실하지는 않지만, 몇 가지 단서가 있었다. 헛간이 자리한 숲은 농지에 둘러싸여 있고, 근처 많은 농장에는 고양이들이 살고 있었다. 에반스는 "헛간 뒤쪽 구석에서 고양이 여러 마리를 보았는데, 쥐가 나올 때까지 기다리는 것 같았어요"라고 말했다. 원칙적으로 연구 중인 헛간은 쥐들을 위한 요새 같은 곳이지만, 고양이를 키워 본 사람이라면 누구나 알듯이, 고양이는 아주 작은 구멍만 있어도 어떻게든 그 틈을 통과할 수 있다.

쥐는 세대교체 주기가 짧아서 개체 수가 회복되기까지 그리 오랜 시간이 걸리지 않았다. 쾨니히와 에반스는 어쨌든 이 나쁜 상황을 최대한 활용해 대규모 포식 사건이 생존한 쥐들의 사회적 네트워크에 어떤 영향을 끼쳤는지를 알아보기로 했다. 데이터를 처음 살펴본 결과, 재앙이 발생하기 전 헛간의 전체 네트워크를 구성했던 그룹 17개 중 14개가 남아 있었다. 남아 있는 모든 그룹은 구성원을 잃었고, 사망률은 그룹별로 12~88퍼센트에 이르렀다.

쾨니히와 에반스는 다른 연구를 통해 생쥐의 사회적 네트워크가 복잡하다는 사실을 알고 있었지만, 그 복잡성이 얼마나 심각한지를 새삼 깨닫게 되었다. 여기서 잠시 카요 산티아고의 마카크 원숭이들이 허리케인이 지나간 뒤 어떻게 반응했는지 떠올려 보자. 그곳 원숭이들은 허리케인이라는 재난이 지나간 뒤 네트워크를 조정하기 위해 간단한 규칙을 사용했다. 더 많은 친구를 만들었지만, 이미 있는 친구 관계는 강화하지 않는 것이었다. 생쥐는 재난에 대처하는 방식에서 더 복잡한 규칙을 가지고 있었다. 고양이가 나타나기 전, 다른 쥐와 연결이 적었던 쥐들은 사건 후 약하지만 새로운 유대 관계를 더 많이 형성했다. 아마도 숫자가 많아지면 안전하다고 느낀 것일 수 있다. 반면, 대량 포식 사건 전에 잘 연결되어 있던 쥐들은 재난에 아주 다른 방식으로 대처했다. 그들은 공격받은 후에 더 적은 친구를 가지게 되었지만, 유대 관계의 강도는 고양이가 나타나기 전보다 더 강해졌다. 에반스와 동료들은 이 생쥐들이 "사회적으로 더욱 고립되는 성향"을 띨 가능성은 있지만, 그룹 내 동료들과 더욱 친사회적으로 상호작용해 극복하려 했을 것이라는 가설을 세웠다.

생쥐 연구팀은 또한 대량 포식 사건이 서로 다른 그룹 간의 상호작용에 어떤 영향을 끼쳤는지 조사했다. 사건 전후의 클러스터링 계수를 살펴본 결과, 대량 포식 사건 이후 그룹 간의 경계가 좀 더 느슨해져 다른 그룹으로 이동하는 쥐들이 많아졌다. 이는 사건 이후 그룹 내 결속력이 약해졌다는 뜻이다. 아마도 다른 그룹의 구성원이라 해도 가까이 있는 것이 더 안전하다고 느꼈기 때문일 것이다. 결론적으로 집단 전체의 개체 수에 영향을 끼칠 만큼 큰 재앙은 사회적 네트워크 구조 자체에도 분명 큰 영향을 끼쳤다.[4]

최근 쾨니히와 동료들은 사회적 네트워크 작동과 관련해 쥐의 뇌에서 유전자들이 켜지고 꺼지는 과정을 살펴보기로 했다. 그 이야기를 하기 전에, 먼저 콜로라도의 산으로 가서 마못들이 어떻게 네트워크를 형성하여 안전을 유지하는지를 알아보고, 그다음에는 케냐의 마사이 마라 국립 보호구역으로 향할 것이다. 임팔라, 검은꼬리 누, 얼룩말, 기린 등 여러 동물이 서로가 보내는 경고음을 듣고 위험을 피하는 방법을 알아보기 위해서 말이다.

마못의 겨울잠을 깨운 생존의 비밀

1919년 여름, 웨스턴 콜로라도대학교의 생물학 교수인 존 존슨(John Johnson)은 콜로라도 고딕 근처에서 현장 연구를 떠났다. 버려진 은광 마을인 고딕은 해발 2,700미터가 조금 넘는 로키산맥에 위치하고 있다. 존슨은 그곳의 다양한 생태계에 감명받아 곧 학생들을 데려와 현장 수업을 진행하게 되었다. 그로부터 10년도 채 지나지 않은 1928년에는 이곳에 로키 마운틴 생물학 연구소가 세워졌고, 오늘날 70개 건물로 확장한 이 연구소는 "세계에서 가장 많은 현장 생물학자들이 매년 찾아오는 곳 중 하나"라는 평을 듣고 있다. 최근까지 연구원과 학생들은 오래된 광산 오두막이나 낡은 주택에서 지냈지만, 국립과학재단의 지원으로 좀 더 현대적인 숙소를 이용할 수 있게 되었다.[5]

로키 마운틴 생물학 연구소에 살고 있는 생명체는 사람뿐만이 아니다. 고양이 정도의 몸집을 가진 설치류 노란배 마못(Marmota flaviventer)도 서식하고 있는데, 이 동물들은 동물 행동학을 연구하는 사람들에겐 너무나 이상적인 존재이다. 주로 낮 동안 활동하고, 쉽게 찾을 수 있는 굴에 서식하며, 겨울잠에 들었다가 깨어나는 시기가 학사 일정과 잘 맞아떨어지기 때문이다.

지난 20년 동안 로키 마운틴 생물학 연구소는 댄 블룸스타인(Dan Blumstein)에게 제2의 집이 되었고, 노란배 마못은 제2의 가족이 되었다. 마못은 주로 모계 혈연 집단(암컷과 그들의 유전적 친척)으로 구성된 작은 무리를 지어 살며, 무리 안에는 1~2마리 수컷도 있다. 블룸스타인과 많은 협력자가 마못의 사회 구조를 조사하고 있으며, 해마다 60마리에서 300마리 이상의 노란배 마못에 대한 정보를 수집한다.

연구 대상 개체군의 마못들은 식별 태그가 달린 금속 귀걸이를 하고, 털에는 임시로 염색된 표시가 있다. 마못이 겨울잠에서 깨어나면, 블룸스타인과 동료들은 스키를 타고 나가서 돌아다니는 마못들을 찾아냈다. 4월 중순부터는 스키 대신 자전거나 자동차를 타고 이동했고 가끔 걷기도 했다. 쌍안경과 망원경을 사용해 마못과 18~40미터 정도 떨어진 곳에서 관찰하고 펜과 종이로 기록했다. 그들은 여러 해에 걸쳐 마못의 생존율과 그루밍, 놀이, 인사, 함께 앉기, 사회적 먹이 찾기 같은 친근한 행동에 대한 데이터를 모았다. 또한 정기적으로 마못들을 잡아 대변, 혈액, 털 샘플을 수집한 뒤 호르몬 수치도 측정했다. 하루하루가 길고 지루할 수도 있었지만 마못은 정말 귀엽고, 어떤 녀석은 아주 재미있기도 했다. 블룸스타인은 특히 11세까지 살았던 한 수컷 마못을 지금도 기억하고 있다. "어떤 수컷은 좀 무뚝뚝하고, 어떤 수컷은 정말 다정해요. 이 녀석은 항상 자기 아내에게 제일 먼저 가서 인사를 했죠. 그런데 1399(짝짓기한 암컷)에게 인사할 때마다, 아내한테 코를 얻어맞았어요."[6]

블룸스타인과 동료들은 9월 둘째 주까지 매일 현장 연구를 했고, 그때쯤부터 마못들은 겨울잠에 들어가기 시작했다. 마못이 겨울잠을 자는 동안 블룸스타인과 동료들은 마못의 사회적 삶을 이해하기 위해 네트워크 모델을 자주 사용했다. 블룸스타인이 사회적 네트워크에 관심을 가지게 된 것은 2004년 캘리포니아 산타바바라에 있는 국립 생태 분석 및 종합 센터에서 열린 워크숍 덕분이다. 이 워크

숍은 국가 안보 문제를 진화의 원리를 활용해 해결하는 방법을 논하는 자리였고, 블룸스타인은 이를 "다윈식 국토 안보"라고 부르기도 했다. 생물학적 생존 전략이나 적응 메커니즘을 국가 방어 전략에 통합하려는 이런 시도를 위해 생태학자, 진화 생물학자, 심리학자, 안보 전문가, 군인 등이 모여들었다. 블룸스타인은 이 워크숍을 준비하면서 테러리즘과 테러 네트워크에 관한 기사를 점점 더 많이 읽게 되었고, 결국 마못 연구에 네트워크 사고를 적용하게 되었다.[7]

블룸스타인은 마못들이 포식자로부터 안전하게 지내기 위해 형성하는 네트워크에 대해 생각했다. 그가 연구한 노란배 마못 중 일부는 포식자가 나타나면 경고음을 내곤 했는데, 그 소리를 들은 다른 마못들은 하던 일을 멈추고 주변을 살피거나 때로는 굴로 달려가 안전한 곳으로 피했다. 그런데 모든 경고음이 똑같은 건 아니어서, 더 시끄러운 경고음은 더 많은 친구를 피신시킬 수 있다. 블룸스타인과 그의 동료 홀리 푸옹(Holly Fuong)은 사회적 네트워크에서 위치가 경고음 크기에 영향을 끼치는지 알고 싶었다.

그들은 매주 2번씩 말 사료를 미끼로 한 덫을 마못 굴 근처에 설치했다. 덫에 걸린 마못을 캔버스 가방에 옮기면서 약 1피트 떨어진 곳에 마이크를 설치해 경고음을 녹음했다. 그런 다음 연구팀은 이 소리를 분석할 때 공격적인 상호작용뿐만 아니라, 다양한 우호적인 상호작용을 포함하는 네트워크에서 개체의 위치가 경고음의 유형에 끼치는 영향을 조사했다. 그 결과 상대적으로 적은 사회적 상호작용을 하는, 즉 사회적으로 더 고립된 마못들이 더 시끄러운 경고음을 내는 것으로 나타났다. 블룸스타인과 동료들은 사회적으로 고립된 마못은 위협에 직면했을 때 의지할 수 있는 친구가 거의 없기 때문에 더 쉽게 자극받는다고 결론 내렸다.

노란배 마못의 사회적 네트워크는 경고음이 전달되는 방식뿐만 아니라 경고음에 다른 개체들이 반응하는 방식에도 영향을 끼쳤다. 푸옹과 블룸스타인, 그리고 동료인 엘리자베스 팔머(Elizabeth Palmer)는 별도의 연구에서 새로운 사실도 발견했다. 낯선 다른 개체의 경고음을 들은 후 친구뿐만 아니라 친구의 친구가 많은 마못들은 다른 개체보다 더 빨리 먹이를 먹기 시작했다. 아마도 그들은 네트워크 안에 친구가 많아서 상대적으로 더 안전하다고 느끼는 것 같았다. 이제 블룸스타인과 동료들은 마못의 사회생활을 이해하는 데 사회적 네트워크 접근법이 효과가 있음을 알게 되었다. 그래서 그들은 새로운 파트너인 아니타 필라 몬테로(Anita Pilar Montero)가 이끄는 팀과 함께 노란배 마못의 사회적 네트워크, 포식, 그리고 사망률의 관계를 연구하기로 했다.[8]

여름 동안 마못이 죽는 이유는 대부분 포식자의 공격 때문이었다. 블룸스타인과 동료들은 2002년부터 2015년까지 수집한 데이터를 바탕으로 성체와 1살짜리 새끼 마못들의 여름 생존 확률을 분석했다. 여름 동안 성체 마못의 생존율과 관련된 사회적 네트워크 지표는 보이지 않았지만, 수컷과 암컷 새끼 사이에는 뚜렷한 성별 차이가 나타났다. 수컷 새끼의 여름 생존율은 어떤 네트워크 지표와도 상관관계가 없었지만, 중심성 지표가 높은 암컷 새끼는 연결성이 낮은 또래보다 여름 생존율이 더 높았다. 블룸스타인은 그 이유가 궁금했다. 시간이 지나면서, 분산 행동이 그 해답일 수 있다는 생각이 들었다.

스스로 살아 보려고 무리를 떠나는 것은 새끼 마못에게 위험한 행동이다. 그런데도 여름철이 끝날 무렵에는 거의 모든 수컷이 태어난 무리를 떠나 새로운 무리를 찾아 나섰다. 이것은 그들이 무리를 떠나기 전까지 사회적 상호작용에 덜 투자하는 이유를 알게 해 준다. 반면에, 1살짜리 암컷 새끼들은 절반 정도만 흩어졌다. 블룸스타인은 네트워크에 더 깊숙이 편입된 젊은 암컷일수록 무리에 더 오래 머무른다는 사실을 알고 있었다. 그는 퍼즐을 맞추면서, 사회적 네트워크에 더 깊이 연결된 젊은 암컷들은 무리 안에 머무르는 경향이 있다고 결론 내렸다. 즉, 새로운 삶을 시작하기 위해 다른 곳으로 이동하는 위험 대신에 안정적인 환경에 머무르기를 선택한 것이다. 그리고 이런 선택은 생존이라는 중요한 진화적 이익으로 이어졌다.[9]

마사이 마라에 울린 경고음

로키산맥에 사는 노란배 마못과 케냐의 마사이 마라 국립 보호구역에서 야콥 브로-요르겐센(Jakob Bro-Jørgensen)이 연구하는 장소는 약 1만 6,000킬로미터 떨어져 있다. 하지만 이 연구를 구분 짓는 것은 거리만이 아니다. 브로-요르겐센의 연구는 우리가 사회적 네트워크를 이해하는 데 새로운 시각을 제공하기 때문이다. 지금까지 사회적 네트워크에서는 노드가 개체(개인)를 나타냈지만, 꼭 그럴 필요는 없다. 마사이 마라의 연구에서는 초점이 넓어져 노드가 공동체 내의 다양한 종을 나타내고 있다. 단일 종 네트워크에서는 한 개체가 하는 거의 모든 행동(먹이 찾기, 털 정리하기, 짝 선택하기, 싸우기 등)이 네트워크 내 다른 개체에게 영향을 끼친다. 하나의 종도 네트워크의 노드가 될 수 있는데, 그런 경우 상황은 더 복잡해진다. 예를 들어, 종 1에 속한 개체가 무엇을 먹는지가 종 2에 속한 개체들의 먹이 찾기에 영향을 줄 수도 있고, 그렇지 않을 수도 있다. 종 1에 속한 개체들이 짝을 선택하는 방식은 종 2의 짝 선택에 거의 영향을 주지 않는다. 여러 종이 함께 있는 네트워크 연구는 서로 다른 종 간에 공통적으로 인식되고 측정될 수 있는 행동을 중심으로 이루어져야 한다. 같은 커뮤니티에 있는 종들은 종종 같은 포식자로부터 위험에 처하게 되는데, 이때 일부 피식자의 행동은 서로 다른 종들 사이에 공통적인 기준으로 작용할 수 있다. 그래서 이런 행동들은 서로 다른 종들이 어우러진 네트워크를 구성하는 데 특히 중요하다.[10]

브로-요르겐센은 런던대학교에서 마사이 마라의 토피영양(Damaliscus lunatus) 연구로 박사 과정을 밟았다. 그리고 런던 동물학회의 지원을 받아 1998년 10월부터 2000년 6월까지 보호구역 안에서 살았다. 마사이 마라를 방문하는 모든 사람처럼, 브로-요르겐센도 다양한 포유류들이 눈앞에서 지나다니는 모습을 보며 놀라움을 금치 못했다.

마사이 마라 국립 보호구역은 탄자니아의 세렝게티 보호구역과 연결되어 있으며, 면적은 약 15만 헥타르에 이른다. 이곳에는 샌드 강, 탈렉 강, 마라 강이 흐르고, 기린, 하마, 물소, 멧돼지, 가젤, 일런드, 토피, 얼룩말, 개코원숭이, 검은 코뿔소 등 다양한 동물들이 살고 있다. 특히 7월에서 10월 사이에는 백만 마리가 넘는 검은꼬리 누와 약 10만 마리의 톰슨가젤이 이곳을 지나간다. 브로-요르겐센은 이 다양한 동물들을 관찰하며 이렇게 말했다. "항상 여러 종의 동물들이 함께 있는 모습을 보곤 했어요. 하지만 너무 많은 종이 있어서 모든 것을 이해하기가 어려웠어요. 각 동물의 행동이나 상호작용을 파악하는 것이 쉽지 않았죠. 그래서 그에 대해 더 깊이 알아보면, 정말 흥미로울 것 같다는 생각이 들었습니다."[11]

더 깊이 연구를 시작했을 무렵, 브로-요르겐센은 생태학자들이 이미 다종 간 상호작용을 연구하고 있다는 사실을 알게 되었다. 그런데 대부분 연구는 환경의 자원에만 초점을 맞추고 동물들의 사회적 행동은 다루고 있지 않았다. 그는 이 점을 바꾸고 싶었고, 마사이 마라에서 적당한 연구 주제를 찾았다. 다양한 동물들이 포식자를 발견했을 때 내는 경고음이 그의 흥미를 끌었던 것이다. 어떻게 시작해야 할지 몰라 잠시 고민했지만, 마침 잘 알고 있던 사회적 네트워크 연구가 생각났고, 그 연구들은 대부분 종이 아닌 개체를 중심으로 한다는 사실도 떠올렸다. 대부분 다양한 동물 군집에 네트워크 분석을 적용할 때면 그 안에 포함된 충분한 종이 없어서 어려움을 겪었다. 브로-요르겐센은 마사이 마라에서라면 그런 문제는 없을 거라고 생각했다. 2015년 9월, 그는 동료인 크리스틴 마이제(Kristine Meise)와 다니엘 프랭크(Daniel Franks)와 함께 보호구역에 들어가 다양한 동물 네트워크를 연구할 기회를 얻었다.

브로-요르겐센은 큰 목표를 세웠다. 마사이 마라에서 이미 진행했던 연구를 바탕으로, 그는 열린 평원에서 먹이를 찾는 가장 흔한 초식동물 12종의 포식자 회피 행동 데이터를 수집했다. 이 초식동물에는 토피영양, 톰슨가젤, 일런드, 그랜트 가젤, 임팔라, 멧돼지, 사슴영양, 검은꼬리 누, 평원얼룩말, 아프리카 버팔로, 기린, 그리고 유일한 조류인 타조가 포함되었다. 마사이 마라에서는 언제든지 이 동물들이 함께 모여 먹이를 찾는 모습을 볼 수 있었다. 이 12종의 동물들은 가끔 여러 종이 혼합된 그룹에 속하지 않고도 먹이를 먹었는데,

이는 브로-요르겐센과 연구팀에게는 좋은 소식이었다. 왜냐하면 단일 종 그룹에서 들리는 경고음 같은 포식자 회피 행동을 관찰해 혼합 종 그룹의 일원이었을 때와 비교할 수 있었기 때문이다.

브로-요르겐센과 동료들은 각각의 종에 대한 기준 데이터를 수집하기 위해, 먼저 같은 종의 동물들과 있을 때 얼마나 주변을 경계하는지를 측정했다. 그들은 차량을 약 45미터 거리까지 접근시킨 후, 동물들이 포식자를 찾는 데 얼마나 많은 시간을 쓰는지를 관찰하고 기록했다. 그 결과 12종으로 이루어진 109개 그룹에서 574건의 데이터를 모을 수 있었다.

다음으로 브로-요르겐센과 동료들이 한 일은 단일 종 그룹에서 동물들이 내는 경고음 정보를 모으는 것이었다. 그들은 단일 종 그룹이 먹이를 찾고 있을 때 포식자(사자, 표범, 치타, 얼룩하이에나, 검은등자칼 등)가 나타나는 드문 순간을 기다리기보다는 직접 해결책을 찾기로 했다. 그들은 각 포식자의 실물 크기 포스터 모델을 만들었고, 초식동물들은 이 모형을 포식자로 명확하게 인식했다. 이 광경을 보고 싶어 한 건 그들만이 아니었다. 브로-요르겐센은 “재미있었어요. 가끔 관광객들이 우리에게 양해를 구하고, (차에) 올라오기도 했어요. 그들은 먹고 먹히는 아슬아슬한 순간을 보고 싶어 했고, 사자 사진을 찍곤 했죠. 하지만 결국 실물이 아니라고 알려 줘야 했어요. 미안했죠”라고 당시를 회상했다.[12]

브로-요르겐센 팀은 각 동물이 같은 종으로만 이루어진 무리에 있을 때와 다른 종들이 섞인 무리에 있을 때 보이는 경계 행동과 경고음을 비교할 예정이었다. 그런데 그 전에 하나 더 알고 싶은 게 있었다. 바로, 종 1의 입장에서 종 2의 경고음이 얼마나 효과적인지를 알아보는 것이었다. 그래서 그들은 먼저 12종의 동물들이 내는 경고음을 녹음하고, 그 소리를 필드에 설치한 스피커로 수천 번 재생했다. 그다음, 종 2의 경고음을 들은 종 1의 동물들이 어떻게 반응하는지를 살펴보았다. 이 과정은 12종으로 짤 수 있는 모든 조합을 가정해 진행되었다. 단일 종 그룹이 풀을 뜯고 있는 모습이 보이면, 그들은 당장 차를 몰고 가서 스피커를 설치했다. 그리고 경고음을 내는 동물의 종류와 그 소리를 듣는 동물의 종류에 따라 어떤 반응이 일어나는지를 관찰했다. 도망가거나, 진짜 위험 신호로 받아들여 고개를 드는 동물이 있는가 하면, 어떤 동물들은 아예 반응하지 않았다.

브로-요르겐센 연구팀은 일단 특정한 한 종에 대한 데이터를 수집했다. 이 데이터에는 그 종의 행동, 경고음, 사회적 상호작용 등이 포함됐고, 여러 종이 함께 있는 혼합 종 그룹에서 각각 종의 개체들이 서로 어떻게 그룹을 이루는지 조사한 결과도 있었다. 즉 연구팀은 어떤 종의 개체가 다른 어떤 종의 개체와 함께 있는지를 파악했다. 연구 결과에 따르면, 높은 경계 점수를 가진 종의 개체들은 역시 높은 경계 점수를 가진 다른 종의 개체들과 함께 있는 경우가 많았다. 이런 경우 네트워크에 연결된 많은 개체의 눈이 포식자를 발견하고, 네트워크에 연결된 많은 개체의 귀가 포식자의 소리를 듣는 이점을 누리게 된다. 공동체 수준에서 포식자를 피하는 네트워크 구조가 만들어진 것이다.

그러나 모든 종이 동일한 방식으로 행동하지는 않았으며, 특정 종들은 다른 행동 양식을 보이기도 했다. 예를 들어, 개체들이 상대적으로 경고음을 적게 내는 종은 여러 종이 혼합된 그룹의 일원으로 머물 가능성이 특히 높았다. 즉, 경고음을 적게 내는 종은 다른 종들이 위험을 감지하고 내는 경고음을 이용해 스스로의 안전을 도모했다. 이는 마치 기생충이 숙주를 이용하는 것과 비슷한 상황이다. 다만 브로-요르겐센은 확실한 결론을 내리기에는 데이터가 충분하지 않다고 판단했다. 어쨌든, 그들이 관찰한 모든 개체는 다른 종들의 경고음을 활용하는 네트워크에 기꺼이 참여하고자 했다. 특히 경고음을 자주 보내는 종들이 포함된 네트워크에 참여하면 생존에 더 유리했다. 경고음을 보내는 종이 많을수록, 그것을 엿들은 다른 종들도 위험을 더 잘 인지할 수 있기 때문이다. 네트워크 커뮤니티에서 도청은 매우 큰 보상을 가져다준다.

다양한 종들이 함께 사는 네트워크가 어떻게 작동하는지를 이해하면, 한 종에 영향을 끼치는 요소가 다른 종들에게도 영향을 끼친다는 사실을 알 수 있다. 이는 사회적 네트워크의 변화가 생물 다양성과 자연 보호에 영향을 끼친다는 뜻이기도 하다. 특히 요즈음은 인위적 요인(인간의 활동)이 이런 네트워크에 큰 변화를 주기 때문에, 이를 고려하여 보존 전략을 세워야 한다. 예를 들어, 브로-요르겐센의 연구팀은 마사이 마라의 초식동물 군집에서 종 하나하나의 중요성이 서식지의 구조 같은 생태적 요인에 따라 달라진다는 사실을 발견했다. 인간이 만든 도로와 울타리 때문에 서식지가 조각조각 나뉘면서, 다양한 종들이 상호작용하는 방식이 영향을 받은 것이다. 특히 경고음을 자주 내는 중심 종이 사라지거나 그 개체 수가 줄어들면, 네트워크에 있는 모든 종의 안전에 심각한 문제가 생길 수 있다.[13]

생쥐의 뇌에서 발견한 놀라운 연결 고리

이 장의 시작에서 만났던 취리히 외곽의 헛간에 살던 생쥐 이야기로 돌아가 보자. 이 쥐들의 작지만 복잡한 뇌에서는 사회적 네트워크와 관련된 유전자가 발현하고 있을까? 즉, 사회적 네트워크로 인해 어떤 유전자가 켜지고 꺼지는지 아는 일이 가능할까? 바바라 쾨니히와 동료인 파트리샤 로페스(Patricia Lopes)는 쥐의 뇌에서 3곳을 선택해 수백 개의 유전자가 어떻게 발현되는지를 측정했다. 그리고 네트워크 연결이 많은 생쥐와 적은 생쥐의 유전자 발현 패턴을 비교해 차이점이 있는지도 조사했다. 연구진은 이런 접근 방식으로는 네트워크 내 사회적 상호작용의 차이가 유전자 발현의 차이로 이어지는지, 아니면 그 반대의 결과를 가져오는지 알아내기 쉽지 않다는 것을 알고 있었다. 그래도 시작하는 데 의미를 두었다.

이 부분에서 수컷 쥐는 그리 흥미로운 결과를 보여 주진 않았는데, 모든 뇌 영역에서 수컷의 네트워크 연결 수에 따라 발현 수준이 달라진 유전자는 단 3개에 불과했다. 하지만 암컷 쥐는 상황이 달랐다. 네트워크 내에서 다른 개체들과 잘 연결된 쥐와 그렇지 못한 쥐의 유전자 발현이 큰 차이를 보였는데, 모든 뇌 영역에서 유전자 180개 정도의 발현 수준이 다르게 나타났다.

쾨니히와 로페스는 단순히 숫자를 세는 것만으로는 충분하지 않다고 생각했다. 그들이 정말 알고 싶었던 것은 차별적으로 발현된 유전자들이 어떤 역할을 하는지였다. 해마에서 얻은 데이터에 집중한 결과, 그들은 암컷이 맺은 연결의 수가 신경 세포 간의 화학적 소통과 관련된 유전자 발현에 영향을 끼친다는 사실을 발견했다. 이 소통은 '세포외 단백질 기질(ECP)'이라는 구조를 통해 이루어진다. 그런데 다른 연구팀들이 실험적으로 조작해 본 결과에 따르면, ECP는 학습과 기억에 중요한 역할을 한다는 사실이 밝혀졌다. 우리는 이미 학습이 사회적 네트워크 구조에 어떤 영향을 끼치는지 알고 있고, 쥐가 자신에게 중요한 거의 모든 것을 학습한다는 많은 연구 결과도 나와 있다. 따라서 생쥐 네트워크에서 학습이 아무런 역할을 하지 않을 것이라고 생각하기는 어렵다. 이런 전제하에 쾨니히와 로페스는 유전자 발현 패턴이 쥐의 학습과 사회적 행동을 이해하는 데 도움이 될 것이라고 보았다.[14]

초식동물이든, 마못이나 쥐의 개체군이든 서로 어떻게 연결되고, 누구와 함께 행동하는지에 따라 위험에 대처하는 방법은 크게 달라진다. 가상의 위험이 실제 위험으로 바뀌고, 개체에게 죽음이 찾아온다면, 살아남은 동물들의 사회적 관계도 바뀔 수 있다.

동물들은 항상 포식자를 경계하기 때문에, 네트워크는 포식자를 피하는 행동에서도 중요하게 작용한다. 동물들이 하는 또 다른 중요한 일은 주변 환경을 탐색하는 것인데, 어떤 동물들은 한곳에 머물기를 좋아하고, 어떤 동물들은 리더가 되어 이동하며, 어떤 동물들은 그 뒤를 따른다. 그리고 이런 모든 요소는 그들이 형성하는 탐색 네트워크에 큰 영향을 끼친다.

제7장

이동 네트워크

나는 꼬리 깃털에 편지를 매단 배달부 비둘기를
그곳에서 처음 보았다.
-페로 타푸르(Pero Tafur)의 일지(1435~1439년 즈음)

1410년경 스페인 안달루시아에서 태어난 페로 타푸르는 여행을 정말 좋아하는 사람이었다. 그는 1435년부터 1496년까지 제노바, 베네치아, 로마, 팔레스타인, 이집트, 로도스, 키오스, 콘스탄티노플 등 여러 나라를 여행했다.

어느 날 타푸르는 여행 중에 특별한 새를 발견했는데, 바로 배달부 비둘기였다. 배달부 비둘기는 1435년 그가 출항하기 훨씬 전부터 활동하고 있었지만, 그는 한 번도 이 비둘기들을 본 적이 없었다.

마침 이집트의 다미에타에 도착했을 때, 비둘기가 꼬리 깃털에 편지를 매달고 있는 모습을 처음으로 보게 되었다. "이 비둘기들은 자신이 태어난 곳에서 다른 곳으로 편지를 운반해요. 편지가 깃털에서 분리되면 자유로운 몸이 되어 집으로 돌아가죠. 이 비둘기 덕분에 주민들은 바다나 육지를 통해 오가는 사람들의 소식을 빠르게 알 수 있어요. 방어벽이나 요새 없이 사는 사람들이라 이렇게 신속하게 전해지는 소식이 정말 중요해요."[1]

하늘 위의 리더십: 비둘기의 집단 지성

동물 행동학자들은 오랫동안 비둘기, 특히 메시지를 전달하도록 훈련할 수 있는 집비둘기(Columba livia domestica, 타푸르가 언급한 배달부 비둘기일 가능성이 크다)들이 어떻게 길을 찾는지 연구해 왔다. 그들은 비둘기가 지구의 자기장, 태양, 주요 지형, 소리 등을 이용하는지, 또는 이들의 조합을 사용하는지를 살펴보았다. 또한 이런 행동에 영향을 줄 수 있는 뇌의 회로와 호르몬에 대해서도 연구했다.

안드레아 플랙(Andrea Flack)의 관심사는 조금 달랐다. 집비둘기는 거의 모든 비둘기 품종처럼 무리 지어 사는 동물이며, 길 찾기에 집착하는 성향이 있다. 이 새들은 특정한 경로를 따라 날아다니고, 매번 같은 경로로 지나가려고 노력한다. 또, 함께 둥지를 틀고 무리 지어 날아다니기도 하며, 이런 사회적인 행동이 있는 곳에서는 종종 네트워크가 형성된다.

플랙은 이런 네트워킹이 집비둘기가 둥지로 돌아오는 행동에 어떤 영향을 끼치는지 궁금했다. "집비둘기 1마리를 데리고 있다가 풀어 줘 보세요. 주변에 다른 비둘기들이 있으면, 그 비둘기들과 합류하려고 애쓸 겁니다. 혼자 날지 않죠. 어디로 날아갈지 서로 의견이 일치하지 않으면, 비둘기들은 어떻게 결정을 내릴까요? 타협할까요? 그 중 하나가 리더가 될까요? 만일 그렇다면 그 근거는 무엇일까요?"[2]

플랙은 옥스포드 내비게이션 그룹 옥스내브(OxNav)의 도라 비로(Dora Biro)와 함께 박사 학위 연구의 일환으로 이 문제를 연구했다. 옥스내브 그룹은 비둘기 약 120마리를 기를 수 있는 비둘기 사육장 2개를 위덤 숲에 만들었다. 실험이 진행되지 않을 때 비둘기들은 자유롭게 사육장을 드나들었고, 종종 작은 무리를 지어 다니기도 했다.

플랙과 동료들은 사육장에서 비둘기 30마리를 골라 각각 10마리씩 3그룹을 만들었다. 그들이 비둘기의 귀소 행동과 사회적 관계를 연구하는 방법은 아주 간단했다. 먼저, 태양이 비치지 않으면 아무 일도 진행되지 않았다. 비둘기들은 태양을 이용해 길을 찾기 때문이다. 태양이 비치면 플랙은 사육장으로 가서 미리 선택한 비둘기 10마리를 잡아 상자에 넣고, 이 새들을 풀어 줄 장소까지 차를 몰았다.

방사장은 다락방에서 정확히 15.1킬로미터 떨어져 있었다. 모든 비둘기가 그 정도 거리에서 다락방으로 돌아온 경험이 있었지만, 방사장 자체에 대한 경험은 없었다. 플랙은 방사장에 도착하자 작은 GPS 장치를 꺼냈다. 각 GPS 송신기는 15그램도 안 되는 가벼운 무게였고, 작은 접착식 테이프 조각이 붙어 있었다. 플랙은 각 비둘기의 깃털에 붙어 있는 작은 접착식 테이프에 이 장치를 부착한 후 10마리의 비둘기를 한꺼번에 풀어 주었다. 이 과정을 여러 날에 걸쳐 반복하여 3그룹이 각각 방사 장소에서 8차례에 걸쳐 집으로 가는 길을 찾을 수 있도록 했다. 비둘기들이 사육장에 머무는 동안에는 GPS 송신기를 제거했다. 플랙은 "비둘기 사육장은 정말 더럽습니다. 게다가 서로의 GPS 장치를 쪼아 댈 거고, 그 위에 똥을 싸 버릴 거예요"라고 이유를 설명했다.

방사장에서 풀어 준 집비둘기들은 기대에 부응했다. 15킬로미터 거리는 이 새들이 둥지로 돌아오는 데 큰 도전이 아니었다. 새들이 둥지로 돌아오는 데 보통 10분 정도가 걸렸고, 플랙이 차를 몰고 돌아오기 전에 먼저 도착하는 경우가 많았다. 간혹 비둘기가 길을 잃기도 했지만 드문 일이었다. 더 드물긴 하지만, 훈련할 비둘기가 많다고는 해도 그 수가 한정된 상황에서 포식자의 공격을 받는 문제가 생기기도 했다. 플랙이 직접 습격 현장을 보지는 못했지만, GPS 데이터가 상황을 알려 주었다. 비둘기들이 함께 날고 있을 때, 갑자기 서로 다른 방향으로 날아가기 시작하면 무언가 사고가 난 것이다. 그리고 1~2마리의 비둘기가 사육장으로 돌아오지 않으면, 플랙은 포식자가 그 새들을 잡아먹었다고 생각했다.

비둘기 무리의 사회적 네트워크와 네트워크를 이끄는 리더, 그리고 추종자의 역할을 조사하기 위해 플랙은 비둘기 각각의 GPS 좌표를 기록했다. 그리고 비둘기들이 사육장으로 돌아올 때 A라는 새가 얼마나 자주 선두에 서는지, B라는 새는 A를 따라가고 있는지(방향 전환에 반응하여) 살펴봤다. 비둘기 무리 전체의 데이터를 살펴보고 분석한 결과, 네트워크는 정말 잘 드러났다. 3개의 무리 각각에서 명확한 리더 계층이 나타났으며, 그 계층의 최상위에 있는 비둘기들(리더들)은 무리가 사육장으로 돌아오는 방향을 조종하는 데 예상보다 더 큰 역할을 했다.[3]

논문을 마친 후 새들의 리더십 네트워크와 이동에 대한 플랙의 관심은 더욱 커졌다. 플랙을 포함한 모든 동물 행동학자는 도전 정신이 강한 사람들이고, 늘 새로운 도전을 찾아 즐긴다. 그러나 15킬로미터를 이동하는 비둘기의 리더십 네트워크 연구를 마치고, 유럽에서 아프리카의 여러 지역으로 수천 킬로미터 이동하는 유럽황새(Ciconia ciconia) 무리의 리더십 네트워크 연구를 시작하는 것은 누가 봐도 큰 도약이었다. 유럽황새는 1,200미터 상공을 시속 100킬로미터의 속도로 날아가는 새라서 비둘기의 이동과는 차원이 다른 세계를 보여 준다. 하지만 플랙과 마르틴 비켈스키(Martin Wikelski), 그리고 막스 플랑크 조류학 연구소(플랙의 학문적 여정의 다음 목적지)의 동료들은 그런 조건 앞에서 굴하지 않았다. 그들은 조류의 대규모 이동에서 리더와 추종자 간 네트워크가 어떻게 작용하는지 알고 싶었고, 유럽황새의 이동은 이를 연구하기에 아주 좋은 기회였다.[4]

유럽황새 리더들과 이들을 따르는 무리가 대규모 이동을 시작하기 전에, 잠깐 먼저 둘러볼 것들이 있다. 동중국의 황산 생물권 보호구역에 사는 티베트원숭이와 브라질의 펠리시아노 미겔 압달라 자연유산 보호구역에 사는 북부 양털거미원숭이들이 네트워크 사회에서 어떻게 이동하는지 알아보자.

야생 원숭이의 계곡, 팬이 될 것인가 리더가 될 것인가

황산 산맥은 약 13세기 전, 747년에 당나라의 현종 황제가 이름을 붙였다. 전설에 따르면, 그해에 이곳의 여러 높은 봉우리 중 하나에서 불사의 약이 발견되었으며, 그 후로 많은 은자, 시인, 예술가 들이 황산으로 모여들었다. 원나라(1271~1368) 때는 수행을 위한 사원이 64개나 세워졌으며, 그중 20개는 지금도 남아 있다. 수 세기 후, 이곳에서 산수화라는 특별한 풍경화 스타일이 탄생하기도 했다. 베이징에서 약 600킬로미터 남동쪽에 있는 황산 생물권 보호구역은 유네스코 세계유산으로 지정되어 있다. 이곳에는 2,000종 이상의 식물과 417종의 척추동물이 살고 있는데, 여기에는 구름표범(Neofelis nebulosa), 황새(Ciconia boyciana), 티베트원숭이(Macaca thibetana) 등이 포함된다.[5]

티베트원숭이는 황산 산맥에 있는 '야생 원숭이의 계곡'이라는 지역에 살고 있다. 이 원숭이들은 주로 대나무, 풀, 과일, 식물 뿌리를 먹고, 먹이가 부족할 때는 나무껍질도 먹는다. 여름에는 독사에게 물릴 위험이 적은 나무에서 밤을 보내고, 겨울에는 바위 절벽의 벼랑에 옹기종기 모여 지내기를 좋아한다.

티베트원숭이는 최대 30살까지 살 수 있고, 그 시간 동안 다양한 사회적 상호작용을 하며 지낸다. '야생 원숭이의 계곡'에 사는 원숭이들에게서는 놀이, 그루밍, 포옹, 이빨을 부딪는 행동 등 다양한 사회적 행동이 33가지 정도 관찰되었다. 1986년에는 리진화(Li Jin-Hua)와 왕치산(Wang Qishan)이 이 계곡의 '유링켕(YA1) 원숭이 무리(리진화와 왕치산이 연구한 특정 원숭이 무리를 가리키는 이름.-역주)'를 연구하기 시작했다. 그 이후로 샤동포(Xia DongPo), 아만다 로우(Amanda Rowe), 그레고리 프라텔론(Gregory Fratellone)을 포함해 중국, 일본, 미국, 호주, 영국, 독일 출신의 150명 넘는 연구자와 학생들이 티베트원숭이를 연구해 왔다.[6]

샤동포가 2000년대 초 원숭이 연구팀에 합류했을 때, 그는 오두막이 있는 야외 기지에서 지내게 되었다. 그곳의 티베트원숭이들은 이미 인간이 주변을 돌아다니는 것에 익숙해져 있었다. 이는 보호구역 안에 관광객이 많아서이기도 하지만, 더 중요한 이유는 샤와 다른 연구자들이 일하는 곳으로부터 멀리 떨어진 장소에서 보호구역 관리인들이 하루에 4번씩 원숭이들에게 먹이를 주었기 때문이다. 유링켕 원숭이 무리의 서식지는 샤의 오두막에서 몇 분 거리에 있었다. 매일 아침 6시쯤 그는 종이, 연필, 디지털 녹음기를 가지고 그 무리에 속한 24마리 티베트원숭이를 연구하러 나섰다. 샤는 원숭이들의 자연적인 특징을 통해 개체를 구별했고, 정해진 구역이 아닌 숲에서 행동 데이터를 얻을 수 있다는 사실을 재빨리 알아차렸다. 그는 오후 6시경까지 데이터를 수집했고, 밤새 원숭이 무리를 따라 잠자는 장소까지 따라갔다. 그리고 다음 날 아침에도 그 무리를 쉽게 찾을 수 있도록 미리 준비했다.

샤는 원숭이 무리의 사회적 그루밍 네트워크를 연구하는 논문을 썼다. 그는 특히 암컷들 사이의 그루밍 관계를 분석하는 데 관심이 많았다. 티베트원숭이 수컷은 6~7세가 되면 성적으로 성숙하고, 태어난 집단에서 떨어져 나와 다른 집단에 합류하려고 시도하는 반면, 암컷은 태어난 그룹에서 평생을 사는데 이는 사회적 그루밍 네트워크에서 중요한 2가지 효과를 일으킨다. 첫째, 그룹 내 성체 암컷들은 성체 수컷들보다 서로에 대해 더 많은 경험을 가지게 된다. 둘째, 성체 암컷들은 종종 유전적으로 서로 관련이 있지만, 성체 수컷들은 그렇지 않은 경우가 많다. 그래서 샤와 동료들은 성체 수컷들보다 성체 암컷들이 그루밍 네트워크에서 더 많은 친구, 또는 친구의 친구를 가지고 있을 것이라고 예측했다. 즉, 성체 암컷들의 중심성 점수가 더 높다는 뜻이다. 또한 암컷들이 그루밍 네트워크 내에서 작은 그룹인 파벌을 형성할 것이라고도 생각했다.

샤는 2009년 5월부터 2010년 8월까지 13개월 동안 보호구역에서 살면서 매일 숲에 나가 그루밍 관계에 대한 데이터를 수집했다. 그는 한 원숭이를 선택한 후 그 원숭이로부터 약 7미터 떨어진 곳에 서서 20분 동안 관찰하며, 유링켕 원숭이 무리의 다른 구성원을 그루밍했는지, 그리고 다른 구성원들이 이 원숭이를 그루밍했는지 기록했다. 이렇게 760시간 동안 관찰한 데이터를 사회적 네트워크 모델에 넣어 보니, 성인 암컷들이 성인 수컷들보다 더 높은 중심성 점수를 보였다. 샤는 또한 5개의 파벌을 발견했는데, 그중 한 파벌은 성체 수컷 1마리를 제외하고 모두가 성체 암컷들이었다.

샤는 티베트원숭이의 사회적 네트워크에 대한 관심을 유링켕 원숭이 무리의 이동 네트워크에 대한 연구로 확장했다. 그는 이 주제로 연구 중인 아만다 로우가 이끄는 또 다른 프로젝트에 참여하기로 했다. 로우의 연구는 이동 시 리더와 추종자에 초점을 맞추었으며, 추종자를 '팬'이라 지칭했다. 로우, 샤, 그리고 동료들은 원숭이 무리를 내려다보며 움직임을 추적할 수 있는 플랫폼에 앉아 작업을 시작했다. 그들은 원숭이 1마리가 원래 정지해 있던 그룹에서 최소 10미터 떨어진 곳으로 이동하고, 5분 이내에 2마리 이상의 다른 원숭이(팬/추종자)들이 함께하면 리더십이 있는 것으로 정의했다.

네트워크 분석 결과, 지배적인 암컷 원숭이는 리더로서 다른 원숭이보다 더 많은 팬을 거느리는 것으로 나타났다. 로우와 그녀의 팀은 또 하나 더 중요한 사실을 발견했다. 우두머리 암컷은 팬이 많을 뿐만 아니라, 스스로 다른 우두머리 암컷의 추종자(팬)가 되는 경우도 많았다. 특히 이 암컷 원숭이들은 하위 계급 암컷 원숭이들보다 더 자주 팬이 되었다. 이는 우두머리 암컷들이 단순히 리더 역할을 할 뿐만 아니라, 그들 또한 다른 우두머리 암컷들(그들의 친척들)을 따르는 팬 역할을 한다는 뜻이다.

그레고리 프라텔론은 원숭이의 이동 네트워크가 야생 원숭이 계곡의 그루밍 네트워크와 어떤 관련이 있는지 좀 더 깊이 알고 싶었다. 그는 석사 논문의 주제로, 원숭이 그루밍 네트워크의 중심성과 무리가 이동하기 위해 모이는 속도를 결합해 동료들과 함께 연구해 보기로 했다. 그들이 발견한 것은 야생 원숭이의 계곡에 사는 유링켕 원숭이 무리에 이동을 위한 파벌이 4개 있다는 사실이었다. 이 파벌들은 크기와 성비가 다양했다. 놀랍게도 작은 파벌은 큰 파벌보다 이동 준비를 하는 데 시간이 덜 걸렸고, 거의 모든 티베트원숭이들이 그렇듯이 암컷의 사회성이 가장 뛰어났다. 프라텔론 팀이 그룹의 성비에 따라 이동을 위한 파벌이 형성되는 데 걸리는 시간을 조사하자, 암컷 비율이 높은 파벌이 더 빨리 모여 이동할 준비를 하는 것으로 드러났다.

암컷들이 이동 무리를 짓기 위해 빠르게 모일 수 있었던 이유 중 하나는, 평소 그루밍 네트워크를 통해 잘 연결되어 있을 뿐만 아니라 서로를 신뢰했기 때문이다. 그 외에 다른 가능성도 있다. 유링켕 원숭이 무리에 대한 다른 연구에서, 지배적인 수컷은 때때로 서로에 대한 분노를 유아에게 돌리는 것으로 나타났는데, 이런 상황이 발생하면 어미는 신속하게 현장을 떠나 안전한 장소를 찾거나 더 나은 사회적 관계를 만들 수 있는 파벌로 이동해야 한다. 어미는 이 과정에서 친척인 다른 암컷들과 함께하며 서로의 새끼를 돌보게 된다. 이는 유전자가 다음 세대에 전달되는 데 큰 도움이 될 것이다.[7]

이별도 전략이다? 원숭이들이 무리를 나누는 방식

티베트원숭이의 이동 네트워크는 같은 집단 내 파벌 형성과 관련이 있었지만, 보통 영장류는 때때로 집단을 합치기도 하고, 때로는 나누어서 새로운 집단을 만들기도 한다. 브라질의 숲에서 사는 북부양털거미원숭이(*Brachyteles hypoxanthus*)에게 이런 새로운 집단이 생기는 과정은 그들의 이동 네트워크와 깊은 관계가 있다.

브라질의 동물 행동학자이자 보존 활동가인 마르코스 토쿠다(Marcos Tokuda)는 어릴 때부터 야생 원숭이를 연구하고 싶었다. 2000년대 초 대학을 졸업한 후, 그는 그 꿈을 이루기 위해 위스콘신대학교의 인류학자 카렌 스트리어(Karen Strier)에게 연락했다. 스트리어는 1982년부터 브라질 숲에서 북부양털거미원숭이를 연구해 왔고, 최근에는 「숲속의 얼굴들: 멸종 위기에 처한 브라질의 양털거미원숭이(Faces in the Forest: The Endangered Muriqui Monkeys of Brazil)」라는 논문을 발표했다. 스트리어는 토쿠다에게 자신의 연구실에서 박사 후 연구원으로 일하는 장 필립 부블리(Jean Philippe Boubli)가 내셔널 지오그래픽 협회로부터 연구비를 지원받고 있으며, 북부 양털거미원숭이를 함께 연구할 학생을 찾는다고 말했다. 토쿠다는 그 기회를 놓치지 않았다. 곧바로 사회적 네트워크 이론을 연구한 원숭이학자 패트리샤 이자르(Patricia Izar)를 멘토로 추가하고, 이자르가 교수로 있는 상파울루대학교의 대학원 프로그램에 입학했다.[8]

북부양털거미원숭이는 약 9킬로그램 정도 무게에 키는 60센티미터 정도이며 긴 꼬리로 숲의 나뭇가지 사이를 날아다닌다. 핑크색과 검은색이 예쁘게 섞인 얼굴에는 털이 없고, 과일과 씨앗을 모을 때 유용한 작은 엄지손가락을 가지고 있다. 토쿠다는 브라질 미나스 제라이스주에 있는 펠리시아노 미겔 압달라(Feliciano Miguel Abdala) 자연유산 보호구역에 들어가 돌아다니며, 이 원숭이들을 연구해 논문을 썼다. 이 보호구역은 브라질의 동남쪽 끝에 위치하고, 대서양에서 약 200킬로미터 서쪽, 리우데자네이루에서 북동쪽으로 약 1,200킬로미터 떨어져 있다. 세계자연보전연맹 적색 목록에서는 북부양털거미원숭이를 '심각한 멸종 위기' 종으로 분류하고 있으며, 전 세계에 남아 있는 양털거미원숭이 성체 수는 1,000마리도 안 된다. 그리고 이들 중 약 20퍼센트가 압달라 보호구역의 숲에서 황갈색머리마모셋(Callithrix flaviceps), 오실롯(Leopardus pardalis), 루시쥐(Abrawayaomys ruschii), 붉은가슴아마존앵무(Amazona vinacea) 등 여러 동물과 함께 살고 있다. 이곳은 연구하기 좋은 곳이지만 낮에는 잔인할 정도로 덥고, 습하고, 사방에는 진드기가 가득하다. 그리고 무엇보다 고립된 곳이다. 토쿠다는 가족과 친구들로부터 멀리 떨어져 있는 것이 정신적으로 매우 힘들었다.[9]

토쿠다는 18개월 동안 보호구역에서 살면서 몇 달만에 한 번씩 짧게 상파울루에 다녀왔다. 매일 아침 4시에 일어나 숲으로 나갔고, 하루종일 북부양털거미원숭이 무리를 추적했다. 원숭이들에게는 표식이나 꼬리표가 없었기 때문에, 처음 6주 동안은 원숭이들을 알아볼 수 있도록 개별 원숭이의 얼굴 특징이나 색깔 패턴을 스케치하고, 세부 사항을 메모하는 데 전념했다.

토쿠다가 프로젝트에 합류하기 직전에, '자오'라고 이름 붙인 무리의 원숭이들이 2개 그룹으로 나뉘기 시작했다. 새로운 무리에는 '나디르'라는 이름이 붙었다. 원숭이들의 개별 정체성에 대해 알게 되고 행동 데이터를 수집하기 시작하면서, 토쿠다는 자오 무리에서 나디르 무리로 이동하는 원숭이들을 구분할 수 있게 되었고, 곧 이 분열 행동에 매료되었다. 나디르 무리는 자오 무리가 서식하는 영역의 중심에서 남쪽으로 약 1킬로미터 떨어진 곳에 자리 잡았다.[10]

매일 토쿠다는 '출석 체크'를 하면서 자오 무리와 새로 생긴 나디르 무리의 모든 원숭이에 대해 기록했다. 그리고 누가 누구와 함께 다니는지에 대한 정보를 수집하고, GPS 좌표를 제공하는 휴대용 장치를 사용해 원숭이들의 이동 경로도 파악했다. 모두 820번의 출석 체크를 했고, 1만 1,300개의 GPS 측정값을 수집했는데, 이 데이터는 2번의 우기와 2번의 건기 동안 모은 것이다.

원숭이 무리가 나뉘는 과정은 서서히 진행되었고, 약 1년이 걸렸다. 결국 자오 무리는 성체 원숭이와 미성숙 원숭이 약 30마리로 구성되었고, 나디르 무리는 약 40마리로 정착했다. 그러나 토쿠다와 동료들이 가장 관심을 가진 것은 무리의 크기가 아니라 분열 과정의 변화였고, 그래서 그들은 사회적 네트워크 분석이라는 도구를 사용해 이 과정을 연구했다. 네트워크 측정을 시작하기 전에 토쿠다와 동료들은 분열 과정 동안 네트워크가 변하는 모습을 시각적으로 정리했다. 이 자료들은 자오 무리의 초기 네트워크가 2개(자오와 나디르)의 네트워크로 천천히 분리되는 과정을 명확하게 보여 주었다.

그사이에 어떤 일이 벌어졌는지는 동물들의 이동과 관계를 분석해 보니 더 명확해졌다. 이 분열은 암컷들이 먼저 시작했고, 시간이 지나면서 수컷들도 합류했다. 그런데 어떤 암컷이 분열을 시작했는지는 우연히 결정된 게 아니었다. 원래 자오 네트워크에서 서로 약하게 연결된 암컷들, 즉 관계가 약하고 중심성이 낮은 암컷들이 나다르 무리를 만들기 위해 떠난 것으로 드러났다. 야생에서 새로운 네트워크가 생기는 모습을 실시간으로 보는 건 드문 일이다. 그리고 조상 네트워크가 그 자손의 네트워크 형성에 어떤 영향을 끼치는지를 아는 것은 더더욱 드물다. 북부양털거미원숭이의 경우, 토쿠다와 그의 동료들 덕분에 이런 분열이 어떻게 일어나는지를 적어도 하나의 사례를 통해 알게 되었다. 암컷 일부가 네트워크 안에서 다른 개체와의 연결이 최소 임계치 아래로 떨어졌다고 감지하면, 이들은 자신의 무리를

만들기로 결심하고, 결국 수컷들도 따라오게 된다.[11]

날갯짓 하나로 운명을 결정 짓다

비둘기, 티베트원숭이, 북부양털거미원숭이 같은 동물들은 이동 네트워크를 형성하면 수십 킬로미터 거리를 여행한다. 앞에서 언급했던 유럽황새(안드레아 플랙의 연구)는 이런 이동 네트워크를 더 발전시킨다.

독일 제비젠에 있는 막스 플랑크 조류학 연구소에서 약 10킬로미터 떨어진 곳에 '황새 마을'이라 불리는 곳이 있다. 플랙이 연구를 위해 자리 잡은 이 마을에는 둥지가 20개 정도 있는데, 2014년 여름 플랙과 동료들은 이 마을에서 태어난 어린 흰 황새 61마리에게 태양광으로 작동되는 GPS 장치를 붙인 뒤 남쪽으로 이동하는 과정을 추적했다. 황새들 사이에도 리더와 추종자 같은 사회적 네트워크가 있는지 알아보기 위해서였다. 비둘기에게 했던 것보다 황새에게 GPS 장치를 붙이는 작업이 조금 더 어려웠지만, 일단 장치를 부착하면 황새들의 위치, 무리 내 상대적 위치, 전방이나 측면 또는 상하로 움직이는 속도 데이터가 제대로 전송되었다. 플랙과 동료들은 '애니멀 트래커(Animal Tracker)'라는 앱을 통해 데이터를 손쉽게 확인했다.[12]

2014년 가을, 플랙이 추적하던 어린 황새 27마리가 남쪽으로 이동하기 위해 함께 떠나고, GPS 장치를 단 몇 마리가 다른 무리에 합류하면서, 결국 GPS 태그가 붙은 17마리만 무리에 남게 되었다. 플랙과 동료들이 남부 스페인으로 가는 첫 5일 동안 이들을 추적하자, 16

마리의 황새에 부착된 GPS 장치들이 무려 141만 4,226개의 위치 정보를 보내 주었다.

17마리의 어린 황새들은 항상 더 큰 무리의 일원으로 속해 있었다. 물론 그 무리의 다른 새들은 GPS 장치를 달고 있지 않았다. 그리고 플랙도 이 새들과 함께 이동하고 있었다. 밤에 이동하지 않는 황새는 매일 저녁 7시쯤이면 땅으로 내려앉아, 사람이 다니는 지역을 피해 하룻밤을 묵었다. "GPS 데이터는 이 새들이 어디에 있는지 알려줬어요. 저는 이 데이터를 바탕으로 새들과 함께 이동했죠. 보통 저녁에 데이터를 받은 뒤, 한밤중에 새들이 묵는 곳을 찾아 300킬로미터를 운전하곤 했어요. 그러면 아침에 다시 날아오르는 모습을 관찰할 수 있었죠." 플랙은 대부분 차에서 밤을 보냈는데, 당연히 억지로 눈을 붙여야 했다. 외지고 낯선 지역에 세워 둔 차 안은 비좁았고, 스페인 돼지 농장에서 잠을 청할 때는 밤이 너무도 길게 느껴졌다. 하지만 그만한 가치가 있는 고생이었다. 이른 아침 하늘을 올려다보면, GPS 태그가 부착된 새들이 속한 무리가 어느 정도 크기인지 한눈에 들어왔기 때문이다.

장거리 비행을 하는 많은 새처럼, 황새도 열 기류를 타고 나는 것을 좋아한다. 열 기류는 뜨거운 공기가 위로 올라갈 때나 뜨거운 바람이 언덕이나 산을 넘을 때 생기는 현상이다. 새들이 하늘을 날 때 열 기류를 타면 높은 곳으로 쉽게 올라가고, 이후에는 활공으로 더 멀리 이동할 수 있다. 따라서 열 기류를 잘 활용하는 것은 황새들의 리더십 네트워크에서 매우 중요하다.[13]

플랙은 옥스퍼드에서 집비둘기를 연구할 때 사용했던 방법으로 어린 황새들 사이에 리더와 추종자가 있는지를 살펴보았다. 이동을 시작하고 첫 5일 동안, GPS 태그가 붙은 황새 17마리는 각각 무리의 앞, 중간, 뒤 등 다양한 위치에 있었지만, 대체로 7마리가 가장 자주 무리의 선두에서 다른 새들을 이끄는 리더십 네트워크를 보였다. 리더는 추종자보다 날아오르는 데 더 많은 시간을 보냈고 날개를 퍼덕이는 데는 더 적은 시간을 보냈다. 이는 리더가 상승 기류를 찾는 데 특히 능숙하다는 증거이다. 그런데 상승 기류는 매우 역동적이고 바람에 따라 유동적이어서, 상승 기류 내에서 활공하기에 가장 좋은 위치는 항상 변한다. 따라서 리더들은 끊임없이 최적의 위치를 찾아 재조정하는 행동 패턴을 보였다.

황새들이 리더십 네트워크를 형성해 함께 남쪽으로 이동하는 데는 많은 이점이 있다. 그렇다면 무리를 이끄는 리더는 어떤 이득을 얻는 것일까? 플랙은 관찰 끝에 리더가 누리는 이득을 알아냈다. 새가 얼마나 멀리 이동하는지는 날아오르는 시간과 날개를 퍼덕이는 시간에 따라 달라지는데, 리더들은 추종자들보다 날아오르는 시간이 길고 퍼덕이는 횟수가 적기 때문에 이동을 시작하고 첫 5일 동안 평균적으로 더 먼 남쪽까지 날아간 것으로 나타났다. 추종자들은 스페인에서 이동을 끝냈지만, 리더들은 계속 이동해 결국 아프리카까지 내려갔고, 봄에 북쪽으로 다시 이동할 때까지 그곳에 머물렀다.

리더와 추종자가 있는 이동 네트워크는 개체들과 무리 전체가 특정 환경뿐만 아니라, 서로 다른 환경 사이를 이동하는 데도 영향을 끼쳤다. 즉, 리더와 추종자의 관계는 단순히 한 지역 내 이동뿐만 아니라, 지역 간의 이동에도 중요한 역할을 했다.

그런데 동물들은 이동할 때뿐만 아니라 가만히 있을 때도 서로 많이 소통하며, 이 과정에서 주고받는 정보는 네트워크를 따라 전달된다. 네트워크 내 정보 전달이 어떻게 이루어지는지 알아보기 위해, 다음 장에서는 소통에 대해 잘 아는 침팬지들과 함께 시간을 보낼 것이다.

제8장

의사소통 네트워크

그는 새들과 대화하는 방법을 배웠고, 새들의 대화가 정말 지루하다는 것을 알게 되었다. 새들은 주로 바람의 속도, 날개의 길이, 힘과 무게의 비율, 그리고 열매에 관한 이야기를 나누었다.

-더글러스 애덤스(Douglas Adams), 『삶, 우주, 그리고 모든 것(Life the Universe, and Everything)』(1982)

부동고 숲은 우간다의 수도 캄팔라에서 북서쪽으로 3시간가량 차를 달리면 나오는 해발 1,100미터 절벽 위에 있다. 이 숲에는 와이소케 강, 손소 강, 카미람바 강, 시바 강이 흐르고, 이 강들은 모두 앨버트호로 흘러간다. 이 숲의 연평균 강수량은 약 160센티미터이고, 300종 이상의 새, 400종의 나비와 나방, 9종의 영장류를 포함해 총 24종의 포유류가 살고 있다. 1962년, 영국의 생물 인류학자 버논 레이놀즈(Vernon Reynolds)는 이 숲에 사는 침팬지(Pan troglodytes schweinfurthii) 800여 마리를 장기적으로 연구하는 부동고 숲 프로젝트를 진행하기도 했다.[1]

몸짓의 언어, 침팬지 제스처를 해독하다

안나 로버츠(Anna Roberts)와 샘 로버츠(Sam Roberts)는 지난 20년 동안 부동고에 있는 한 침팬지 공동체에서 의사소통 방법을 연구해 왔다. 안나 로버츠는 부동고 숲에 있는 6개의 침팬지 공동체 중 하나인 손소 공동체에 속한 침팬지 약 72마리를 연구하며 논문을 썼다. 그녀는 동물의 생각과 의사소통에 관심이 많았고, 인간과 가장 가까운 친척인 침팬지를 연구하는 것이 좋겠다고 생각했다. 이미 침팬지의 의사소통에서 비음성 제스처가 중요한 역할을 한다는 것이 알려져 있었기에 그 부분에 집중했다. 샘 로버츠도 침팬지의 비음성 제스처가 중요하다는 데 동의했다. "그룹에서 함께 사는 것은 장점도 있지만, 많은 어려움도 있습니다. 제스처 의사소통은 그룹 내 개체 간의 관계를 아주 세밀히 관리하는 데 도움이 되죠."

안나 로버츠는 숲을 방문할 때마다 부동고 자연보호 현장 스테이션에 머물렀다. 이곳에는 연구자들을 위한 숙소, 카페테리아, 식물 표본관, 그리고 작은 도서관이 있다. 손소 침팬지 공동체는 이곳에서 북쪽으로 가까운 거리에 있으며, 매일 아침 안나 로버츠는 우간다 현장 보조원 2명과 함께 그곳으로 갔다. 이 침팬지 공동체는 약 70마리로 이루어져 있었고, 침팬지들은 대개 5마리씩 무리 지어 다녔는데, 구성원은 하루 만에 바뀌기도 했다.[2]

근처 덤불을 살피는 것도 그녀의 아침 일상 중 하나였다. 그녀는 "침팬지는 많이 이동하지 않아서 연구하기 좋아요. 저는 보노보도 연구하는데, 이 동물들은 20분마다 이동해요. 침팬지는 먹이가 있는 곳을 찾으면 종일 그곳에 머물기도 하죠"라고 말했다. 이처럼 한곳에 오래 머무는 침팬지들의 성향 덕분에 그녀는 비디오카메라에 많은 것을 담을 수 있었다. 보통 1마리 침팬지를 선택해 18분 동안 따라가며 비디오카메라로 촬영했다. 그녀의 현장 보조원 중 하나인 제레소무 무후무자(Geresomu Muhumuza)는 1990년부터 손소 공동체에서 일했는데, 얼굴과 몸의 특징으로 침팬지를 구별하는 능력이 뛰어났다. 안나 로버츠가 카메라로 침팬지를 촬영하는 동안, 무후무자는 그 침팬지로부터 10미터 이내에 있는 다른 침팬지들을 식별하고, 각자 무엇을 하고 있는지를 기록했다. 그리고 촬영이 끝나면 다음 침팬지를 선택해 다시 촬영을 시작했다.

3년간 무후무자가 주변에 있는 침팬지들의 정보를 수집하는 동안 안나 로버츠는 손소 침팬지의 몸짓을 5,000개 가까이 촬영했다. 제스처 커뮤니케이션에서는 침팬지가 의도적인 방식으로 팔다리, 몸, 머리를 사용해야 하고, 다른 개체가 지켜볼 때 그렇게 해야 한다고 다소 엄격하게 정의했다. 또 제스처는 청중이 신호 전달자를 향하고 있을 때 청중의 방향으로 행해져야 하며, 청중의 행동에 예측 가능한 변화를 가져와야 했다. 특히 의도적인 제스처는 청중의 반응을 이끌어 내지 못하면 반복돼야 하고, 청중이 반응을 보이면 그만둬야 한다.[3]

안나 로버츠와 동료들은 손소 침팬지들에게서 120가지에 이르는 놀라울 정도로 다양한 제스처를 발견했다. 여기에는 <표 1>에 나와 있는 시각적, 촉각적, 청각적 제스처가 포함된다. 촉각적 제스처는 주로 그루밍이나 놀이처럼 친근한 행동과 관련이 있으며, 이런 행동은 스트레스를 줄이는 데 도움이 된다. 청각 및 시각적 제스처는 인사, 그루밍, 놀이, 교미, 이동, 먹이 공유 같은 우호적인 행동과 연결되지만, 위협이나 더 공격적인 행동과도 관련이 있다.

연구자들은 침팬지나 다른 동물들이 사용하는 제스처에 대해 항상 정보가 부족하다. 따라서 안나 로버츠가 제스처의 목록을 만들고, 각 제스처가 어떤 기능을 가지는지에 대한 메모를 추가한 것은 다른 동물 행동 연구자들에게 큰 도움이 되었다. 그녀는 부동고에서

제스처 이름	제스처 유형	동작 설명
팔 손짓	시각	수평면에서 자신 쪽으로 빠르게 쓸어내림
구르기	시각	바닥에 누워 몸 전체를 X축으로 회전함
인사	시각	허리에서 위쪽 등이 앞으로 구부러짐
키스	촉각	입을 다물고 상대방의 몸에 짧게 접촉함
포옹	촉각	다른 개체의 몸통 주위에 팔을 감쌈
손잡기	촉각	서로의 손을 잡음
물체 두드리기	청각	손바닥으로 물체를 가볍고 빠르게 침
입술 소리 내기	청각	윗입술과 아랫입술을 부딪쳐서 큰 소리를 냄
드럼	청각	나무줄기를 붙잡은 상태에서 발을 받침대에 짧게 굴러 소리를 냄

<표 1> 동물들의 제스처 목록

주: 3열의 내용은 안나 로버츠와 샘 로버츠, S. J. 빅(S. J. Vick)의 「야생 침팬지의 의사소통 제스처 레퍼토리와 의도성(The Repertoire and Intentionality of Gestural Communication in Wild Chimpanzee)」, Animal Cognition 17 (2014): 317-336에서 직접 인용함.

단순히 침팬지의 제스처 목록을 만드는 데 그치지 않고, 이 제스처들이 침팬지 사회를 어떻게 구성하는지를 이해하고 싶었다. 이를 위해 그녀는 사회적 네트워크 분석이라는 방법을 사용하기로 했다. 그리고 이때 네트워크 분석에 대한 샘 로버츠의 경험이 유용하게 활용되었다. 그는 안나 로버츠보다 조금 일찍 박사 과정을 마친 뒤, 그녀가 있는 스털링대학교로 향했다. 스털링대학교에서 샘 로버츠는 로빈 던바(5장에서 만났던 인물)와 함께 박사 후 연구원으로 일하게 되었다. 박사 후 과정의 일환으로 인간의 사회적 네트워크를 연구하던 중 네트워크 분석이 침팬지 집단에서 제스처의 역할을 연구하기에도 완벽한 도구라는 사실을 깨달았다.

춤추는 꿀벌, 손짓하는 침팬지

인간과 가장 가까운 진화적 친척인 침팬지의 네트워크와 소통에 대해 좀 더 깊이 이야기하기 전에, 먼저 살펴볼 것이 있다. 인간과는 진화적으로 비교적 먼 관계인 다른 2종류 동물로, 전 세계 어디에나 분포하는 꿀벌과 호주에서 발견되는 은눈동박새(명금류)이다.

수천 마리의 꿀벌(Apis mellifera)로 이루어진 벌집에서 먹이 활동을 조율하는 것은 결코 쉬운 일이 아니다. 모두 암컷인 수백 마리의 일벌은 꽃가루와 꿀을 찾을 수 있는 곳이면 어디든 날아다니며 윙윙거린다. 그리고 수집한 것을 벌집으로 가져오는데, 이 과정에서 먹이를 발견한 장소에 대한 정보를 서로에게 전달하는 소통은 매우 중요하다. 더 많은 일벌이 더 많은 꿀과 꽃가루를 벌집으로 가져오려면, 특별한 방법이 필요하다. 꿀벌들은 이 문제의 일부를 '8자 춤(waggle dance)'이라는 제스처로 해결한다.

꿀벌이 꽃에서 꿀과 꽃가루를 모은 후 집으로 돌아와 추는 8자 춤은 카를 폰 프리슈(Karl von Frisch)라는 과학자 덕분에 유명해졌다. 그는 이 춤을 해석하는 방법을 알아내 1973년에 니콜라스 틴버겐(Nikolaas Tinbergen), 콘라트 로렌츠(Konrad Lorenz)와 함께 노벨상을 받았다. 꽃가루와 꿀이 벌집에서 멀리 떨어져 있을 때, 꿀벌은 집에 돌아오자마자 8자 모양으로 원을 그리며 춤을 춘다. 예를 들어, 약 50만 마리

벌들의 몸길이를 합한 것과 같은 10킬로미터 떨어진 곳에 먹이가 있다면, 동료들에게 이를 알리기 위해 방향과 거리에 대한 정보를 담아 8자 춤을 추는 것이다. 동물 행동학자인 토머스 실리(Tomas Seeley)는 8자 춤에 대해 이렇게 말했다.

"벌집에서 방금 다녀온 꽃밭에 이르는 여정을 축소해 재현하는 특별한 행동이에요. 다른 벌들은 이 춤을 보고 꽃밭까지의 거리, 방향, 그리고 냄새를 익히고, 이 정보를 바탕으로 특정 꽃을 찾아 날아갈 수 있죠. (……) 8자 춤은 상징적인 메시지를 전달해요. 이 메시지를 전달하기 위해 춤을 추고 있는 현재 장소와 시간은 실제로 꽃이 있는 장소나 꽃에서 꿀을 모으던 시간과 다를 수 있어요. 다만 미래의 행동(꽃을 찾아가기 위한)으로 안내하는 역할을 하는 것이죠."[4]

벌들이 8자 춤을 어떻게 추는지 알아보기 위해, 먼 꽃밭에서 꽃가루와 꿀을 가득 싣고 돌아온 일벌의 모습을 상상해 보자. 이 꽃밭은 벌집에서 약 200미터 떨어져 있고, 벌집과 태양을 연결하는 가상의 직선에서 서쪽으로 40도 벌어진 위치에 있다. 먹이를 채집한 일벌은 벌집에 돌아오자마자 수직으로 된 벌집 틀을 따라 위아래로 춤을 추기 시작하는데, 이때 특히 배 부분을 흔든다. 배 흔들기는 8자 춤의 핵심 요소로, 다른 벌들에게 먹이의 위치와 방향을 알리는 데 중요한 역할을 한다. 이때 자매 일벌들은 채집에서 돌아와 춤추는 일벌과 서로 접촉한다. 이 접촉은 자매 일벌들이 춤의 내용을 더 잘 이해할 수 있도록 돕는다. 즉, 자매 일벌들은 춤추는 벌의 동작과 배의 흔들림을 직접적으로 느끼며 정보를 해석할 수 있다.

먹이 채집에서 돌아온 벌은 자신이 방금 다녀온 먹이 공급원에 대한 정보를 춤에 담는다. 예를 들어 벌집 틀을 따라 수직으로 오르

내릴 때 40도 각도로 춤을 추면, 이는 태양을 기준으로 벌집에서 40도 방향에 먹이 자원이 있다는 것을 뜻한다. 또, 8자 춤의 특정 구간에서 춤추는 시간이 길어진다면, 그 자원이 더 멀리에 있다는 뜻이다. 예를 들어 약 0.07초 동안 춤을 더 추면, 자원이 벌집에서 약 100미터 더 멀리 떨어져 있는 것이다.[5]

벌집의 예비 채집 벌들은 성공하고 돌아온 일벌의 8자 춤에서 정보를 얻는 것 말고도, 냄새를 통해 먹이 자원에 대해 배운다. 성공한 채집 벌이 벌집에서 다른 벌에게 꿀을 전달하는 과정(trophallaxis, 영양 교환)에서 벌들은 서로의 입을 통해 냄새와 같은 정보를 교환하게 된다. 채집 벌은 다른 벌과 더듬이를 문지르는 행동(antennation, 더듬이 접촉)도 하는데, 이때 서로의 냄새를 인식하고, 이를 통해 정보를 교환한다.

꿀벌들의 비밀 네트워크

매트 하센야거(Matt Hasenjager)와 엘리 리드비터(Elli Leadbeater)는 벌들의 8자 춤, 영양 교환, 더듬이 접촉과 관련된 의사소통 네트워크를 연구해 왔다. 마지막으로 매트 하센야거를 찾아갔을 때, 그는 런던대학교 로열 홀러웨이의 박사 후 연구원으로서 리드비터의 연구실에 소속되어 꿀벌의 의사소통 네트워크를 연구하고 있었다. 얼마 지나지 않아 우리는 루이빌대학교의 내 연구실에서 다시 만나 그가 박사 과정을 밟던 시절을 회상하게 되었다. 그때부터 하센야거는 동물의 사회적 행동에서 역학 관계를 탐구하는 데 관심이 많았다. 그 당시 내 연구실에는 트리니다드에서 몇 년 전에 잡힌 물고기들의 후손인 구피

(Poecilia reticulata)가 있었다. 그리고 하센야거는 사회적 네트워크 구조가 물고기들이 학습하고 먹이를 찾는 데 어떤 영향을 끼치는지 알아보는 실험을 설계하고 있었다. 하센야거는 대담한 물고기와 수줍은 물고기의 비율이 각기 다른 구피 무리를 만들고, 먹이 장소에 대한 정보 흐름에 그룹 구성원 간 친숙함과 주변의 포식 위협이 어떤 영향을 끼치는지 살펴보았다. 실험을 진행하면서 촬영된 많은 비디오를 지켜보는 동안, 하센야거는 어떻게든 사회적 네트워크 이론의 개념적이고 분석적인 기초를 마스터할 시간을 만들었다. 여기에는 동물의 사회적 네트워크 분야에 수학적 분석 모델을 적용한 권위자 윌 호피트(Will Hoppitt)의 도움이 컸다.[6]

로열 홀러웨이에서 박사 후 연구원으로 일하던 하센야거와 리드비터는 호피트와 함께 벌통의 일벌들이 방금 먹이를 모아 온 채집 벌들로부터 어떤 정보를 얻는지 연구했다. 그들은 일벌들이 8자 춤을 통해 급식 장소에 대한 정보를 얻는다면, 그 정보가 8자 춤과 관련된 사회적 네트워크를 통해 퍼져 나가야 한다고 생각했다. 이를 확인하기 위해 호피트가 만든 모델을 사용했는데, 이 모델을 통해 8자 춤 네트워크가 꿀벌들이 채집 장소에 도착하는 순서를 예측할 수 있는지를 살펴보았다. 또한 하센야거와 그의 팀은 꿀벌들이 그런 장소에 대해 배우는 데 냄새가 어떤 역할을 하는지 조사하기 위해 꿀벌의 영양 교환 네트워크와 더듬이 접촉 안테나 네트워크를 분석했다.

로열 홀러웨이의 실험용 벌통은 캠퍼스 중앙에 있는 건물의 한 방에 두었다. 이 벌통에는 3,000마리가 넘는 꿀벌들이 들어갈 수 있고, 벌통 안의 모든 상호작용은 특별히 설치된 비디오카메라로 촬영되었다. 각 벌통에는 외부로 나가는 터널이 있어서 꿀벌들이 자유롭게 드나들 수 있었다. 하센야거는 “벌통 입구에서 큰 교통 체증이 생겼던 초기의 실수가 수정된 후에야 꿀벌들의 자유로운 출입이 가능해졌습니다”라고 말했다.

하센야거와 동료들은 캠퍼스에 2개의 실험용 먹이통을 설치해 벌들이 좋아하는 자당을 제공했다. 그들은 폰 프리시가 8자 춤을 발견한 초기부터 사용된 방법으로 실험을 준비했다. 우선 벌통에서 10미터 정도 떨어진 곳에 벌통과 110도 각도로 2개의 먹이통을 놓았다. 그리고 벌들이 2개의 먹이통 위치를 인지하도록 훈련했다. 벌들이 먹이통에 도착하면, 하센야거가 그들의 등 위에 작은 숫자를 표시했다. 채집 벌들이 자당을 모으는 데 집중하고 있어서 이 작업은 생각보다 쉬웠다. 하센야거는 그 에나멜 숫자에는 인간과 꿀벌의 역학 관계를 변화시킨 무언가가 있었다고 회상했다. “벌 1마리에 표시를 하자마자, 그 벌이 갑자기 특별한 개체가 된 것처럼 느껴졌습니다. 3,000마리의 아무런 표시가 없는 벌들은 모두 비슷하게 생겼지만, 우리가 표시한 벌은 발견되자마자 ‘아, 223, 너는 내 믿을 만한 친구 중 하나야’라고 생각되더군요.” 어쨌든 벌들에게 표시를 하자, 실험 벌집의 구성원인지 아닌지, 어떤 벌이 어떤 먹이통을 주로 찾는지를 쉽게 알아볼 수 있었다.

며칠 동안 하센야거는 먹이통 2개를 벌통에서 점점 더 멀리 옮겼지만, 각도는 늘 동일하게 유지했다. 마침내 두 먹이통이 벌집에서 200미터 떨어진 곳에 놓이게 되자 이동을 멈추었다. 이 시점에서 날씨가 허락한다면, 실험적 조작을 시작할 수 있었다. 하센야거는 “화창하고 맑은 날을 노렸지만, 영국이라 그런 날씨가 자주 허락되지는 않았어요”라고 웃으며 말했다. 2개의 먹이통은 항상 같은 양의 설탕물로 채워졌다. 그리고 실험을 시작하기 하루 전, 두 먹이통 중 하나는 비웠고, 다른 하나는 설탕물로 가득 채웠다. 벌들은 매일같이 특정한 먹이통에서 일해 왔기 때문에 이제는 텅 비워진 먹이통에서 먹이를 찾는 데 익숙한 채집 벌들은 할 일이 없어졌다. 하센야거와 동료들은 이 채집 벌들을 '실업자'라고 익살스럽게 불렀다. 이 실업자 벌들은 새로운 먹이통을 찾아내야 했고, 연구자들은 이 벌들과 가득 찬 먹이통에서 일하는 벌들의 관계를 관찰할 수 있는 좋은 기회를 얻게 되었다. 이는 실업 상태의 채집 벌들이 새로운 먹이통에 도착하는 시점에 꿀벌들의 다양한 의사소통 방법(8자 춤, 영양 교환, 더듬이 접촉)이 어떤 영향을 끼치는지 연구할 수 있는 기회이기도 했다.[7]

8자 춤, 영양 교환, 더듬이 접촉과 관련된 네트워크의 중요성을 비교한 결과, 8자 춤 네트워크만이 실직한 채집 벌들에게 다시 일할 수 있는 장소를 찾게 해 주는 유일한 방법임이 밝혀졌다. 그런데 꿀벌 세계에서는 일몰이나 나쁜 날씨(비가 오거나 하늘이 흐릴 때) 때문에 태양의 위치에 대한 정보가 일시적으로 차단되기도 한다. 이런 상황에서는 8자 춤을 통해 전달되는 중요한 데이터가 사라질 수밖에 없다. 하센야거와 동료들은 악천후와 일몰을 모방하여, 일시적으로 먹이가 고갈되었다가 비교적 빠르게 보충되는 동안 꿀벌들이 기존 먹이통에서 먹이를 먹도록 조작했다. 그러자 상황은 다르게 전개되었다. 이제 영양 교환 네트워크와 더듬이 접촉 네트워크가 꿀벌들이 먹이가 보충된 장소로 돌아오는 순서를 이해하는 데 핵심이 되었고, 춤 네트워크는 그다음으로 중요한 역할을 했다.

꿀벌의 의사소통 네트워크는 전략적인 중복성을 바탕으로 정말 똑똑하게 설계되어 있었다. 만약 벌집에 대한 태양의 정보가 부족해 춤 네트워크가 작동하지 않더라도, 다른 네트워크가 이를 대신해 꽃가루와 꿀이 벌집으로 계속 들어올 수 있도록 도와주었다. 어떤 문제가 생기더라도, 꿀벌들은 벌집 전체를 먹여 살릴 먹이에 대한 정보를 다양한 사회적 네트워크를 통해 전달하고 있었다.[8]

은눈동박새의 노래와 사회적 네트워크

동물들은 서로 많은 것들에 대해 소통한다. 예를 들어 먹이, 포식자, 짝짓기 선호도, 서로 간의 우세 여부, 거주지 등에 대한 정보를 나눈다. 이 소통이 정직한지 그렇지 않은지 또는 시각적, 청각적, 촉각적, 화학적 방법 중 어떤 것을 통해 이루어지는지와는 상관없이, 정보는 종종 사회적 네트워크를 통해 이동한다. 그리고 새들의 노래 네트워크도 동물의 이런 사회적 네트워크에 종종 포함된다.

노래하는 새들은 소리를 통해 청각적으로 소통하는 데 가장 뛰어난 동물이다. 새의 노래는 선천적 성향, 시행착오 학습, 사회적 학습이 놀랍도록 복잡하게 결합되어 만들어진 결과물이고, 아직은 완전하게 설명되지 않고 있다. 그리고 이토록 복잡한 특성 때문에 새의 노래는 종종 인간 언어의 진화를 연구하는 데 모델로도 사용된다. 지난 수년에 걸쳐 자연주의자, 동물 행동학자, 진화 생물학자, 신경 생물학자, 비교 심리학자, 언어학자 들은 새의 노래를 자신의 목적에 맞게 다양한 방법으로 연구해 왔다. 도미니크 포트빈(Dominique Potvin)은 자신이 호주 전역에서 연구한 은눈동박새(Zosterops lateralis)의 노래 연구에 또 다른 차원을 더하고 싶었고, 이를 위해 집단 수준의 사고(개체의 행동을 넘어 집단 전체의 동향과 상호작용을 더 깊이 있게 분석하는 방법론.-역주)와 사회적 네트워크를 모두 활용했다. 예를 들어, 뇌의 특정 영역과 관련된 FOXP2 유전자는 새의 노래 인식과 인간의 언어 습득 모두와 관련이 있다. 어린 금화조에 대한 실험 연구에서 FOXP2 유전자를 제거하자(비활성화하자) 성체의 노래를 따라 하는 능력이 심각하게 손상된다는 것을 발견했다.[9]

6장에서는 케냐의 마사이 마라 국립 보호구역에 있는 안전 네트워크에 대해 이야기했는데, 이 네트워크의 노드는 주로 개체를 나타내지만, 종을 나타낼 수도 있다는 것을 알게 되었다. 그런데 노드는 또 다른 것을 나타낼 수도 있다. 바로 개체군(같은 곳에서 함께 생활하는 한 종의 생물 개체 집단.-역주)이다. 포트빈은 개체군과 관련해 이런 의문을 품었다. '개체군 안에서 개체 간 상호작용이 얼마나 많은지를 보고 연결 강도를 알 수 있다면, (은눈동박새) 각 개체군이 (노래) 어휘를 서로 얼마나 많이 공유하는지를 가지고도 연결 강도를 알 수 있지 않을까?'

은눈동박새는 귀여운 올리브색 깃털과 독특한 흰색 고리 모양이 눈을 둘러싸고 있는 작은 새다. 몸무게는 약 14그램 정도 나가고, 길이는 12센티미터가 채 되지 않는다. 여러 음절로 이루어진 복잡한 노래를 부르는 것은 주로 수컷이고, 암컷은 의사소통을 위해 간단한 울음소리를 내거나 지저귄다. 수컷이 내는 노랫소리의 각 음절은 2~6킬로헤르츠 주파수 범위에서 약간씩 다른 음향 특성을 가진다. 다 자란 수컷은 약 60가지의 다양한 음절을 만들 수 있지만, 보통은 4~20개 음절로 구성된 노래를 부른다.

포트빈은 새들이 번식기가 아닐 때 노래를 부르는 이유에 관심을 가졌고, 특히 은눈동박새들이 아침에 함께 노래하는 것에 주목했다. 그녀는 박사 논문을 위해 호주 전역의 거의 백만 제곱킬로미터에 흩어져 있는 7곳(농촌과 도시를 포함)의 14개 개체군에서 각각 다른 은눈동박새의 노래를 연구했다. 국립식물원의 한 개체군은 포트빈이 있는 멜버른대학교에서 가까운 거리에 있었고, 다른 집단은 북동쪽의 브리즈번, 북서쪽의 애들레이드, 남쪽 태즈메이니아 섬의 호바트 등 훨씬 더 멀리 떨어져 있었다. 은눈동박새들은 보통 자신이 태어난 지역에 머무른다. 하지만 포트빈과 다른 연구자들은 때때로 이 새들이 호바트와 브리즈번 사이를 왕복하기도 한다는 것을 알고 있었다. 이 거리는 무려 2,000킬로미터에 이른다. 새들마다 깃털 패턴과 유전적 특징이 다르기 때문에, 연구자들은 이 새들이 어디에서 왔는지를 구별할 수 있었다.

은눈동박새에 대한 정보를 모으기 위해 포트빈은 여러 장소를 돌아다니며 많은 시간을 보냈다. 그녀는 각 지역에서 약 2주 동안 새들의 유전학과 노래를 집중적으로 연구했다. 시골에서는 캠핑을 했고, 도시에서는 친구의 집이나 지인의 집에 머물렀다. 포트빈은 14개 개체군 각각에 대해 처음 며칠 동안 은눈동박새 수컷들을 잡아 혈액 샘플을 채취했고, 각 새에 특별한 색깔의 다리 밴드를 채워 주었다. 이 밴드 덕분에 새들을 구분해 가며 다양한 새들을 샘플링할 수 있었다.

포트빈은 매일 아침 일찍 일어나 새들이 아침 노래를 부를 때 함께하기 위해 집을 나섰다. 그리고 수컷들이 부르는 노래를 기록하기 위해 쌍안경으로 수컷을 찾아 그 정체를 확인했다. 그런 다음엔 수컷 1마리의 노래만 녹음할 수 있는 '샷 건 마이크'가 부착된 헤드셋을 착용하고 다른 것은 녹음하지 않았다. 포트빈은 몇 달 동안, 매일, 다양한 장소에서 이 과정을 반복했다.

새들을 찾아다니는 이런 여행은 대부분 즐거운 기억이었지만, 브리즈번의 한 시골 지역에서 일어난 일은 지금까지도 그녀를 슬프게 만든다. 그녀는 그곳에 사는 모든 새를 잡아 표시하고 녹음했지만 원하는 데이터를 얻지 못했다. 그래서 브리즈번의 도시로 나가 현장 연구를 마치면 다시 돌아오기로 결정했다. 떠나기 얼마 전, 포트빈은 현지 작업팀으로부터 이 지역을 관통해 도로가 뚫린다는 소식을 들었다. 도시에서 필요한 데이터를 수집한 뒤 2주 후에 다시 시골로 돌아왔을 당시를 포트빈은 이렇게 회상했다. "내가 제대로 찾아온 게 맞나, 저 자신에게 물었어요. 현장을 거의 알아볼 수 없었어요. 정말 충격이었죠. 그곳의 황량한 풍경 속에선 더 이상 새들의 노래가 들리지 않았어요."

도로에서 떠돌며 데이터를 모으는 시간이 지난 뒤, 포트빈은 14개 장소에서 수집한 새 노래 데이터를 몇 달 동안 분석했다. 이때 새 노래의 음절을 측정할 수 있는 소프트웨어를 사용한 것이 큰 도움이 되었다. 그녀가 논문을 쓰기 위해 던졌던 단 하나의 질문은 도시에 사는 새의 노래가 도시의 소음에 맞게 조정되었는지 여부였다. 그녀가 모은 농촌 지역의 새 노래 데이터는 비교 대상으로 삼기 위한 것이었다. 결과적으로, 도시의 은눈동박새들은 시끄러운 배경 소음 속에서도 자신의 노랫소리가 잘 들리도록 조정하는 것으로 드러났다. 하지만 당시 그녀는 자신이 수집한 방대한 데이터를 활용해 새 노래 네트워크를 만드는 일까지 해내지는 못했다. 몇 년 후 호주 시피 다운스에 있는 선샤인코스트대학교에서 교수직을 맡은 뒤에야 이 일에 본격적으로 뛰어들 수 있었다.[10]

이제 도마뱀 이야기를 할 차례가 되었다. 포트빈의 대학 동료 중 하나인 셀린 프레르(Celine Frere)는 동물의 사회적 관계에 관심이 많았다. 2010년 포트빈이 논문을 쓰고 있을 때, 프레르는 브리즈번의 큰 공원에서 350마리가 넘는 동부 물도마뱀(Intellagama lesueurii)에 대한 장기 연구를 시작했다. 도마뱀은 1년 중 5개월을 겨울잠에 쓰기 때문에 나머지 깨어 있는 시간 동안 이 동물들의 사회적 행동을 연구해야 했다. 곧 프레르가 이끄는 연구팀은 특정 물도마뱀들이 우정을 나눈다는 증거를 발견하게 되었고, 이를 통해 물도마뱀들의 사회적 네트워크를 연구하게 되었다. 포트빈과 프레르가 서로의 연구에 대해 더 많이 알게 되면서, 포트빈은 자신이 가지고 있는 은눈동박새의 노래 데이터가 사회적 네트워크 분석에 적합할 것 같다고 이야기했고, 프레르는 이에 동의했다.[11]

포트빈과 동료들은 그녀가 논문을 쓰기 위해 연구했던 일부 개체군의 데이터를 네트워크 분석에 사용했다. 그들은 본토에 있는 은눈동박새 개체군 11개에 태즈메이니아 섬, 로드 하우 섬, 채텀 섬, 노퍽섬의 은눈동박새 개체군 등을 추가하여 총 19개 개체군을 연구했다. 나중에 이 개체군들은 사회적 네트워크를 나타낼 때 노드로도 사용되었는데, 좀 더 구체적으로 말하자면 개체군 내에서 새들이 부르는 음절은 그 음절의 상대적 발생 빈도에 따라 가중치가 부여되는 노드가 되었다. 그리고 노드를 연결하는 선은 서로 다른 개체군들이 어떤 음절을 얼마나 비슷하게 사용하는지를 시각적으로 나타내 그들 간의 관계를 이해할 수 있게 해 주었다.[12]

포트빈이 이끄는 팀은 네트워크 분석을 이용해 집단 간의 연결 또는 연결의 모자람을 이해하는 데 관심이 많았다. 중요한 것은 유전적 관련성이었다. 그들은 관찰 중인 은눈동박새들의 혈액 샘플을 분석해 개체군 사이의 유전적 관련성을 계산했다. 그 결과 2개의 개체군에서 개체 간의 유전적 관련성이 높을수록 그 개체군에서 부르는 노래도 더 유사하다는 것을 발견했다. 이는 새들의 노래가 단순히 환경적 요인이나 학습에 의해서만 결정되는 것이 아니라, 유전적 요인에도 크게 영향받는다는 뜻이다.

은눈동박새 팀은 2개의 개체군 사이의 거리가 전체 개체군 네트워크에서 불리는 노래에 어떤 영향을 미치는지 알아보았다. 먼저 각 개체군의 중심성을 계산했는데, 이는 각 개체군의 노래가 다른 개체군의 노래와 얼마나 비슷한지를 측정하는 것이다. 그다음, 개체군과 가장 가까운 이웃 사이의 거리를 계산한 뒤, 이 거리와 중심성 사이에 양의 상관관계가 있는지 확인했다. 네트워크의 중심에 있는 집단은 가장 가까운 이웃과 지리적으로도 가까웠을까? 답은 그렇지 않았다. 하지만 노래 네트워크에서 지리적 거리는 다른 방식으로 중요했다.

비슷한 경도(북에서 남으로)에 있는 개체군은 비슷한 위도(동에서 서로)에 있는 개체군보다 서로 유사한 노래를 부를 확률이 높았다. 이건 그들이 얼마나 멀리 떨어져 있든 상관없이 적용되었다. 예를 들어 비슷한 경도에 있지만 멀리 떨어져 있는 2개의 개체군은, 지리적으로 가깝고 비슷한 위도에 있는 2개의 개체군보다 노래를 공유할 확률이 더 높았다. 포트빈은 "동서 방향의 이동을 방해하는 산맥과 사막이 많아요. 이는 새소리 네트워크의 정보 이동 속도가 느려지는 원인이 될 수 있죠"라고 설명했다. 그녀는 위도와 노래 네트워크 사이에는 호주 알프스 산맥, 블루 마운틴 산맥, 티라리 사막 같은 장애물보다 더 많은 것이 관련되어 있다고 생각하며, 그것이 무엇인지를 계속 조사 중이다.

새의 노래는 그 자체로 매우 아름답고 순수하다. 사회적 네트워크와 관련된 어떤 연구 결과가 나오더라도 그 아름다움은 변하지 않을 것이다. 오히려 가장 경이로운 의사소통 방식 중 하나인 새의 노래도 사회적 네트워크를 통해 전달된다는 사실이 연구자들에게는 더없이 중요한 의미를 지닐 뿐이다.

우간다의 부동고 숲에서 안나 로버츠와 샘 로버츠가 연구하는 침팬지들은 의사소통 네트워크가 춤추고 노래하는 것 이상의 의미가 있음을 가르쳐 주었다. 예를 들어 제스처를 이용한 의사소통 또한 사회적 네트워크에 내재되어 있다.

안나 로버츠 팀은 박사 과정 동안 연구한 12마리 침팬지가 사용하는 제스처를 바탕으로, 손소 침팬지 공동체의 의사소통 네트워크를 만들었다. 그들은 38개의 시각적 제스처, 20개의 촉각적 제스처, 14개의 청각적 제스처를 바탕으로 침팬지들이 얼마나 가까이 있었는지를 나타내는 근접 네트워크와 제스처가 얼마나 자주 사용되는지를 조사하는 행동 네트워크를 만들었다.

그들의 연구 결과는 인간과 유전적으로 가장 가까운 친척인 침팬지에게서 기대할 만한 복잡한 사회적 관계를 보여 주었다. 침팬지들은 선호하는 친구들끼리 가까이에서 많은 시간을 보내며, 많은 시각적 제스처를 주고받았는데, 침팬지를 대상으로 한 이전 연구에서 친구와 함께 있으면 심박수가 낮아진다는 사실이 밝혀진 바 있다. 안나 로버츠와 샘 로버츠는 시각적 신호가 낮은 수준의 각성과도 관련이 있으므로, 제스처를 취하는 침팬지는 상대적으로 스트레스를 주지 않으면서 다른 개체에게 감정을 전달한다고 생각했다.

반면 친구가 아닌 침팬지들 사이에서 제스처가 오갈 때는 얘기가 다르다. 이런 상호작용에서는 침팬지들이 시각적 제스처보다 소리나 촉각 제스처에 더 많이 의존하는 것으로 나타났다. 안나 로버츠와 샘 로버츠는 소리와 촉각 제스처가 시각적인 제스처보다 덜 혼란스럽다는 점에 주목했다. 즉, 덜 친숙한 상대와 상호작용할 때 어떤 일이 일어날지 모르는 불확실성을 줄이려면 소리와 촉각 신호가 더 효과적일 수 있다. 손소 침팬지 공동체처럼 흩어졌다 모이기를 수시로 반복하는 분열-융합 사회에서 덜 친숙한 개체와 상호작용하는 것은 도전적 과제이다. 이런 과제를 푸는 데는 촉각적 제스처가 특히 중요하다. 촉각적 제스처는 거의 항상 친사회적 행동과 연결되기 때문이다. 친구가 많지 않은 상황에서도 침팬지들이 사회적 유대를 강화하고, 새로운 관계를 맺는 데는 촉각적 제스처가 중요한 역할을 한다.[13]

지금까지 살펴보았듯이, 꿀벌, 은눈동박새, 침팬지 등의 동물 세계는 사회적 네트워크를 통해 복잡한 정보를 주고받는다. 다음 장에서는 이런 복잡성을 더 깊이 탐구하고, 혹등고래, 병코돌고래, 침팬지, 박새에 이르기까지 다양한 동물들의 사회적 네트워크를 통해 새로운 형질의 문화가 어떻게 전파되는지 살펴볼 것이다.

제9장

문화 네트워크

내게서 아이디어를 얻은 사람이 지식을 쌓는다고 해서,
내 아이디어가 줄어드는 것은 아니다.
마치 누군가 내 촛불에서 불을 빌려 가도,
불은 꺼지지 않고 여전히 빛을 내는 것과 같다.
-토머스 제퍼슨(Thomas Jefferson)이
아이작 맥퍼슨에게(Isaac McPherson), 1813년 8월 13일

진화 생물학의 중요한 원칙 중 하나는 자연 선택이 행동 특성에 영향을 끼치려면 다음과 같은 3가지 조건이 필요하다는 것이다. 첫 번째 조건은 한 집단 안에 다양한 행동 방식이 있어야 한다는 것이다. 예를 들어, 짝을 고르는 행동에서 어떤 동물은 화려하고 모험적인 짝을 좋아하고, 다른 동물은 덜 화려하고 안전한 짝을 선호할 수 있다. 만약 행동 방식이 다양하지 않다면 자연 선택이 '선택'할 여지가 없지만, 단순히 다양한 행동이 있다고 해서 자연 선택이 작용하는 것은 아니다. 두 번째 조건은 행동의 차이가 성공적인 번식과 연결되어야 하고, 심지어 간접적으로라도 그래야 한다는 것이다. 행동의 차이가 생존에 도움이 되지 않으면, 진화는 일어나지 않는다. 마지막으로 세 번째 조건은 행동이 세대에서 세대로 잘 전달되어야 한다는 것이다. 만약 유전 시스템이 없다면, 한 세대에서 행동과 관련된 생존 적합성의 차이는 다음 세대에서 사라져 버릴 것이다.

문화 전달자 일본원숭이와 까마귀의 정보 전달법

오스트리아의 그레고어 멘델(Gregor Mendel) 신부가 했던 완두콩 실험이 1900년대 초 다시 주목받으면서, 행동과 같은 특성을 다음 세대로 전달하는 방법 중 하나가 유전자라는 사실이 분명해졌다. 그 후 50년 동안 진화 생물학자들과 동물 행동학자들은 유전자야말로 세대를 넘어 형질을 전달하는 유일한 방법이라고 생각하게 되었다. 하지만 시간이 지나면서 다른 방법도 있다는 사실이 밝혀졌다.

영장류학자 슌조 카와무라(Shunzo Kawamura)와 마사오 카와이(Masao Kawai)는 일본원숭이(Japanese macaque)의 채집 행동 연구를 통해 동물의 행동이 유전적으로만 전해지는 것이 아니라 문화적으로도 세대를 넘어 전해질 수 있음을 발견했다. 게다가, 문화적 전달은 흥미롭게도 부모에서 자식으로만 이루어지는 것이 아니라 친구들 사이에서도 일어나고 있었다.

이 모든 과정이 어떻게 이루어지는지 알아보기 위해, 1950년대 일본 고시마 섬에 살았던 '이모(Imo)'라는 원숭이를 만나 보자. 이모가 속한 일본원숭이 무리를 연구하던 카와무라와 카와이 같은 연구자들은 이들과 친해지기 위해 해변에 고구마와 밀을 던졌다. 이모가 1살이 되자 이 암컷 원숭이는 다른 원숭이들에게선 볼 수 없는 행동을 하기 시작했다. 고구마를 먹기 전에 물에 씻어서 모래를 제거한 것이다. 어느 순간부터 그렇게 먹으면 고구마가 더 맛있다는 사실을 자연스럽게 깨달은 것처럼 보였다. 만약 이모만 그렇게 했다면, 이 새로운 방법은 이모의 죽음과 함께 사라졌을 것이다. 하지만 이모의 친구와 가족들은 이 암컷 원숭이로부터 고구마 씻는 방법을 배웠다.

고시마 섬의 원숭이들 사이에서 이모는 문화적 아이콘으로서 입지가 점점 더 확실해졌다. 이모는 4살이 되자 인간이 해변에 버린 밀을 처리하는 더 좋은 방법을 찾아냈다. 밀과 모래가 섞인 혼합물을 그냥 먹을 수도 있지만 더 맛있게 먹을 참신한 해결책을 생각해 낸 것이다. 이모는 밀과 모래 혼합물을 물에 던졌고, 모래가 가라앉은 뒤 떠오른 밀만 건져내 먹었다. 이것은 생각보다 중대한 일이다. 왜냐하면 원숭이들은 음식을 한번 손에 쥐면 절대 놓지 않는데, 이모는 모래를 제거하기 위해 과감하게 손에서 밀을 놓은 것이다. 그리고 이모의 친구들은 고구마 씻는 법을 배울 때처럼, 이 새로운 방법도 따라하기 시작했다. 이모가 세상을 떠난 지 60년이 넘었지만, 고시마 섬의 원숭이들은 여전히 고구마와 밀을 씻어 먹는다. 이모는 원숭이들에게나 연구자들에게 새로운 차원을 보여 준 고마운 원숭이다.[1]

카와무라와 카와이는 이모가 어떻게 자신의 무리에게 새로운 채집 방법을 퍼뜨렸는지 정확히 이해하고 싶었지만, 당시는 아직 사회적 네트워크 이론이 만들어지기 전이었다. 그러나 수십 년 후, 호주에서 병코돌고래의 문화와 도구 사용을 연구한 자넷 만(Janet Mann)은 사회적 네트워크 이론을 적용할 수 있게 되었다.

꼭 바퀴나 기어를 만들지는 않더라도 어떤 기능을 수행하기 위해 물체의 형태를 바꾸었다면, 도구를 사용했다고 말할 만하다. 예를 들어 뉴칼레도니아 까마귀(Corvus moneduloides)는 나뭇가지를 도구로 사용해 나무껍질 아래에 있는 곤충을 꺼낸다. 아무것도 모르는 곤충이 나뭇가지를 잡으면, 까마귀는 그 도구를 빼내 재빨리 곤충을 입에 넣는다. 초보 도구 제작자 까마귀는 처음엔 간단한 도구부터 만들기 시작하다가, 나중엔 더 복잡한 도구도 만들 수 있게 된다. 심지어 어떤 까마귀들은 나뭇가지를 길게 자르고 끝을 날카롭게 다듬는가 하면, 가장 좋아하는 도구를 안전하게 보관해 두었다가 다시 쓰기도 한다.[2]

병코돌고래의 도구 사용과 문화적 전파

도구는 인간뿐만 아니라 동물이 살아가면서 겪게 되는 여러 가지 문제를 해결하는 데 도움을 준다. 호주 샤크 베이의 병코돌고래(Tursiops aduncus)는 바닥에 숨은 먹이인 점머리갈고등(Parapercis clathrata) 같은 물고기를 찾아내기 위해 모래를 코로 찌르며 파고드는 행동을 한다. 바위 사이로 모래를 파헤치는 일은 자칫하면 코를 다칠 수도 있는 위험한 행동인데, 몇몇 돌고래(주로 일부 암컷 돌고래)들은 이 문제를 해결하기 위해 해면을 사용한다. 바구니 모양 해면을 코로 집어 들고, 그 안에 코를 잘 맞게 끼워 넣으면 모랫바닥을 찌를 때 받는 충격을 완화할 수 있다. 이들은 매우 신중하게 해면을 선택하는데, 코에 잘 맞는 크기와 모양을 찾기 위해 10분 넘게 쓰기도 한다. 코에 해면을 끼운 뒤에는 수로를 따라 8~14미터 깊이에 있는 좋아하는 사냥터로 헤엄쳐 간다. 모랫바닥을 파헤쳐 숨은 물고기를 찾아내면, 이때부터는 도구를 던져 버리고 먹이를 쫓는다. 코에 쓴 해면이 마음에 들었다면, 사냥이 끝난 후 다시 돌아가 도구를 회수해 재사용하기도 한다.

샤크 베이는 호주 서부 해안 멍키 미아 근처에 있다. 퍼스에서 북동쪽으로 약 850킬로미터 떨어져 있고, 면적은 130만 헥타르에 달하며, 평균 깊이는 약 9미터에 이른다. 샤크 베이에는 1,000마리가 넘는 병코돌고래와 매너티의 가까운 친척인 듀공 1만 6,000마리가 살고 있다. 이곳의 바다에는 세계에서 가장 큰 해초 은행이 있으며, 하멜린 풀(Hamelin Pool) 해양 자연보호구역에 있는 스트로마톨라이트(stromatolite) 화석은 나이가 거의 30억 년 전으로 거슬러 올라간다. 샤크 베이에는 많은 상어가 서식하는데, 일부 상어는 돌고래를 잡아먹기도 한다.

1984년부터 시작된 샤크 베이 돌고래 프로젝트에서는 연구원들이 1,500마리 이상의 병코돌고래에 대한 데이터를 수집해 왔다. 그 결과 돌고래의 성별뿐만 아니라 지느러미 모양, 상어에 물려 생긴 상처의 모양 등을 바탕으로 개별 돌고래를 식별하는 거대한 돌고래 머그샷 북을 꾸준히 축적하고 있다.[3]

샤크 베이에서 해면을 도구로 쓰는 돌고래가 발견되기 전부터, 자넷 만은 이미 그곳에서 돌고래를 연구하고 있었다. 1988년, 미시간대학교 박사 과정 학생이던 그녀는 운 좋게도 동물 행동학자이자 영장류 학자인 바버라 스머츠(Barbara Smuts)와 함께 연구할 기회를 얻게 되었다. 당시 스머츠는 샤크 베이의 돌고래 어미와 새끼 간 상호작용에 관심을 가지고 연구를 시작하려던 참이었는데, 갑자기 프로젝트 보조원이 그만두는 일이 생겼다. 스머츠는 케냐 암보셀리 공원에서 개코원숭이 어미와 새끼의 상호작용에 대해 학부 연구를 수행했던 만에게 도움을 요청했고, 만은 흔쾌히 응했다.

자넷 만은 1995년에 돌고래의 도구(해면) 사용을 최초로 연구했던 샤크 베이 팀의 일원이기도 했다. 이후로 거의 30년 동안 그녀와 동료들은 이 행동이 어떻게 샤크 베이의 일부 돌고래 사이에 퍼져 나갔는지를 사회적 네트워크 관점에서 꾸준히 연구해 왔다.

인간처럼, 동물 행동 연구에서도 문화의 중요한 특징 중 하나는 무리들끼리 서로를 구분하는 것이다. 만이 말했다. "돌고래들도 '이건 우리 방식이고, 다른 돌고래들과 달라'라고 하는 개념을 가졌는지 정말 궁금했어요. 그런 개념이 돌고래들을 하나로 묶어 주는지도 알고 싶었죠. 사회적 네트워크 분석을 하면, 이 사실을 수학적으로 살펴볼 수 있어요." 다행히도 만의 모교인 조지타운대학교의 컴퓨터 과학자 리사 싱(Lisa Singh)이 큰 도움을 주었다. 이미 사회적 네트워크 작업 경험을 가진 싱은 샤크 베이의 돌고래 분석에 쓸 수 있는 맞춤형 데이터베이스를 만과 함께 개발했다. 그리고 만이나 다른 공동 작업자들과 함께 돌고래의 문화와 해면 사용에 대한 데이터를 네트워크 관점에서 살펴보기 시작했다.

사회적 네트워크 분석이 시작되었을 때, 만과 동료들은 이미 샤크 베이의 돌고래가 어떻게 해면을 도구로 쓰는지에 대해 꽤 많은 정보를 가지고 있었다. 그들은 돌고래들이 해면을 먹이 찾기용 도구로 쓴다고 확신했는데, 보트 위에서 코에 해면을 끼운 돌고래들이 모랫바닥을 파헤치는 모습을 볼 수 있었기 때문이다. 심지어 그들은 이 과정을 직접 체험해 보기까지 했다. 당시 그들은 해면을 사용하는 돌고래들의 선호 지역에 잠수해 이 돌고래들을 비디오로 촬영했다. 그리고 같은 장소에서 두 번째 잠수를 한 뒤, 일부 연구자들이 직접 손에 해면을 끼고 바닥을 파헤쳐 돌고래의 먹이가 될 만한 물고기를 찾아보았다. 물론 다른 연구자들은 이 모습을 비디오카메라로 찍었다. 나중에 영상 데이터를 비교해 보니 해면을 낀 손으로 바닥을 파헤친 순간 생각보다 너무 많은 물고기가 튀어나와 깜짝 놀랄 정도였다.

만은 해면을 사용하는 돌고래들이 대개 암컷이라는 사실을 알고 있었다. 가끔 수컷도 있긴 하지만, 대부분 수컷은 짝짓기 기회를 얻기 위해 다른 돌고래들과 협력하는 데 더 관심이 많았다.

만은 특이한 사실 하나를 발견했는데, 해면을 사용하는 암컷 돌고래들은 새끼가 옆에서 함께 헤엄치는 경우를 제외하면, 대부분 홀로 먹이를 구하러 다녔다. 이는 보통 돌고래들이 무리를 지어 먹이를 찾는 경향과는 대조적이었다. 그녀는 해면을 사용하는 돌고래들(러버덥, 허바, 그럽, 퍼브)의 어미 또한 해면을 사용한다는 사실도 알아냈다. 이는 러버덥 같은 어린 돌고래들이 문화적 전승으로 도구 사용 행동을 모방한다는 가설을 세우는 근거가 되었다.

부모가 자식에게 문화를 전하는 방식은 부모의 특정한 행동 패턴이나 성향이 유전되는 것과 비슷해서 명확히 구분하기가 쉽지 않다. 두 경우 모두 부모에게서 자식에게로 무언가가 전달되는 과정이기는 하지만, 문화적 전승에서는 해면을 사용해 먹이를 찾는 방법 같은 기술이 전달되고, 유전에서는 특정 행동과 관련된 유전자가 세대를 거쳐 전달된다. 행동 생태학자 마이클 크뤼젠(Michael Krützen)은 어미에게서 새끼로 전달되는 행동의 유전적 요소를 배제하기 위해 DNA 분석 등의 분자 유전학적 도구를 사용하는 연구팀을 꾸렸다. 그 팀에는 만도 포함되었으며, 연구 결과 해면 사용은 실제로 어미에서 자식으로 전해지는 문화적 특성임이 밝혀졌다.[4]

다만, 자넷 만이 정말로 알고 싶었던 것, 즉 해면을 사용하는 암컷 돌고래들이 서로 소통하고 있는지에 대해서는 여전히 알 수 없었다. 해면 사용은 때때로 어린 새끼를 데리고 있는 암컷을 제외하면 혼자서 하는 행동이므로, 해면을 사용하는 동안에는 돌고래들이 서로 네트워크를 형성하지 않는 것으로 보였다. 하지만 해면 사용 시간은 돌고래의 하루 중 극히 일부분에 지나지 않으므로, 성체 암컷 돌고래가 해면을 사용해 먹이를 찾지 않을 때는 서로 네트워크를 형성하지 않을까? 만이 말했다. "해면 사용 돌고래들은 가끔 해면을 낀 채로 다른 해면 사용 돌고래들과 함께 모이기도 해요. 그때는 먹이를 찾는 게 아니라 그냥 어울리고 있는 거죠." 그런가 하면 한번 해면을 사용해 본 암컷은 이 도구에 점점 더 능숙해지는 경향을 보였는데, 지금은 해면을 끼고 있지 않더라도 과거에 해면을 사용한 적이 있다면, 그 암컷 돌고래는 또다시 해면을 사용할 확률이 높다.

병코돌고래들의 사회적 관계를 알아보기 위해, 만과 그녀의 팀은 돌고래들이 먹이를 찾지 않을 때 누가 누구의 근처에서 헤엄치는지를 조사했다. 돌고래가 서로 약 10미터 이내에 있거나, 다른 돌고래를 통해 연결되어 있다면, 서로 친한(연관성이 있는) 관계로 여겨졌다. 만은 1989년부터 2010년까지 1만 5,000건의 조사에서 수집한 데이터를 바탕으로, 해면 사용 돌고래 36마리와 해면을 사용하지 않는 돌고래 105마리의 연관 패턴을 시간순으로 살펴보면서, 이 둘의 사회적 관계를 분석했다. 이 조사 데이터에는 돌고래들이 어디에 있었고, 무엇을 하고 있었으며, 어떤 돌고래와 함께 헤엄쳤는지가 자세히 기록되어 있었다.

모두 141마리 돌고래가 포함된 네트워크를 분석한 결과, 해면을 사용하지 않는 돌고래가 해면 사용 돌고래보다 서로 더 잘 연결되어 있다는 사실이 밝혀졌다. 해면을 사용하지 않는 돌고래들은 더 많은 동료와 더 강한 유대감을 가지고 있었으며, 친구의 친구 수도 더 많았다. 해면을 사용하지 않는 돌고래들이 이처럼 다른 개체들과 더 깊은 유대 관계를 맺는 이유 중 하나는 집단으로 먹이를 찾는 경향 때문이다. 먹이 찾기 행동 자체는 네트워크 분석에 포함되지 않았지만, 해면을 사용하지 않는 돌고래는 아마도 집단으로 먹이를 찾기 위해 다른 돌고래들과 더 많은 시간을 보낼 것이다.

해면 사용 돌고래가 해면을 사용하지 않는 돌고래보다 더 높은 점수를 받은 사회적 네트워크 지표는 소집단 형성을 나타내는 클러스터링 계수였다. 해면을 사용하지 않는 돌고래는 전체 네트워크에서 더 많이 연결되어 있었지만, 해면 사용 돌고래는 그들끼리의 파벌을 형성하며 해면을 사용하지 않는 돌고래보다 서로 더 많이 상호작용했다. 그 이유는 무엇일까? 해면 사용 돌고래가 파벌에 속함으로써 얻는 것이 과연 무엇일까? 해면을 끼고 먹이 찾기가 혼자 하는 일이라면, 왜 다른 해면 돌고래들과 어울리려는 것일까? 만과 동료들은 해면 사용 돌고래는 어미로부터 도구 사용 기술을 배우지만, 같은 파벌에 속한 다른 해면 사용 돌고래들과 헤엄치면서 좋은 해면이 어디에 있는지 등과 같은 중요한 정보를 얻으리라 추측했다.[5]

꼬리 내려치기 사냥: 고래들의 문화 전파 이야기

놀랍게도, 돌고래만 해면을 사용하고, 이를 효과적으로 사용하기 위한 수단으로 네트워크를 활용하는 것은 아니다. 침팬지도 해면을 사용하지만, 이들이 만드는 네트워크는 병코돌고래와는 매우 다른 방식이다. 두 종 간의 해면 사용을 비교하기 전에, 병코돌고래의 친척인 고래의 문화 네트워크부터 먼저 살펴보자.

“어렸을 때 고래와 함께 일할 거라고 하면, 모두가 ‘그래, 알겠어.

그렇지만 결국 넌 진짜 직업을 가지게 될 거야'라고 말했죠." 제니 앨런(Jenny Allen)이 웃으며 말했다. 결국 그녀는 어린 시절 자신이 했던 말대로 고래와 함께 일하는 진짜 직업을 가지게 되었다. 학부 시절 해양 생물학을 전공한 앨런은 매사추세츠 글로스터에 있는 뉴잉글랜드 고래 센터에서 인턴십을 시작했다. 곧 그녀는 메인만의 스텔웨건 뱅크(Stellwagen Bank) 국립 해양 보호구역에서 혹등고래(Megaptera novaeangliae)를 연구하느라 주로 보트에서 시간을 보냈다. 인턴십 기간이 끝난 후, 앨런은 고래 센터에 정규직으로 취직해 이 장엄하고도 사랑스러운 생물들을 관찰하며 스텔웨건 뱅크에서의 작업을 이어 갔다.

고래 연구는 종종 생태 관광 및 고래 관찰 탐험과 깊은 연관이 있어 매우 까다롭게 진행된다. 앨런은 이 지역의 고래 관광 회사와 인연이 닿아 보트나 선박에서 활동하는 해설사가 되었다. 그녀는 배에 탄 100~200명 정도의 관광객들을 위해 해설을 하고, 그 대가로 고래에 대한 기본 정보를 수집했다. 여기에는 고래의 먹이 찾기 행동을 관찰하는 일이나 꼬리에 초점을 맞춰 사진을 찍은 뒤 가지고 있던 책의 꼬리 사진들과 비교하는 일 등이 포함되었다(고래 꼬리의 무늬는 고래의 지문과 같다.)

보통 앨런은 선장과 호흡이 잘 맞았지만, 가끔은 둘 사이에 미묘한 기류가 흐르기도 했다. 선장의 일은 승객들이 지불한 돈이 아깝지 않게 고래와 보내는 시간을 최대한 늘리는 것이었다. 그래서 고래를 많이 보지 못한 날이면 앨런의 마음이 급해졌다. 앨런은 15분이나 20분이 지나면 이제 고래를 따라 다른 곳으로 이동하자고 요구했지만, 선장은 그녀의 요구를 들어주지 않으려 했다. 특히 선장의 기분이 좋지 않을 때면 고래가 출몰했던 곳에 한참이나 그대로 머무는 경우도 많았다.

앨런은 자신이 연구하는 1,300마리 고래에게서 발견한 이상한 행동에 매료되곤 했다. 메인 만과 주변 지역의 고래들은 오랫동안 '공기 방울 망 사냥'이라는 전략을 사용해 왔다. 수면 아래 20미터 깊이로 잠수한 고래가 물고기 떼 주위에서 5~6번 숨을 내쉬면 먹잇감 주위에 커다란 공기 방울 고리가 나선모양을 그리며 수면까지 계속 올라온다. 수면에 도달한 공기 방울 고리가 물고기 떼를 혼란스럽게 만들어 어망처럼 가두면, 고래들은 그 고리를 뚫고 들어가 먹이를 잡아먹는다. 그런데 1980년경, 한 혹등고래가 공기 방울 망 사냥에 새로운 방법을 추가했다. 그 고래는 공기 방울 망으로 가둔 물고기 떼를 사냥하기 전에 수면에 꼬리를 내려치는 '꼬리 내려치기 사냥'이라는 행동을 했다. 곧 몇 마리의 다른 고래들도 같은 행동을 하게 되었는데, 수면을 내려치는 횟수는 고래마다 달랐다. 2000년대 초 앨런이 관찰했을 때, 거의 40퍼센트의 고래가 꼬리 내려치기 사냥을 하고 있었다. 앨런은 이 방법이 고래들 사이에서 퍼지고 있는 문화라고 생각했다. 즉, 순진한 고래들이 수면에 꼬리를 내리쳐 사냥하는 고래와 함께 다니면서 이 새로운 전통을 배우는 것처럼 보였다. 그녀는 자신의 관찰을 좀 더 명확히 입증하고 싶었다.

앨런은 2010년에 스코틀랜드 세인트앤드루스대학교의 석사 과정에 입학하면서 동물의 사회적 네트워크가 어떻게 문화적으로 특별한 행동(꼬리 내려치기 사냥 같은)을 확산하는지 연구하고 싶어졌다. 그리고 마침 그곳에서 네트워크 모델링 전문가인 윌 호피트와 동물 문화 전문가인 루크 렌델(Luke Rendell)을 만나 함께 연구하게 되었다. "혹시 좋은 석사 논문이 될 만한 프로젝트가 있을까요? 만약 없다면, 제가 참고하는 데이터 세트를 바탕으로 하는 프로젝트는 어떨까요?" 앨런은 고래 센터와 좋은 관계를 유지해 왔고, 그녀가 말한 데이터 세트에는 1980년 이후 메인 만의 혹등고래 먹이 활동에 관한 풍부한 정보가 넘쳐 났다.

마침 호피트는 새로운 사회적 네트워크 모델을 개발 중이었는데, 아직 야생 개체군에 적용할 기회를 얻지 못한 상태였고, 그래서 앨런이 말한 방대한 데이터 세트에 강한 흥미를 느꼈다. 렌델 역시 동물의 문화 전파를 연구할 좋은 기회가 생겼다는 사실을 재빨리 알아챘고, 이 아이디어에 열광했다.

앨런의 논문은 거의 30년 동안 스텔웨건 뱅크에서 발견된 고래의 꼬리 내려치기 사냥에 대한 데이터를 사회적 네트워크 분석에 이용하기 위해 정리한 것이었다. 결코 쉽지 않은 작업이었다. 무려 30년에 걸쳐 여러 사람이 수집한 데이터인 데다가, 그들의 전문성이 각기 달랐기 때문이었다. 앨런은 말했다. "(관찰자가) 이 동물이 꼬리 내려치기 사냥을 하고 있다고 명확하게 말하지 않더라도, 데이터의 맥락과 행동 패턴을 이해하면 (……) '꼬리 내려치기 사냥이야'라고 추론할 수 있었죠."

앨런은 7만 3,790개의 시간 태그가 있는 고래 관찰 기록을 살펴보았고, 이 기록에는 최소 20번 이상 관찰된 653마리의 고래가 포함되어 있었다. 그녀는 특정 시점까지 꼬리 내려치기 사냥을 한 적이 없는 고래에게는 '0'을, 과거에 꼬리 내려치기 사냥을 한 적이 있는 고래에게는 '1'을 기록했다. 그리고 여러 고래가 함께 발견되면 어떤 고래들이 함께 있었는지도 기록했다.

그런데 모든 코딩이 끝난 후에도 여전히 기술적인 문제가 남았다.

데이터의 양이 너무 많아서 호피트가 만든 컴퓨터 모델이 이를 처리하지 못하고 멈춰 버린 것이다. 호피트는 이 문제를 해결하기 위해 조치했고, 곧 데이터와 모델이 서로 잘 맞춰져 동기화되기 시작했다.

앨런은 고래가 메인 만에서 발견되는 까나리(Ammodytes americanus)를 먹이로 삼을 때 가장 자주 꼬리 내려치기 사냥을 한다는 사실을 알고 있었다. 그래서 혹등고래들이 모여서 함께 꼬리 내려치기 사냥을 하는 이유는 그 행동이 문화적으로 퍼져서가 아니라, 까나리에 끌렸기 때문일 수 있다고 생각했다. 이 가능성을 확인하기 위해 앨런과 동료들은 고래가 처음으로 꼬리 내려치기 사냥을 하는 모습을 본 이후의 모든 데이터를 제외했다. 이는 연구의 정확성을 높이기 위한 방법으로, 특정 행동이 나타난 후의 상황을 고려하지 않고 이전의 상황만을 분석하겠다는 의미이다.

예를 들어 고래 1이 1999년 12월 31일에 처음으로 까나리를 잡아먹는 모습을 목격했다고 가정해 보자. 앨런과 동료들은 그 날짜 이전에 고래 1이 누구와 함께 있었는지 알았고, 그 시기에 집중하면 고래 1이 꼬리 내려치기 사냥을 하기 전에 이미 이런 방법으로 사냥할 줄 아는 다른 고래들과 상호작용했는지를 확인할 수 있었다. 즉, 2000년 1월 1일부터 혹등고래 1이 다른 혹등고래들과 어울려 다니는지에 대해서는 관심을 가질 필요가 없었다. 이런 식으로 데이터를 분석한 결과, 단순히 까나리가 있는 장소에 모인 것만으로는 꼬리 내려치기 사냥이 확산된 이유를 설명할 수 없다는 사실을 발견했다.

앨런은 오랫동안 꼬리 내려치기 사냥이 단순히 환경적 요인에 의해 결정되는 것이 아니라, 사회적 요인이나 문화적 전파에 의해 영향받은 것이라고 믿고 있었다. 하지만 사회적 네트워크를 고려하기 전까지는 확실하게 알 방법이 없었다. 그리고 마침내 고래들의 사회적 관계를 분석한 뒤에야 꼬리 내려치기 사냥은 본능적 행동이 아니라, 서로의 행동을 관찰하고 학습한 결과라는 것을 확신할 수 있었다. 즉, 꼬리 내려치기 사냥에 대한 정보는 문화적 전파를 통해 혹등고래 먹이 사냥 네트워크를 따라 퍼져 나가고 있었다.[6]

박새들의 문화 혁신: 사회적 네트워크에서 배우고 전파하기

야생에서 혹등고래를 실험 대상으로 삼는 것은 거의 불가능하고, 가능하다 해도 윤리적으로 문제가 될 가능성이 크다. 하지만 옥스퍼드 근처 위던 숲에서 박새를 대상으로 하는 것은 가능하다. 훗날 큰유황앵무의 사회적 네트워크 연구로 유명해진 루시 애플린(3장 참고)은 이곳에서 몇몇 새들에게 새로운 먹이 찾기 방법을 가르쳤고, 그 방법이 다른 새들에게 어떻게 퍼지는지를 연구했다. 애플린은 연구를 시작할 때부터 박새가 똑똑한 새이며, 이 새들 사이의 정보 전파에 문화적 요소가 중요하다는 것을 알고 있었다.

1949년, 애플린이 태어나기 훨씬 전, 그리고 일본원숭이 이모가 고시마 섬에 새로운 먹이 사냥 기술을 전파하기 몇 년 전의 이야기다. 당시 영국에서는 색깔 있는 밀랍 뚜껑으로 봉한 유리병에 우유를 담아 배달했다. 동물학자 제임스 피셔(James Fisher)와 로버트 힌데(Robert Hinde)는 다음과 같은 글을 썼다.

> 1921년, 사우샘프턴의 스톤햄 근처 스웨이슬링에서 박새로 보이

는 새 1마리가 문 앞에 놓인 우유병의 밀랍으로 된 윗부분을 뜯고 우유를 마시는 모습이 관찰되었다. 이는 현재 잉글랜드의 많은 지역과 웨일스의 일부 지역에서 널리 퍼진 박새의 먹이 행동에 대한 첫 번째 기록이다. 이 지역에서 우유병은 보통 문 앞에 놓인 지 몇 분 안에 공격받는다. 심지어 배달원이 집집마다 우유를 배달하는 동안, 박새들이 배달원의 수레를 따라가며 우유병의 뚜껑을 뜯는 경우도 여러 번 보고되었다.

우유병 뚜껑을 뜯은 뒤 안에 있는 우유를 먹는 행동은 주로 박새(Parus major)나 푸른박새(Parus caeruleus) 같은 새들에서 많이 관찰되었다. 피셔와 힌데는 영국 조류학회 회원 200명에게 새가 우유병을 여는 방법에 대해 설문했고, 조사 결과를 바탕으로 이 새로운 행동이 영국 전역에 어떻게 퍼지게 되었는지를 정리했다.

설문 결과에 따르면, 어떤 박새가 우연히 이웃의 우유병에서 뚜껑을 뜯고 우유를 마실 방법을 발견했고, 그것을 본 다른 몇몇 새들이 박새의 기술을 배웠다는 것을 알 수 있었다. 보통 우유의 품질에 따라 뚜껑의 색깔도 달랐는데, 예를 들어 고급 우유는 파란색 뚜껑이라면, 일반 우유는 흰색 뚜껑인 식이었다. 흥미롭게도 박새들은 같은 색깔의 뚜껑을 선호하는 경향이 있었는데, 이는 새들이 특정 색깔의 뚜껑을 뜯어내고 우유를 먹는 방법을 배운 뒤, 그 경험을 바탕으로 비슷한 색깔의 뚜껑을 가진 우유병을 더 자주 선택해 뚜껑을 뜯는다는 의미다. 즉, 새들의 이런 행동은 다른 새의 행동을 보고 배우는 문화적 전파를 나타낸다. 만약 위덤 숲의 박새도 스웨이슬링의 박새처럼 뚜껑을 뜯고 우유를 훔치는 방법을 배울 수 있다면, 문화적

전파와 사회적 네트워크를 연구하는 실험에 적합한 모델이 될 수 있을 것이다.[7]

애플린이 위덤 숲에서 연구한 박새 개체군은 세계에서 가장 잘 연구된 새들 중 하나이다. 옥스퍼드의 에드워드 그레이 연구소는 이 개체군을 수십 년 동안 관찰해 왔다. 위덤 박새 프로젝트는 1947년에 시작되었고, 생태학의 전설인 데이비드 랙(David Lack)이 위덤 숲에 둥지 상자 100개를 설치했다. 1960년까지 둥지 상자의 수는 1,000개로 늘어나 385헥타르에 달하는 숲 전체에 흩어졌고, '나뭇잎이 있는 실험실'로 불리게 되었다.

애플린이 도착하기 직전에 위덤의 벤 셸던이 이끄는 연구진은 대규모 지원금을 받았고, 지원금 중 일부로 박새들에게 마이크로칩이 내장된 태그를 부착했다. 보통 이런 PIT 태그는 새의 몸속에 이식하지만, 위덤 팀은 덜 침습적인 방법을 찾았다. 모든 박새에게 연구자들이 개체를 식별할 수 있도록 다리 밴드를 채워 주었고, 방수 케이스에 담긴 PIT 태그를 그 밴드에 붙였다.

이 PIT 태그들은 네트워크와 문화에 대한 애플린의 연구에 매우 중요한 역할을 했다. 그녀는 다미엔 파린(Damien Farine), 그리고 다른 연구자들과 함께 박새 개체군에 새로운 먹이 찾기 기술을 도입하고, 그것이 사회적 네트워크를 통해 문화적으로 퍼지는지를 실험했다. 이를 위해 가장 먼저 한 일은 박새들이 좋아하는 밀웜으로 가득 찬 '퍼즐 상자'를 만드는 것이었다. 박새는 이 상자의 파란색 문을 왼쪽에서 오른쪽으로 밀거나, 빨간색 문을 오른쪽에서 왼쪽으로 밀 때 밀웜에 다가갈 수 있었다.

애플린과 그녀의 팀은 퍼즐 상자를 준비한 뒤 위덤 숲에 서식하는 서로 다른 개체군 8개 중에서 각각 2마리의 수컷 박새를 잡아 실험실로 데려왔다. 이 중 2개의 개체군에 속한 새들은 퍼즐 상자로 들어가기 위해 파란색 문을 왼쪽에서 오른쪽으로 열도록 훈련되었고, 3개의 개체군에 속한 새들은 빨간색 문을 오른쪽에서 왼쪽으로 열도록 훈련됐다. 그리고 나머지 3개의 개체군에 속한 새들은 퍼즐 상자의 문 여는 방법을 훈련받지 않았고, 대조군으로 사용되었다.

훈련이 끝난 후 4일이 지나자 애플린은 16마리 수컷 박새를 다시 그들이 살던 곳에 풀어 주었다. 물론 방사하기 전에 각 개체군의 서식지에 이미 3개의 퍼즐 상자를 놓아두었다. 각 퍼즐 상자에는 새가 도착할 때마다 그 새의 ID가 기록되도록 무선 주파수 식별(RFID) 안테나가 장착되어 있었고, 새가 파란색 문을 왼쪽에서 오른쪽으로 열었는지, 빨간색 문을 오른쪽에서 왼쪽으로 열었는지, 아니면 문을 열지 못하고 날아갔는지에 대한 정보도 기록되었다.

이 모든 일이 진행되는 동안, 애플린의 팀과 다른 연구자들은 모든 새가 항상 이용할 수 있는, 해바라기 씨앗이 가득한 별도의 먹이통도 설치했다. 그리고 박새들이 이 먹이통에서 먹이를 먹는 동안 얻을 수 있는 데이터도 모았다. 이 먹이통의 해바라기 씨앗은 문을 열지 않고도 언제든 자유롭게 먹을 수 있어서 박새들이 상호작용을 통해 관계 네트워크를 만들기에 적절했다.

애플린과 동료들은 주로 자전거와 오토바이를 타고 이동하며 퍼즐 상자에서 데이터를 다운로드하고, 상자에 있는 밀웜을 보충하거나 썩은 것은 교체했다. 이외에도 RFID 안테나를 충전하는 배터리가 방전되면 교체해야 했고, 해바라기 씨앗 먹이통에는 씨앗을 계속 보충해야 했다. 애플린은 말했다. "무거운 짐을 나르고 어두운 숲속을 걸어야 하는 경우도 많았지만, 정말 재미있었어요. 많은 것을 배울 수 있었죠."

마침내 퍼즐 상자 속 먹이를 먹기 위한 해결책이 문화적 전파를 통해 소셜 네트워크를 따라 움직인다는 첫 번째 단서가 발견되었다. 앞에서 이야기한 것처럼, 문을 미는 훈련을 받지 않은 통제 집단 새들은 문제를 해결하는 빈도가 '튜터(앞에서 문제 해결 방법을 훈련받고 풀려난 새)'가 있는 집단의 새들보다 훨씬 낮았다. 하지만 그보다 더 흥미로운 사실이 있었다. 퍼즐 상자가 숲속에 남아 있는 20일 동안, 튜터가 있는 집단의 새 중 평균 75퍼센트가 튜터를 그대로 따라 함으로써 문제를 해결했다. 퍼즐 상자는 5만 7,000번 이상 열렸고, 10명의 튜터가 소속된 5개 집단에서 400마리가 넘는 박새들이 튜터처럼 상자를 열고 있었다.

애플린과 동료들은 씨앗 먹이통에서 새들이 어떻게 서로 연결되어 있는지를 조사했다. 그리고 이 정보를 퍼즐 상자에 대한 데이터와 연결해 보았다. 그 결과 해바라기 먹이통에서 튜터와 더 가까운 관계에 있는 새일수록, 튜터와 같은 방식으로 퍼즐 상자 여는 법을 학습했을 확률이 높다는 것을 발견했다. 실제로 새들이 서로 어떻게 연결되어 있는지를 나타내는 사회적 네트워크에서 튜터와 함께하는 시간이 늘어날수록 퍼즐 상자를 열 가능성이 12배나 높아졌다.

퍼즐 상자를 여는 방법에 대한 정보는 분명히 박새들의 사회적 네트워크를 통해 문화적으로 전달되고 있었지만, 애플린은 더 많은 것을 알고 싶었다. 새들의 네트워크화된 문화, 즉 서로 연결된 관계를 통해 지식이나 행동이 공유되는 방식은 새들에게 얼마나 중요한 것일까? 애플린은 그 해답이 매우 중요하다는 사실을 발견했다. 튜터에

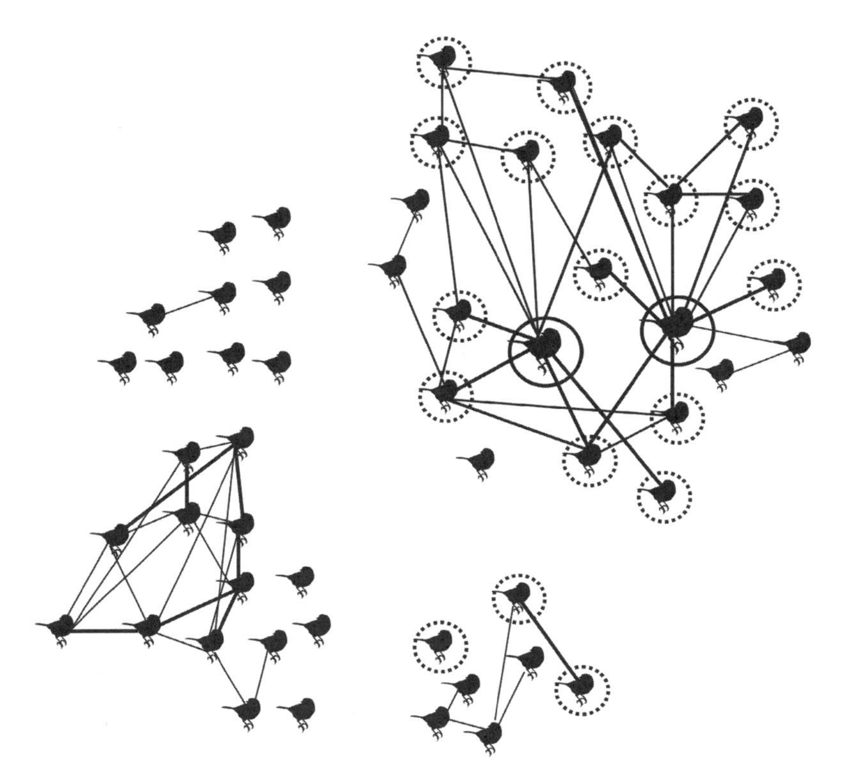

<그림 6> 옥스퍼드 근처 위덤 숲에 있는 박새들의 먹이 네트워크

실선 동그라미 안에 2마리 박새는 새로운 먹이 찾기 기술을 훈련받고 다시 무리로 돌아가 튜터가 되었다. 점선 동그라미 안에 박새들은 튜터로부터 새로운 채집 방법을 배운 개체들이다. 동그라미 안에 있지 않은 새들은 먹이 찾기 기술을 배우는 데 실패했다. 새로운 기술은 튜터와 가장 많이 상호작용하는 개체군의 하위 섹션을 통해 확산되었다. 루시 애플린, 다미엔 파린, 줄리 모랑-페론, A. 콕번(A. Cockburn), A. 손튼(A. Thornton), 벤 셸던, 「실험적으로 유도된 혁신이 야생 조류의 순응을 통해 지속적인 문화로 자리잡다(Experimentally Induced Innovations Lead to Persistent Culture via Conformity in Wild Birds)」, Nature 518 (2015): 538-541을 바탕으로 구성.

새 이미지 및 박새 이미지 출처: istock.com

게 퍼즐 상자 여는 법을 배운 새는 다른 방법으로 여는 법을 우연히 발견하더라도, 대부분 튜터로부터 배운 방법을 고수했다. 새들은 사회적 학습을 통해 형성된 지식을 우선시했고, 그만큼 사회적 네트워크를 통해 전파되는 문화가 끼치는 영향은 크고도 지속적이었다.

문화적으로 전파된 먹이 찾기 방법은 또 다른 지속력도 가지고 있었다. 퍼즐 상자가 사라진 지 거의 1년 후, 애플린은 파란색 문 여는 법을 아는 튜터의 서식 지역과 빨간색 문 여는 법을 아는 튜터의 서식 지역에 다시 퍼즐 상자를 5일간 놓아두었다. 그 시점에는 새로운 튜터가 들어오지 않았고, 개체군의 이동이 많았음에도 불구하고, 각 개체군의 새들은 1년 전에 튜터가 도입했던 기술을 사용해 퍼즐 상자를 열기 시작했다. 일부 새들이 이전 해에 튜터로부터 배운 방법을 다시 사용함으로써 이들의 사회적 학습이 지속적이고, 시간이 지나도 기억될 수 있음을 보여 주었다. 다른 새들은 여전히 존재하는 튜터에게서, 또는 이미 배운 내용을 다시 기억해 재활용하는 동료 새들로부터 이 기술을 처음으로 배우고 있었다.[8]

진화하는 네트워크: 침팬지의 도구 사용과 문화의 전파

동물의 도구 사용, 문화 전파, 그리고 사회적 네트워크에 대해 간단히 정리해 보자. 지난 장에서 언급한 우간다 부동고 숲의 손소 침팬지 공동체를 떠올려 보라. 2011년 11월 14일 오전 9시 5분, 이 공동체의 우세한 수컷 침팬지가 새로운 도구를 만들어 내면서 공동체에는 큰 변화가 일어났다. 영장류학자 캣 호바이터(Cat Hobaiter)는 이 특별한 순간을 지켜보았고, 그녀뿐만 아니라 손소 무리의 다른 침팬지들도 그 장면을 함께 보았다. 그 후 5일 동안 새로운 도구 만드는 방법은 손소 무리의 사회적 네트워크를 통해 퍼져 나갔다.

호바이터가 박사 과정 연구를 위해 부동고 숲에 온 이유는 원래 침팬지의 도구나 문화, 사회적 네트워크 때문이 아니었다. 사실 그녀는 샘 로버츠나 안나 로버츠와 같은 이유로 부동고를 찾았다. 바로 동물의 제스처와 의사소통, 그중에서도 침팬지의 제스처를 이해하고 싶었다. 어떤 상황에서 제스처가 사용되는지, 어떤 감정을 표현하는지, 그리고 그 제스처가 다른 침팬지들과의 관계에서 어떤 역할을 하는지를 종합적으로 알아보고 싶었다. "의사소통 체계를 이해하려면 침팬지의 세계를 모두 이해해야 한다고 생각해요. 침팬지가 어떤 방식으로 생각하고 느끼며, 그들의 사회적 관계가 어떻게 형성되는지를 이해하는 것이 중요하죠. 제스처는 침팬지라는 존재와 삶을 이해하는 데 필수적이에요. 그렇지 않으면, 침팬지의 몸짓이 무엇을 의미하는지 신경 쓸 이유가 없죠." 호바이터는 침팬지의 모든 것을 이해하기 위해 아침 일찍 일어나 비디오카메라를 챙기고, 가능한 한 많은 침팬지를 따라다녔다. 이것은 부동고에서 10개월을 지내는 동안 매일 반복된 그녀의 일상이었다.

다행히도 그녀가 살던 야외 캠프는 손소 침팬지의 서식지 한가운데에 있었기 때문에, 침대에서 일어나자마자 데이터를 수집할 수 있었다. 물론 수집할 데이터가 있었을 때 말이다. "제가 하는 일의 90퍼센트는 침팬지들이 뭔가를 할 때까지 기다리는 거예요. 침팬지들이 아름답고 따뜻한 햇살을 받으며 나무에서 내려올 때까지 기다리는데, 보통 저는 벌레에 뒤덮인 채 어둡고 축축한 진흙 바닥에 앉아 있죠.”

운명의 날인 11월 14일, 호바이터는 손소 침팬지 무리를 따라가고 있었고, 이들은 마침내 나무뿌리 근처에 있는 새로운 물웅덩이에 도착했다. 열대 우림에는 물웅덩이가 흔하지만, 특히 우기에는 더 많았다. 이상하게도 침팬지들은 이 물웅덩이를 정말 좋아했다. “침팬지들이 정말 좋아했어요. 그곳은 제스처의 천국이었죠. 서로에게 ‘꺼져라’, ‘여기서 나가라’, ‘나와 함께 하자’, ‘내가 너에게 다가가도 될까’라고 몸짓으로 말하고 있었어요.” 그녀는 이 무리를 6일 동안이나 계속 따라다니며 그들이 하는 모든 행동을 촬영했다.

호바이터는 무리의 지배적인 수컷 중 하나인 ‘닉’이 이끼 덩어리를 모아 스펀지처럼 만들어 물을 빨아들인 뒤 짜내서 먹는 모습을 발견했다. 이전에 침팬지들이 잎사귀를 씹어서 스펀지처럼 만드는 모습을 본 적은 있지만, 이끼로 스펀지를 만드는 침팬지를 본 건 처음이었다. 하지만 당시에는 온통 제스처 의사소통에 집중하고 있었기 때문에 그런 행동이나 다른 침팬지들이 그 행동을 따라 하기 시작한 것에 큰 의미를 두지 않았다. 6일 후, 호바이터는 캠프에서 비디오테이프를 다시 돌려 보며 침팬지의 제스처를 정리했다. 그게 전부였다.

몇 달 후, 호바이터는 스위스 동물 행동학자이자 연구 동료인 티보 그루버(Thibaud Gruber)와 함께 숲에 있었다. 둘은 이러저런 이야기를 나누었는데, 그루버가 동물의 의사소통을 연구할 뿐만 아니라 도구 사용과 문화적 진화에도 관심이 있다는 사실이 호바이터를 자극했다. 그녀는 “침팬지들이 이끼를 사용해 스펀지를 만드는 행동을 하고 있었어요”라고 그루버에게 말하며, 이를 증명할 6일분의 비디오테이프가 있다고 덧붙였다. “우리는 당시 늪지대에 내려가 있었는데, 티보가 당장 비디오테이프를 봐야겠다며 나를 앞장세워 캠프로 돌아왔어요." 호바이터가 당시를 회상하며 말했다.

캠프로 돌아온 두 사람은 비디오테이프를 돌려본 후 뭔가 중요한 사실을 발견했다는 것을 깨달았다. 제스처 커뮤니케이션 대신 이끼 스펀지에 집중하면서 영상을 다시 보자, 이끼 스펀지 사용이 문화적 전파를 통해 손소 개체군 일부로 확산되고 있는 것이 보였다. 앞에서 살펴본 박새, 혹등고래, 병코돌고래의 경우에는 동물들이 서로의 행동을 모방하거나 영향받는 과정을 관찰하고, 정보를 어떻게 공유하고 학습하는지를 추론했었다. 하지만 호바이터가 가지고 있던 비디오테이프에는 닉이라는 침팬지가 처음으로 이끼 스펀지를 만들었던 순간부터 이 새로운 도구가 어떻게 퍼져 나가는지를 정확하게 추적할 수 있는 장면들이 고스란히 담겨 있었다.

스코틀랜드의 세인트앤드루스대학교로 돌아온 호바이터는 당시 이 학교에 재직 중이던 윌 호피트를 영입해 부동고 침팬지들의 이끼 스펀지 사용 현황을 파악할 수 있는 새로운 네트워크 모델을 구축했다. "이 데이터는 전적으로 우연히 얻게 된 거예요. 티보는 오랫동안 연구 주제로 삼을 질문을 품고 있었고, 윌은 이런 것을 모델링하고 싶어 했어요. (……) 우리 모두의 관심사가 멋지게 결합한 연구가 시작된 거죠."

호바이터와 동료들은 비디오테이프를 살펴보면서 그 특별한 물웅덩이에 있는 모든 침팬지를 식별하는 작업부터 시작했다. 그리고 이들이 무엇을 하고 있는지, 무엇을 하지 않는지를 모두 기록했다. 닉이 처음으로 이끼 스펀지를 만들었을 때, 그리고 다른 침팬지들이 이끼 스펀지를 따라 만들 때 그 자리에 있던 관중 침팬지의 구성원도 기록했다. 관중의 기준은 높게 설정되었다. 일단 이끼 스펀지를 적극적으로 만들고 있는 개체로부터 1미터 이내에 있어야 했다. 그리고 도구 제작자를 똑바로 바라보거나, 그쪽으로 시선을 돌리거나, 도구 제작자의 움직임을 따라 고개를 돌릴 때만 관중의 일원으로 간주했다.

물웅덩이 네트워크의 지배적인 암컷인 '남비'는 닉을 지켜보며 이끼 스펀지 만드는 법을 처음으로 배웠다. 이후 물웅덩이 네트워크에 있는 30마리의 침팬지 중 7마리가 이끼 스펀지를 만들기 시작했다. 그리고 이들 중 6마리 침팬지는 스펀지를 만드는 동료를 지켜본 후에야 그 기술을 습득했다. 관중 효과는 극적이었다. 스펀지를 만들 줄 모르는 침팬지가 관중이 될 때마다 이끼 스펀지 제작법을 배울 확률이 15배나 증가했다. 즉, 두 번째 관찰을 하고 나면 이끼 스펀지 제작 기술을 배울 확률이 30배로 늘어났다. 관중으로서의 경험은 침팬지의 학습에 큰 영향을 끼쳤고, 특히 반복적으로 관찰할수록 그 효과는 더욱 커졌다.

그런데 이해되지 않는 게 하나 있었다. 네트워크의 또 다른 지배적인 암컷인 '쿠와라'는 스펀지를 만드는 침팬지를 지켜본 적이 없었는데도 이끼 스펀지를 만들었다. 침팬지 사회의 네트워크를 통해 전파된 문화로 이끼 스펀지 사용을 설명할 수 있었지만, 쿠와라만은 예외였다. 호바이터는 쿠와라가 관중이었던 적이 있었는지 확인하기 위해 녹화된 영상을 샅샅이 살펴보았지만, 그런 흔적은 찾지 못했다. 다만 영상을 두 번째로 검토하면서 사회적 네트워크를 통해 새로운 행동을 전파하는 방식이 생각보다 훨씬 더 복잡하다는 사실을 깨달았다.

결국 쿠와라가 새로운 도구를 만들기 몇 분 전에 숲 바닥에서 오래된 이끼 스펀지를 주워 사용해 본 경험이 있는 것으로 드러났다. 이 암컷 침팬지는 도구를 만드는 것을 본 적은 없었지만, 우연히 도구를 발견한 뒤 시도해 본 것이다. 호바이터는 (침팬지의) 문화 전승은 단순히 관찰하는 것뿐만 아니라 다른 개체의 행동이나 생산물과 상호작용하며 이루어진다는 것을 깨달았다. 특정 도구나 물건, 즉 버려진 이끼 스펀지는 사회적 네트워크 내에서 행동이 전파되는 데 간접적인 역할을 했다. 쿠와라는 이끼 스펀지를 만드는 네 번째 침팬지가 되었고, 쿠와라가 새로운 도구를 제작하는 재능을 보여 줄 때 관중으로 앉아 있던 '제니'는 이끼 스펀지를 만드는 다섯 번째 침팬지가 되었다.[9]

돌고래와 침팬지를 비교해 보면, 도구 사용, 문화 전파, 그리고 사회적 네트워크 간의 관계가 얼마나 복잡하고 흥미로운지를 알 수 있다. 침팬지들은 물웅덩이에서 서로 연결된 네트워크를 통해 도구 사용에 대한 정보를 공유했다. 반면 돌고래는 도구 사용에 대한 문화 전파가 훨씬 더 제한적이었다. 주로 어미와 그 자식들만 관련되어 있었고, 도구 사용은 혼자 하는 경우가 많았다. 도구 사용이 네트워크 자체를 통해 퍼지지 않고, 도구를 사용하는 개체들끼리만 연결되는 방식이다.

지금까지 살펴본 다양한 동물들, 예를 들어 위덤 숲의 박새, 메인 주의 혹등고래, 샤크 베이의 병코돌고래, 우간다 부동고 숲의 침팬지들은 어디에 살든 문화적 전파가 사회적 네트워크에서 중요한 역할을 했다. 그런데 몇몇 동물 행동학자와 질병 생태학자들이 발견한 바에 따르면, 동물의 사회적 네트워크를 통해서는 문화적으로 전파된 것을 포함한 다양한 정보들은 물론이고, 다른 생물에 기생하는 미생물들도 이동할 수 있다고 한다. 다음 장에서는 이런 과정이 어떻게 이루어지는지, 그리고 환영받는 손님과 환영받지 못하는 손님이 동물 네트워크에 끼치는 영향은 무엇인지에 대해 알아보자.

제10장

건강 네트워크

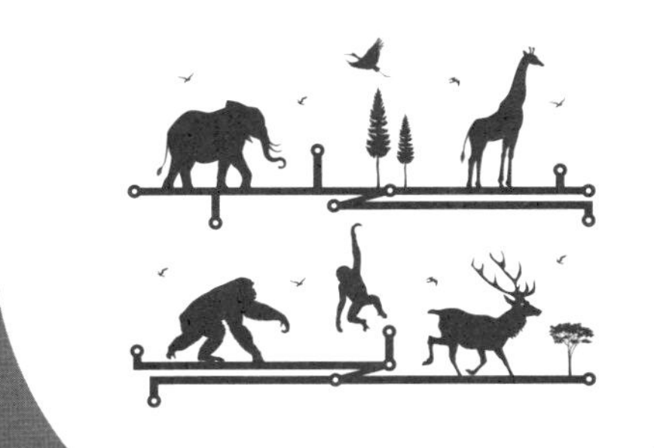

우리는 그 자체로 하나의 동물원과 같다.
즉, 하나의 몸 안에 여러 집단이 모인 존재이며,
다종 집합체이자 하나의 세계이다.
-에드 용(Ed Yong), 『내 속엔 미생물이 너무도 많아』(2016)

동물 행동학자들이 유전학자 및 전염병학자와 함께 연구하는 주제가 있다. 동물의 사회적 네트워크가 숙주에서 숙주로 이동하는 '미생물의 고속도로'로 이용되는 방식이다. 이들은 이 주제를 연구하기 위해 2가지 방법을 사용한다. 첫 번째 방법은 특정 미생물에 집중해 그 미생물이 네트워크를 어떻게 탐색하며, 그 과정이 동물의 사회적 네트워크에 어떤 영향을 끼치는지를 살펴보는 것이다. 두 번째 방법은 고급 분자 유전학 기술을 사용하는 것이다. 우선 숙주의 미생물군에서 가능한 한 많은 유전 정보를 수집해 분석하고, 그 숙주를 집으로 삼는 모든 미생물을 조사한다. 그리고 이 데이터를 바탕으로 동물의 사회적 네트워크와 그 네트워크를 통해 이동하는 미생물 간의 관계를 연구한다. 엘리자베스 아치(Elizabeth Archie)와 동료들은 암보셀리 개코원숭이 연구 프로젝트(ABRP)의 일부인 사바나 개코원숭이(Papio cynocephalus)의 사회적 네트워크를 연구하면서 두 번째 접근 방식을 택했다.

미생물의 여행: 개코원숭이의 마이크로바이옴

ABRP 연구 현장은 암보셀리 국립공원의 남서쪽 모퉁이에 있었다. 아치가 "거대한 하늘 아래"라고 표현한 그곳에서, 개코원숭이들은 대부분 먼지가 많고, 키 작은 풀이 무성한 들판을 돌아다녔다. 여기저기 아카시아 나무와 열대 나무들이 가끔 보이고, 남쪽으로 약 50킬로미터 떨어져 우뚝 솟은 탄자니아의 킬리만자로산이 멀리 지평선을 지배하고 있다. ABRP 연구 현장을 지나다니는 개코원숭이들이나 사람들은 무리 지어 다니는 코끼리, 사자, 하이에나를 볼 수 있고, 다양한 종류의 가젤이나 얼룩말도 가끔 마주친다. 그리고 하늘에는 아프리카 찌르레기(superb starling), 고리무늬목비둘기(ring-necked dove), 대장장이 물떼새(blacksmith plover)가 날아가는 모습도 보인다.

ABRP는 1963년에 시작되었다. 당시 행동 생물학자 잔느 알트만(Jeanne Altmann)과 스튜어트 알트만(Stuart Altmann)은 개코원숭이를 연구할 완벽한 장소를 찾기 위해 동아프리카를 탐험하고 있었다. 그들이 마사이 암보셀리 자연보호구역(현재의 암보셀리 국립공원)을 방문했을 때, 그곳이야말로 바로 자신들이 찾던 곳이라는 사실을 알게 되었다. 그리고 그곳에서 개코원숭이를 13개월 동안 연구한 후, 훨씬 더 장기적인 연구 계획을 세우기 시작했다.

그들은 1960년대 후반에 다시 돌아와 현재 영장류학계에서 고전으로 여겨지는 『개코원숭이 생태학: 아프리카 현장 연구(Baboon Ecology: African Field Research)』라는 책을 발표했다. 그리고 1971년에는 시카고대학교 연구팀과 함께 암보셀리 개코원숭이 연구 프로젝트를 시작했다. 50년이 넘게 이 프로젝트가 계속되는 동안, 개코원숭이 약 1,300마리

에 대한 엄청난 양의 데이터가 수집되었다.[1]

엘리자베스 아치는 암보셀리 국립공원에서 수행한 코끼리 연구로 박사 학위를 받은 후, 수전 앨버츠로부터 ABRP에서 연구할 박사 후 연구원 자리를 제안받았고, 기회를 놓칠세라 흔쾌히 수락했다. 아치는 ABRP에서 사회적 네트워크라는 도구로 암보셀리 개코원숭이의 마이크로바이옴(장내에 서식하는 미생물 군집.-역주)을 연구하게 되었는데, 그 과정은 그녀가 개코원숭이 연구를 시작하게 된 경로만큼이나 복잡했다. 교수가 되기 전에 아치는 스미소니언 국립 동물원에서 또 다른 박사 후 연구원으로 일했던 적이 있었고, 그곳에서 질병 생태학을 연구하는 많은 사람과 만났다. 그전에는 감염병과 사회적 행동에 대해 깊이 생각해 본 적이 없었지만, 그들과 교류하면서 동물의 사회적 네트워크가 미생물의 확산을 추적하는 지도와 비슷하다는 생각을 가지게 되었다.

당시 아치는 주로 병원균에 몰두했고, 숙주 사이에서 이동하는 기생충을 연구하기 위해 몬태나주 국립 들소 보호구역에서 엘크, 들소, 큰뿔야생양의 똥을 주워 기생충을 추출하는 작업을 하고 있었다. 일종의 질병 생태학 연구였다. 이 과정에서 문득 그녀는 자신이 미생물이라는 동전의 한쪽 면만 보고 있다는 사실을 깨달았다. 즉, 질병을 일으키는 미생물만 보고 있었던 것이다. 그녀는 미생물 군집에는 숙주에게 유익한 미생물도 포함되어 있다는 사실을 알고 있었다. 아치는 동물의 사회적 행동과 사회적 네트워크에 대한 자신의 관심을 유전학적 기법과 결합하여 유익한 미생물과 해로운 미생물이 섞인 전체 커뮤니티를 살펴보기로 했다. 그리고 그루밍 네트워크가 일상생활을 지배하는 암보셀리의 개코원숭이들이야말로 아주 적합한 연구 대상이라는 생각이 들었다. 이 동물은 사회적 네트워크를 분석하기에도 유리했고, 마이크로바이옴 분석을 위해 필요한 배설물도 많이 제공할 것이었다.[2]

아치는 보통 해마다 3번씩 ABRP 연구 기지를 찾아가 몇 주 동안 머물며 대부분 케냐 사람인 동료들과 함께 연구했다. 아치는 미소를 지으며 말했다. "(케냐) 데이터 수집자들은 수십 년 동안 우리와 함께 해 왔어요." 그들은 아치와 그녀의 팀이 캠프에 있을 때나 없을 때나, 짝을 이루어 함께 현장으로 나가 차를 타고 돌아다니며 개코원숭이 무리를 조사하고 정보를 수집했다.

연구 기지의 면적은 약 1헥타르에 이르고, 태양광으로 작동되는 전기 울타리로 둘러싸여 있었다. 아치는 이렇게 말했다. "연구 기지를 나가면 사자, 코끼리, 물소 같은 위험한 동물들이 돌아다니죠. 아주 위험한 곳이에요." 이 지역에는 여러 개의 연구 기지가 있고, 각 기지는 태양광 전원 울타리로 보호받고 있지만, 종종 고장 나기도 했다. 동물들, 특히 코끼리들은 계속해서 먹이를 찾느라 수시로 이 울타리를 시험해 보며 침입이 가능한지 확인했다.

아치는 오전 5시쯤 일어나 커피를 마시고 간단한 아침을 먹은 후, 사람들의 도움을 받아 데이터 수집에 쓰는 무전기 안테나와 노트북(최근에는 태블릿)을 차에 싣고 출발했다. 아치가 '개코원숭이의 땅'이라 부르는 곳까지는 차로 45분 정도 거리였다. 개코원숭이의 땅에 사는 모든 개코원숭이는 자신만의 이야기를 가지고 있었다. 그중에서도 '플랭크'는 아치가 가장 좋아하는 개코원숭이 중 하나였다. "이 암컷 개코원숭이는 토끼 인형 같았어요. 얼룩덜룩한 털이 사방으로 삐죽삐죽 튀어나와 있고, 중간중간 빠진 데도 있었죠."

각 개코원숭이 무리는 좋아하는 잠자리가 따로 있어서, 아치와 동료들은 보통 이들이 어디에 있을지 쉽게 짐작했다. 가끔은 예상치 못한 곳에서 잠을 자기도 해 놀랄 때도 있었지만, 걱정할 필요는 없었다. ABRP에서 추적하는 개코원숭이 무리 5개에 속한 몇몇 원숭이들에게는 무선 송신기가 달려 있었다. 아치와 동료들은 개코원숭이의 땅에 도착하면 안테나를 꺼내 그날 아침에 개코원숭이 무리가 정확히 어디에 있는지부터 알아냈다.

무리를 찾으면, 아치의 두 보조 연구원 중 하나가 차에서 내려 이들에게 다가갔다. 날씨가 좋은 날에는 약 5미터 거리에서 개코원숭이들을 관찰했는데, 보통은 쌍안경과 노트북 또는 태블릿을 가지고 자리를 잡은 뒤 데이터를 수집했다. 처음 1시간 정도는 무리의 개체 수를 조사했는데, 모든 개코원숭이를 식별할 수 있기에 가능한 일이었다. 개체 수 조사가 끝나면, 무리에 속한 한 개코원숭이를 10분 동안 관찰하고, 또 다른 개코원숭이를 10분 동안 관찰하는 식으로 데이터 수집이 진행되었다. 이 과정에서 항상 주의를 기울이는 것은 어떤 개코원숭이가 미생물 분석을 위한 대변 샘플을 기꺼이 제공해 줄 것인가였다. 대변 샘플은 일단 잘 보관했다가, 미국으로 돌아가면 각 샘플에서 DNA를 추출하는 데 쓰일 예정이었다. 샷 건 분석법(샘플에서 DNA를 무작위로 추출해 다양한 미생물종을 식별하는 방법.-역주)을 사용하면 샘플에서 가능한 한 많은 미생물종을 찾아낼 수 있다.

아치는 마이크로바이옴과 사회적 네트워크 연구를 위해 미카 무리와 비올라 무리에 속한 개코원숭이들로부터 데이터를 수집했다. 이 두 무리의 개코원숭이 대변에서 925종의 미생물(세균과 고세균)이 발견되었다. 개코원숭이의 마이크로바이옴에 포함된 미생물을 예측하는 가장 강력한 단일 변수는 개코원숭이가 미카 무리에 속하는지, 아니면 비올라 무리에 속하는지였다.

이는 미카 무리와 비올라 무리에서 일종의 사회적 네트워크를 통해 미생물이 이동하고 있다는 뜻이지만, 무리 구성원들은 네트워크와 관련이 없는 여러 가지 다른 이유로도 마이크로바이옴이 비슷해질 수 있었다. 같은 무리의 개코원숭이들은 같은 물웅덩이와 먹이를 공유하므로, 식단 차이가 무리에 따라 마이크로바이옴이 달라지는 이유일 것도 같았다. 하지만 두 그룹이 인접한 서식지에서 살고 있었기 때문에 그럴 확률은 낮았다. 아치와 동료들이 조사한 결과에서도 두 그룹의 식단은 매우 비슷한 것으로 나타났다. 결국 식단 차이는 원인이 아니었다. 또 다른 가능성은 친척끼리 모여 사는 개코원숭이들이 유전적으로 비슷한 마이크로바이옴을 가지게 되었다는 것이다. 하지만 친족 관계만으로 마이크로바이옴의 유사성을 설명하지는 못했다 또, 무리 간에 특기할 만한 성비나 연령 구성비의 불균형도 없었다. 즉, 친족 관계, 성비, 연령 구성비로는 무리마다 마이크로바이옴이 달라지는 이유를 설명할 수 없었다.

이 모든 것은 개코원숭이 무리 간에 마이크로바이옴이 차이를 보이는 이유와 무리 내 마이크로바이옴이 동질성을 띠는 이유를 사회적 네트워크로 설명할 수 있음을 강력하게 시사했다. 아치와 ABRP의 다른 연구자들이 수집한 그루밍 네트워크에 대한 데이터는 이 질문을 해결하는 데 아주 유용했다. 아치와 동료들은 미카 무리와 비올라 무리의 그루밍 네트워크를 관찰한 뒤, 서로 더 가까운 관계에 있는 그루밍 파트너들이 더 비슷한 마이크로바이옴을 가지고 있다는 사실을 발견했다.

이 모든 것은 어떤 과정을 통해 작동하는 것일까? 개코원숭이의 그루밍 네트워크는 미생물이 새로운 숙주로 이동하는 데 어떤 역할을 하는 것일까? 아치는 동성 간 그루밍에서는 손과 입의 접촉이 많고, 성적으로 우호적인 암수 간 그루밍에서는 항문이나 생식기 부위의 접촉이 많아서 대변-구강 간 미생물 전파가 가능할 것으로 보았다. 그리고 이런 친밀한 접촉은 산소가 많은 환경에서 오래 살 수 없는 혐기성 미생물에게 특히 중요할 수 있다. 실제로 아치가 그루밍 네트워크에 가장 밀접하게 연결된 개코원숭이들의 장을 살펴보았더니, 산소에서 오래 생존할 수 없는 미생물들이 예상보다 훨씬 더 많이 발견되었다.[3]

미생물, 특히 개코원숭이의 장 밖에서 잘 살아남지 못하는 미생물들은 원숭이들이 서로 그루밍하는 네트워크를 이용해 다른 숙주로 이동하고 있었다. 아치와 그녀의 팀은 이 925종의 미생물 중에서 개코원숭이에게 해로운 것과 유익한 것의 비율이 어떻게 되는지 알고 싶었다. 하지만 그들이 사용하는 유전학적 샷 건 방법으로는 어떤 미생물이 있는지는 찾아낼 수 있어도, 그 미생물이 숙주에게 어떤 영향을 끼치는지는 알 수 없었다. 그래서 미생물의 유전체를 분석한 뒤 유전자들의 기능이 이미 밝혀진 다른 미생물의 유전체와 비교하는 작업을 해야 했다. 그리고 그 결과에 따라 개코원숭이에게 유익한지 해로운지를 추론할 수 있었다.

그런데 이는 미생물학자와 진화 생물학자들이 미생물 유전자의 기능에 대해 더 많은 연구를 해야만 완전한 그림이 나올 수 있는 작업이었다. 그러나 아치와 동료들은 이미 기능이 밝혀진 유전자들을 바탕으로 개코원숭이의 그루밍 네트워크를 따라 이동하는 미생물들의 유익함, 해로움 여부를 어느 정도는 판별할 수 있었다. 예를 들어, 개코원숭이 마이크로바이옴에서는 위장 문제를 일으키는 미생물인 캄필로박터 우레올리티쿠스(Campylobacter ureolyticus)가 개코원숭이의 그루밍 네트워크를 통해 이동한다는 사실을 알아냈다. 한편, 개코원숭이의 마이크로바이옴 중 일부는 인간의 몸에서 프로바이오틱 효과(장내 미생물 환경을 유익하게 만드는 효과.-역주)를 내는 유익한 것이었다. 이 미생물들은 병원균을 억제하고 비타민 생산을 도와 개코원숭이에게도 유익하다. 이처럼 유익한 미생물과 해로운 미생물은 모두 개코원숭이의 그루밍 네트워크를 통해 이동하고 있었다.

여우원숭이의 그루밍 네트워크와 마이크로바이옴의 끈끈한 관계

이제 암보셀리에서 남동쪽으로 약 1,600킬로미터 떨어진 마다가스카르의 키린디 미테아(Kirindy Mitea) 국립공원으로 이동해 보자. 이곳에선 행동 생태학자인 아만다 페로프스키(Amanda Perofsky)가 베록스 시파카(Propithecus verreauxi)라는 여우원숭이의 사회적 네트워크와 마이크로바이옴을 연구하고 있다.

키린디 미테아 국립공원은 마다가스카르 남서부에 위치하며, 사칼라바 왕국에 속해 있다. 모잠비크 해협 근처에 있는 이 공원은 면적이 60만 헥타르에 이르며, 유네스코 생물권 보전 지역으로 지정된 곳으로, 사막, 마른 가시나무 숲, 해안 맹그로브 생태계가 독특하게 어우러져 있고, 페로프스키가 연구하는 베록스 시파카(멸종 위기 종)를 포함해 8~10종(분류학자에 따라 다름)의 시파카가 서식하고 있다. 2006년, 생물 인류학자 레베카 루이스(Rebecca Lewis)는 키린디에서 베록스 시파카의 생태, 행동, 유전학, 건강에 대한 연구를 시작했고, 같은 해에 이 공원의 건조한 숲 지역에 앙코아시파카 연구소를 설립했다. 이 연구소는 태양열을 이용하는 간이 주방, 페로프스키 같은 방문 연구자들을 위한 텐트, 연구소 관리 직원들을 위한 방갈로 몇 개를 갖추고 있다. 안드리아맘피안드리소아 막시메인(Andriamampiandrisoa Maximain)과 니하그난드레니 프란시스코(Nihagnandrainy Francisco)를 포함한 직원들은 연구소 관리뿐 아니라 시파카의 먹이 채집과 사회적 상호작용에 대한 데이터를 수집하는 데 중요한 역할을 맡고 있었다.

페로프스키는 조지아대학교 학부 시절 질병 생태학에 관한 강의를 들을 때부터 이 분야에 뜨거운 관심을 가지고 있었고, 이후 텍사스대학교 오스틴 캠퍼스의 시파카 연구팀과 연락을 하게 되었다. 이 팀은 루이스라는 교수와 컴퓨터 생물학자인 로렌 마이어스(Lauren Meyers)가 함께 이끌고 있었고, 이후 그들은 페로프스키의 박사 과정 지도교수가 되었다. 처음에 페로프스키는 시파카의 질병 생태학을 연구할 계획이었지만 연구 현장이 외진 곳에 있어 발생하는 여러 가지 문제들, 즉 이동의 어려움, 자원 부족, 지원 인력 부족 등의 문제가 부각되어 결국 연구의 초점을 바꾸게 되었다. 페로프스키는 시파카의 마이크로바이옴이 사회적 네트워크와 어떻게 연결되는지를 연구하기로 했다.

페로프스키가 키린디에 도착했을 때, 하얀 털로 덮인 몸과 흰색과 검은색 털이 뒤섞인 얼굴을 가진 베록스 시파카들이 나무와 나무 사이를 건너다니고 있었다. 그들은 땅에서는 양팔로 균형을 잡고 깡

충깡충 뛰어다니는 독특한 방식으로 이동했다. 페로프스키는 이 멋진 동물들의 마이크로바이옴을 연구하고, 시파카 팀의 다른 사람들이 수집한 행동 연구와 연결 짓기 위해 그곳에 머물렀다.

몸무게가 3~4킬로그램에 불과한 시파카는 개코원숭이처럼 서로를 그루밍하는데, 이때 종종 항문이나 생식기 부위에서 접촉이 이루어진다. 수컷과 암컷 모두 자신의 영역에 냄새를 남기며, 주로 항문이나 생식기 부위를 나무에 문지르는 방식을 사용한다. 또 종종 그룹 내 다른 개체의 흔적 위에 냄새를 표시하기도 하는데, 이는 항문이나 생식기 부위를 서로 그루밍하는 행동과 함께 무리 내 미생물 전파를 촉진한다. 잠시 시파카의 먹이 활동에 대해 이야기해 보자면, 시파카는 주로 잎을 먹고 사는 초식동물로, 그들의 장은 잎을 잘 분해할 수 있도록 특별하게 만들어졌고, 미생물들이 발효를 도와준다.

페로프스키와 동료들은 7개 무리에 속한 시파카 47마리에 대한 데이터를 수집했다. 각각의 무리는 4~9마리 시파카들로 이루어져 있었다. 마다가스카르 사람들로 이루어진 연구팀과 루이스 등 다른 연구진은 몸단장, 냄새 표시, 먹이 섭취, 지배력에 관한 행동 데이터를 수집했다. 시파카의 마이크로바이옴에 속한 미생물군이 어떤 것인지 알아내기 위해 페로프스키와 마다가스카르 출신 조수인 엘비스 라카토말랄라(Elvis Rakatomalala)는 시파카가 배설한 대변 샘플을 즉시 수집하는 일을 맡았다. 이 작업은 쉽지 않았고, 만약 루이스와 시파카 연구진이 몇 년 전 연구소 근처의 울창한 숲을 통과하는 길을 만들지 않았다면 거의 불가능했을 것이다.

페로프스키는 매일 아침 일찍 일어나서 그날 연구할 시파카 무리가 있는 곳에 도착했다. 모든 시파카는 개체 식별을 위한 목걸이를 착용했고, 그중 암컷 1마리는 특별히 목걸이에 무선 송신기를 달고 있었기 때문에 무리가 어떤 나무에서 잠자는지 알 수 있었다. 페로프스키는 시파카가 깨기 전에 그곳에 도착해야만 그날의 첫 번째 시파카 대변을 수집할 수 있었다. 시파카들이 사방으로 움직이기 시작하면 무리의 구성원 모두를 동시에 추적하기 어려워 대변 수집 작업이 꼬여 버렸다.

페로프스키와 라카토말랄라가 채취한 샘플은 오스틴에 있는 텍사스대학교로 옮겨져 모든 유전 물질의 염기서열을 확인할 때까지 냉동 보관되었다. 페로프스키는 앙코아시파카 연구소에서 두 번에 걸쳐 여러 달 동안 머물렀는데, 돌아올 때마다 중요한 분변 샘플을 나라 밖으로 가지고 나오기가 어려웠다. 우선 그녀는 수출 허가를 받아야 했고, 이를 위해서는 휴대전화 수신이 필요했지만 신호는 늘 불안정했다. 페로프스키는 당시 상황을 이렇게 설명했다. "누군가 매우 높은 나뭇가지에 밧줄을 던져서 작은 주머니를 매달아 놓았어요. 그 주머니에 휴대전화를 넣고 밧줄을 당기면 전화기를 공중으로 올려 메시지를 받을 수 있었고, 그것을 다시 내려서 메시지를 읽었죠."

하지만 메시지를 보내야 할 때는 이런 방법도 통하지 않았다. 그러면 연구소에서 약 1.5킬로미터 떨어진 곳까지 걸어가서, 그곳에서 한 사람이 나무에 사다리를 붙여 고정하면 페로프스키가 사다리를 타고 올라가 휴대전화를 흔들며 신호를 받았다. 이렇게 해서 가까스로 수출 허가를 받기는 했지만, 이번엔 공항의 세관 직원들이 문제였다. 그들은 왜 큰 대변 통 2개를 국외로 반출하는지 이해할 수 없어 까다롭게 굴었고, 이는 집으로 돌아가는 여정에 또 다른 스트레스였다.

페로프스키는 시파카의 마이크로바이옴이 주로 '문서화' 되지 않은 미생물들로 이루어져 있다는 것을 발견했다. 그 이유는 여우원숭이(시파카)에 대한 정보가 너무 적었기 때문이었다. 그동안 대부분의 마이크로바이옴 데이터는 인간, 침팬지, 또는 이 동물과 먼 친척 관계에 있는 개코원숭이로부터 수집되었다.

그런데 시파카의 마이크로바이옴에서 가장 자주 발견되는 미생물 그룹 2가지에 대해 주목할 만한 사실이 밝혀졌다. 이 미생물들은 이미 다른 영장류에서 연구된 적이 있으며, 위장 건강을 유지하고 면역 체계를 강화해 감염을 막는 역할을 하는 것으로 밝혀졌다.

암보셀리의 개코원숭이들과 마찬가지로, 페로프스키와 동료들은 시파카 역시 어떤 무리에 소속되는지가 마이크로바이옴의 유사성에 강력한 영향을 끼친다는 것을 발견했다. 같은 무리에 속한 구성원들은 서로 다른 무리의 구성원들보다 훨씬 더 유사한 미생물 군집을 가질 확률이 높았다. 페로프스키와 동료들이 시파카 무리 내에서 어떤 일이 일어나고 있는지 살펴본 결과, 무리의 그루밍 네트워크와 네트워크 구성원 간 마이크로바이옴의 유사성 사이에는 깔끔하고 확실한 관계가 있었다.

무리의 모든 시파카가 서로를 그루밍하는 것은 아니지만, 무리 내 2마리의 시파카를 선택해 그루밍 네트워크를 살펴보면, 한 개체에서 다른 개체로 가는 연결 수가 적을수록 미생물 군집은 더 유사했다. 이는 그루밍 네트워크 내에서 '연결 수'보다는 '연결 정도'가 미생물군 유사성에 중요한 역할을 한다는 뜻이다. 예를 들어 시파카 1이 시파카 2를 그루밍했다면, 그들의 미생물군은 상대적으로 유사했다. 그리고 여기에는 친구의 친구도 중요하게 작용했다. 만약 시파카 1이 시파카 2가 아닌 시파카 3을 그루밍했는데, 시파카 3이 시파카 2를 그루밍했다면, 시파카 1과 2는 서로를 그루밍한 사이가 아니라 해도 여전히 유사한 마이크로바이옴을 가지게 되었다. 이는 직접적인 연결뿐만 아니라 간접적인 연결도 포함한 연결 정도가 마이크로바이옴의 유사성에 중요하게 작용함을 의미한다.

페로프스키와 동료들이 시파카 무리에서 주목한 점은, 시파카의 그루밍 네트워크에서 중심성이 높고, 냄새를 남기는 빈도가 높을수록 그 시파카의 미생물군 다양성이 더욱 풍부하다는 것이다(네트워크 중심성은 개체가 네트워크 내에 정보나 자원의 흐름에서 얼마나 중요한 역할을 하는지를 나타내는 개념으로, 다양한 기준에 따라 측정된다.-역주). 미생물군의 다양성은 건강에 중요한 요소로 작용하는데, 다른 영장류 연구에 따르면 다양한 미생물군을 가진 개체일수록 특히 건강한 것으로 나타났다. 따라서 시파카의 경우에도 그루밍 네트워크의 중심성은 사회적 유대뿐만 아니라 미생물군을 다양하게 만들어 건강을 촉진하는 데 기여한다고 볼 수 있다.[4]

배변 네트워크를 통한 오소리와 소의 간접적 상호작용

우드체스터 공원은 런던에서 북서쪽으로 약 160킬로미터 떨어진 곳에 있다. 동물의 사회적 네트워크와 미생물에 대한 연구는 이곳에서도 이루어지고 있다. 이곳에서의 연구는 다양한 미생물종에 관한 것이 아니라 특정한 미생물에 집중되어 있는데, 그 이유는 이곳에 사는 오소리(*Meles meles*)들에게 질병 문제가 있기 때문이다. 이 질병은 공원에서 풀을 뜯고 있는 웨일스 흑우들도 괴롭히고 있었다. 문제의 원인은 소에게 결핵을 일으키는 마이코박테리움 보비스(Mycobacterium bovis)라는 병원체인데, 이 때문에 영국 정부는 매년 약 1,700억 원을 지출해야 했다.

소와 소, 오소리와 오소리 사이에서 마이코박테리움 보비스(이하 M. 보비스)가 전파되는 것은 이미 잘 알려진 사실이었다. 그런데 언젠가부터 오소리가 다른 종인 소에게 이 병원체를 전파한다는 많은 증거가 수집되었다. 오소리와 소에게서 같은 종류의 M. 보비스가 발견되었고, 오소리 개체군이 소가 있는 풀밭 근처에 서식하기 시작하면 소의 결핵 발병률이 높아졌다. 또한 오소리를 살처분해 개체군을 줄이면 소의 결핵 발병도 줄어들었지만, 오소리가 포획 구역에서 도망치면 혼란이 생기기도 했다. 도망친 오소리가 종종 인근 소 떼에서 결핵을 증가시키는 원인이 되었기 때문이다.

문제는 오소리와 소가 거의 상호작용하지 않는다는 점이다. 카메라 트랩을 이용한 연구에서는 6만 4,000시간 이상 촬영한 영상을 분석했는데, 소와 오소리가 가까이 있는 모습이 전혀 찍히지 않았다. 그렇다면 M. 보비스는 어떻게 오소리에서 소로 전파된 것일까?

동물 행동학자인 매튜 실크(Matthew Silk)는 이 문제를 풀어 보기로 했다. 박사 후 연구에서 그는 전염병학자들과 함께 새로운 제안을 내놓았다. 바로 오소리의 배변 장소를 통해 M. 보비스가 간접적으로 소에게 전파된다는 아이디어였다. 배변 장소는 오소리들이 공동으로 사용하는 화장실 같은 곳으로, 집단의 영역을 구분 짓는 역할을 했다. 이 아이디어를 검증하기 위해 실크는 스스로 개발에 참여했던 새로운 분석법을 사용해 보기로 했다. 바로 다층 사회적 네트워크 분석법으로, 여러 네트워크에서 이루어지는 상호작용을 동시에 살펴보는 방법이다. 실크는 오소리의 배설물이 오소리 사회와 소 사회를 연결하는 역할을 하는지 알아보는 데 이 방법이 도움이 될 것이라고 생각했다.

1976년부터 관찰되어 온 오소리는 우드체스터 공원 내 700헥타르에 이르는 땅에 약 20개 무리를 지어 살고 있었다. 연구자들은 지난 수십 년 동안 3,000마리가 넘는 오소리에 대한 데이터를 수집해 왔다. 연구 지역은 소가 풀을 뜯는 목초지가 군데군데 있긴 하지만 전반적으로 나무가 우거진 계곡이었다. 이곳의 오소리들은 주기적으로 포획되었다가 풀려나며, 크기, 감염 상태, 무리 구성원 등에 대한 정보를 제공해 주었다.

실크는 오소리와 소의 사회적 네트워크를 연구하기 위해 오소리 42마리와 소 25마리에게 근접 센서를 부착했다. 이는 이전에 흡혈박쥐 네트워크에서 논의된 것과 비슷했다. 실크는 본격적인 연구를 시작하기 전에 근접 센서가 공장에서 제대로 설정되어 나왔는지 확인하기 위해 다소 특이한 방식을 사용했다. 우선 오소리를 대신해 생리식염수 병에 근접 센서를 부착하고 엑서터대학교 캠퍼스의 잔디에 누워 이 병들을 움직여 보았다. 오소리를 대신하는 병들이 실제로 언제 서로 통신할 수 있는지를 확인하는 다소 특이한 보정 작업이었다. "우리를 이상하게 생각하는 사람들이 있었어요. 몇몇 호기심 많은 사람들이 다가와 무얼 하는지 묻곤 했죠. 실험이 정점에 이르렀을 때 5~6명이 잔디밭에 누워 병들을 움직이며 작업을 했는데, 아마도 그 모습이 다소 이상하고 위협적으로 보였을 거예요." 실크가 미소를 지으며 말했다.

보정이 모두 끝났을 때, 오소리에게 부착할 근접 센서는 2마리의 오소리가 0.5~1미터 사이에 있을 때 서로 소통하도록 설정되었다. 그리고 소에게 부착할 근접 센서는 소들이 1.5~1.9미터 사이에 있을 때 작동하도록 설정되었다. 이때 오소리와 소의 근접 센서는 서로 연결되어 있어서, 두 종이 직접 접촉하면 그 기록이 남도록 만들었다. 앞서 이야기했듯이, 실크와 동료들은 다른 사람들이 찍어 놓은 6만 4,000시간 분량의 영상을 본 뒤였기 때문에, 그런 접촉은 거의 없을 것이라고 확신했다. 접촉 정보는 근접 센서가 달린 목걸이에 저장되었고, 필요할 때 다운로드할 수 있었지만, 안타깝게도 몇몇 오소리들이 목걸이를 벗어 버리는 사건이 일어나기도 했다. 이 연구는 두 종의 근접 센서를 사용한 데서 그치지 않았다. 실크와 동료들은 오소리의 배변 장소 19곳에도 기지국을 설치했다. 각 기지국은 배변 장소에 걸어 둔 거대한 센서 목걸이처럼 작용해 소와 오소리에게 부착한 근접 센서들과 신호를 주고받았다. 연구원들은 이를 바탕으로 어떤 오소리나 소가 어떤 배변 장소 근처에 있는지, 그때가 언제인지를 알 수 있었다. 또한 이 기지국은 오소리와 소의 이동을 통해 배변 장소 간의 간접적인 네트워크를 만드는 데도 이용되었다.[5]

오소리, 소, 그리고 배변 장소에 있는 목걸이에서 모든 데이터가 다운로드된 후, 실크는 다층 사회적 네트워크 분석법을 통해 무슨 일이 일어나고 있는지를 파악했다. 이런 분석은 3개의 네트워크(오소리, 소, 배변 장소)를 동시에 살펴보는 매우 복잡한 방법이기는 했지만, 그만큼 여러 가지 흥미로운 사실을 발견할 수 있었다.

각 오소리 무리의 네트워크에서 암컷 오소리는 수컷보다 다른 오소리들과 더 깊이 연결되어 있었다(중심성 점수로 측정한 결과). 그리고 오소리의 M. 보비스 감염 여부는 네트워크 측정에 영향을 끼치지 않았는

데, 이는 감염된 오소리가 감염되지 않은 오소리와 마찬가지로 사회적으로 연결되어 있음을 시사했고, 질병 전파 측면에서 좋은 소식은 아니었다. 또, 근접 센서는 서로 다른 무리에 속한 오소리들이 직접적으로 상호작용하는 것을 감지하지 못했지만, 배변 네트워크를 통해 간접적으로 연결되어 있음을 보여 주었다. 즉 오소리들이 사용하는 배변 장소가 서로를 연결하고, M. 보비스를 전파하는 경로가 된 것이다. 이전 연구와 마찬가지로, 근접 센서는 오소리와 소 사이에 직접적인 상호작용이 있다는 기록을 단 한 번도 남기지 않았다. 이 동물들은 서로 가까이 있지 않았지만 배변 네트워크를 통해 간접적으로 연결되었고, 이 네트워크는 두 종 사이에서 M. 보비스가 전파되도록 촉진하는 역할을 했다.

일반적으로 소는 오소리 배설물이 있는 지역을 피하는 경향이 있지만, 목초지의 질이 좋으면 배설물이 있어도 그곳에서 풀을 뜯었다. 실크와 동료들이 발견한 것은 목초지 중앙에 있는 몇몇 배변 장소들의 중심성 점수가 높다는 사실이었다. 즉, 많은 오소리와 소가 이 배변 장소들을 찾았고, 이 장소들이 오소리 네트워크와 소 네트워크를 연결해 주는 간접 허브가 된 것이다. 그리고 이 허브를 통해 M. 보비스가 오소리에게서 소로 전파될 수 있는 경로가 형성된 것이다.[6]

위기의 태즈메이니아데빌, 동물 사회 네트워크와 전염성 암의 확산

지구의 반대편, 태즈메이니아의 우드체스터 공원에서는 위험한 세포들이 태즈메이니아데빌(Sarcophilus harrisii)의 사회적 네트워크를 따라 이동하고 있다. 이 위험한 세포들은 미생물이나 외부 세포가 아니라, 태즈메이니아데빌의 사회적 네트워크에서 만들어진 생물학적 고속도로를 따라 퍼지는 암이다.

대부분 암은 개체 간에 전염되지 않지만, '악성 안면 종양(DFTD, Devil facial tumour disease)'과 '개 전염성 성 종양(CTVT, Canine Transmissible Venereal Tumor)'을 포함한 몇몇 암은 예외이다. DFTD는 빠르게 자라는 비정상적인 세포로, CTVT보다 훨씬 더 위험하다. 감염된 태즈메이니아데빌은 대부분 1년 이내에 죽게 되며, 이로 인해 태즈메이니아데빌의 개체 수가 급격히 줄고 있다. 현재 세계자연보전연맹(IUCN)은 태즈메이니아데빌을 멸종 위기 종으로 분류하고 있다. 태즈메이니아데빌은 호주의 상징으로 여겨지므로 DFTD로 인한 피해는 곧 비상사태로 간주되었고, 태즈메이니아 천연자원 및 환경부는 호주 사람들에게 이 동물의 위태로운 상태를 알리기 위해 '태즈메이니아데빌 구하기'라는 공공 홍보 프로그램을 운영하고 있다. 태즈메이니아데빌을 구하기 위해서는 DFTD에 관한 이해뿐만 아니라, 이 동물의 사회적 네트워크에 대한 이해도 필요하다. DFTD는 태즈메이니아데빌이 서로의 머리와 얼굴을 물면서 주로 전파된다. 동물 행동학자 데이비드 해밀턴(David Hamilton)은 이와 관련된 이야기에서 중요한 역할을 맡게 된다.

해밀턴은 에든버러대학교를 졸업한 뒤 호주 북서부 킴벌리 국경 지역에서 몇 년간 현장 보조원으로 일하며 호금조(Chloebia gouldiae)의 행동 데이터를 수집했다. 호금조는 보라색, 노란색, 초록색, 파란색, 흰색의 깃털이 어우러진 무척 아름다운 새이다. 해밀턴이 호금조 프로젝트에 끌린 이유 중 하나는 20세기 대부분 동안 호금조 개체 수가 감소하고 있기 때문이다. 개체 수 감소는 인간에 의한 서식지 파괴와 질병의 결과였다. 해밀턴은 동물의 행동이 질병 확산에 영향을 끼치는지, 그리고 이런 질병이 종의 보존에 어떤 영향을 끼치는지를 연구하는 이 프로젝트에 흥미를 느꼈다.

2015년 호금조와 보내는 시간이 끝나갈 무렵, 동물의 행동, 질병, 보존 생물학에 대한 해밀턴의 관심은 구체화되었고, 곧 호바트에 있는 태즈메이니아대학교의 박사 과정에 입학했다. 그가 이 과정에 지원한 것은 로드리고 하메데(Rodrigo Hamede)와 함께 일하기 위해서였다. 하메데는 태즈메이니아데빌 사이의 접촉을 살펴보는 초기 사회적 네트워크 분석을 포함하여 DFTD에 대한 연구를 수행했다. 해밀턴의 논문은 그런 초기 연구를 확장하여, 새로운 사회적 네트워크 분석 도구를 활용해 태즈메이니아데빌의 행동이나 상호작용을 연구하는 것이었다. 그리고 이 과정에는 데이터를 수집하고 분석하기 위한 최첨단 기술과 오랜 기간에 걸쳐 수집된 행동 데이터 세트가 활용되었다.

몸길이 약 60센티미터에 무게 약 13킬로그램인 성체 태즈메이니아데빌은 현존하는 최대 유대류 육식동물이며, 모든 포유류 중 가장 강력한 턱을 가지고 있다. 주로 밤에 활동하며, 낮에는 속이 빈 통나무에서 시간을 보낸다. 대체로 혼자 지내지만, 번식기에는 수컷이 암컷을 경쟁자에게 빼앗기지 않으려고 악착같이 지키기 때문에 상황이 달라진다. "태즈메이니아데빌은 정말 이상한 번식 시스템을 가지고 있어요. 번식기엔 오로지 짝짓기에만 몰두하고, 먹지도, 자신을 돌보지도 않아요."

해밀턴의 말처럼, 짝을 지키기 위해 수컷은 라이벌에게 온갖 공격적인 행동을 보인다. 이런 행동은 때때로 본격적인 싸움으로 확대되기도 하는데, 만약 이때 DFTD에 감염된 개체가 상대를 물면, 상처를 통해 이 병이 퍼질 수 있다. 그리고 이런 이유로 DFTD는 수컷 사이에서 더 흔하게 발생한다. 태즈메이니아데빌의 짝짓기 시스템은 또 다른 흥미로운 사실 하나를 설명해 주는데, DFTD에 감염된 암컷은 사실 감염되기 전에는 가장 건강한 개체였을 가능성이 크다는 것이다. 보통 상태가 좋지 않은 동물이 감염에 더 취약하지만, 태즈메이니아데빌의 짝짓기에서는 가장 건강한 암컷이 수컷에게 물려 끌려갈 확률이 높아서 건강한 암컷일수록 짝짓기 시즌 동안 감염될 확률이 높아진다.[7]

해밀턴은 DFTD(특히 DFTD 종양의 진행)가 태즈메이니아데빌의 사회적 네트워크에 어떤 영향을 끼치는지를 연구했다. 그는 이전 연구를 통해 종양이 커질수록 태즈메이니아데빌의 건강이 나빠지고, 먹이나 다른 자원을 얻는 경쟁력이 떨어진다는 사실을 알고 있었다. 그런데 이 모든 것이 사회적 네트워크에 어떤 영향을 끼치는지에 답하려면, 신뢰할 수 있는 비교를 위해 건강한 개체와 아픈 개체가 모두 포함된 충분한 수의 개체군을 조사해야 한다. 다행히도 성체 24마리 미만으로 구성된 태즈메이니아데빌 무리가 태즈메이니아대학에서 북서쪽으로 8시간 차를 달리면 나오는 스미스턴 근처에 서식하고 있었다.

해밀턴과 동료들은 지역 교회가 소유한 캠프장을 빌려 DFTD의 진행과 태즈메이니아데빌의 사회적 네트워크에 대한 연구를 6개월간 진행했다. 스미스턴 무리에 속한 모든 성체 태즈메이니아데빌은 근접 센서가 부착된 목걸이를 착용하고 있었고, 이 목걸이는 두 개체가 서로 30센티미터 이내에 있을 때 켜졌다. 이 거리는 태즈메이니아데빌끼리 싸우거나 물리는 사고가 일어날 수 있는 사정거리이다. 해밀턴은 목걸이에 기록된 데이터를 얻기 위해 주기적으로 태즈메이니아데빌을 포획해 이들의 데이터를 다운로드하고, 근접성을 기반으로 한 사회적 네트워크 모델을 만들었다. 태즈메이니아데빌을 포획하면 단순히 데이터를 얻는 것 외에 감염된 개체의 종양 진행 상황도 확인할 수 있었다.

해밀턴은 약 2주 동안 매일 밤에 덫 40개를 놓았다. 이 덫은 PVC 파이프로 만들어졌고, 태즈메이니아데빌이 맛있는 양고기 미끼를 먹으러 들어가면 문이 닫히는 구조였다. 해밀턴의 목표는 매달 성체 태즈메이니아데빌을 잡는 것이었고, 꽤 성공적으로 해냈다. "태즈메이니아데빌은 숲을 휩쓸고 다니는 무서운 동물로 알려졌지만, 사실은 매우 소심하고, 수줍음을 타는 동물이에요." 해밀턴이 미소를 지으며 말했다. 그렇다고 해도, 턱이 위험할 정도로 강력한 태즈메이니아데빌을 덫에서 꺼내어 자루에 넣을 때는 특히 조심해야 했다. 눈가리개를 하면 일시적으로 힘이 빠지기 때문에, 해밀턴은 그 방법을 썼다. 힘이 빠진 태즈메이니아데빌의 몸에 물린 자국은 없는지 확인하고, 얼굴, 머리, 입안을 검사해 DFTD로 인한 종양이 있는지 살펴보았다. 만일 종양이 발견되면 크기도 측정했다.

해밀턴의 연구는 6개월 동안 진행되었다. 연구가 시작될 때, 태즈메이니아데빌 3마리가 DFTD에 감염된 것으로 밝혀졌는데, 6개월 동안 다른 7마리가 DFTD에 걸렸다. 반면, 또 다른 12마리는 6개월 내내 DFTD 증상을 보이지 않았다. 해밀턴의 포획 및 방사 시스템 덕분에 태즈메이니아데빌 사이에 DFTD 종양의 진행 상황을 추적할 수 있었고, 대화형 목걸이(근처에 다른 개체가 있으면 센서가 반응하는 장치.-역주)를 사용해 번식기와 비번식기 동안 관찰되는 근접성 데이터를 다운로드한 뒤, 이를 바탕으로 이 동물들의 사회적 네트워크도 만들 수 있었다.

대화형 목걸이는 8,504번 작동했다. 해밀턴은 수컷이 암컷을 열심히 지키는 번식기 동안에는 태즈메이니아데빌 사이의 연결 정도를 나타내는 네트워크 밀도가 훨씬 더 높아지며, DFTD 진행이 사회적 네트워크 역학에 영향을 끼친다는 사실을 발견했다. 종양의 크기를 작은 것부터 큰 것까지 4가지 범주로 나누었는데, 한 범주에서 다음 범주로 올라갈 때마다 태즈메이니아데빌이 다른 개체들과 연결될 가능성이 약 15퍼센트 줄어들었다.

DFTD에 감염된 태즈메이니아데빌은 감염되지 않은 태즈메이니아데빌보다 네트워크에서 상호작용하는 빈도가 훨씬 낮았고, 연결 수도 적을 뿐만 아니라, 다른 태즈메이니아데빌보다 중심 역할을 할 확률도 낮았다. 이는 감염된 태즈메이니아데빌이 다른 태즈메이니아데빌과 상호작용하고 싶어 하지 않아서일 수도 있고, 다른 태즈메이니아데빌이 감염된 태즈메이니아데빌을 피해서일 수도 있었다. 감염된 태즈메이니아데빌의 얼굴과 머리에 퍼진 DFTD 종양을 보고 다른 태즈메이니아데빌이 이들을 피하는 것은 충분히 가능한 일이다. 게다가 DFTD 감염은 태즈메이니아데빌이 내보내는 냄새 신호를 바꾸어 누가 감염되었는지 더 쉽게 알아채게 만든다.

그런데 예상을 벗어난 놀라운 사실이 밝혀졌다. 태즈메이니아데빌들이 감염된 구성원들을 적극적으로 피하지는 않는다는 사실이었다. 그 증거로는 첫째, 한 구성원이 DFTD에 감염되어 증상이 나타나도 그 구성원과 다른 개체의 지속적이고 반복적인 상호작용은 계속 유지되었다. 둘째, 배척이 일어나고 있다는 것을 보여 줄 분리가 일어나지 않았다. 즉, 감염된 구성원들로만 이루어진 그룹과 감염되지 않은 구성원들로만 이루어진 그룹을 찾아야 했지만, 해밀턴의 네트워크 분석에서는 이를 발견하지 못했다. 대체로 DFTD에 감염된 태즈메이니아데빌은 번식기든 아니든 다른 개체들을 피하는 경향이 있었지만, 번식기 중 일부 기간에는 본능적으로 다른 개체들과 가까이 지내고 있었다.

번식기가 진행되면서 DFTD에 감염된 구성원들과 감염되지 않은 구성원들 간에 사회적 네트워크상에서 나타나던 차이가 줄어들었다. 즉, 다른 개체와의 연결 수나 연결 강도에서 크게 벌어지던 틈이 좁혀진 것이다. 처음에 해밀턴은 이 점을 이상하게 느꼈다. 왜 이 시기에는 DFTD에 감염된 구성원들이 네트워크에 속한 다른 개체들과 더 많이 연결되는 것일까? 그러다가 그는 번식기 동안 짝짓기에 에너지를 '모두 쏟아붓는' 태즈메이니아데빌의 특징을 떠올렸다. 아무리 건강한 구성원들이라 해도 초기에 짝짓기와 짝 보호에 모든 에너지를 쏟다 보면, 번식기 후반에는 지치기 마련이었다. 바로 이때, DFTD에 감염된 구성원들도 짝짓기할 기회를 엿볼 수 있게 되고, 그 결과 다른 개체들과 더 깊이 얽히며 네트워크 안으로 편입할 수 있게 되는 것이다.[8]

결국 DFTD라는 질병은 감염된 태즈메이니아데빌에게 치명적인 것은 물론이고, 이 동물들의 사회생활에도 큰 혼란을 일으켰다. 태즈메이니아데빌 사이의 사회적 네트워크를 통해 전염성 암이 퍼지자, 네트워크 구조 자체가 변해 버린 것이다.

동물들은 하늘, 땅, 물에서 서로 연결된 사회적 네트워크를 만들며 살아가고 있다. 태즈메이니아의 외딴 지역에 사는 태즈메이니아데빌들, 마다가스카르의 여우원숭이들, 로키산맥의 노란배 마못들, 그리고 스위스의 생쥐들까지, 동물들이 보여 주는 사회적 행동은 거의 모든 면에서 네트워크의 영향을 받고 있다. 동물이 있는 곳이라면 어디든, 사회적 네트워크로 연결된 경이롭고 복잡한 세상이 펼쳐지고 있다.

복잡하게 연결된 세계,
동물의 사회적 네트워크와 그 진화를 목도하다

이제 인간을 특별하게 만드는 요소 중에서 또 하나의 항목을 지울 시간이다. 우리는 동물의 사회적 네트워크에 대해 알게 될수록, 그것이 얼마나 복잡한지를 깨닫게 된다. 동물들은 어디에서나, 어떤 상황에서나 사회적 네트워크에 속해 있다. 미래를 예측할 때면, 모든 과학자가 그러하듯 나도 수정 구슬을 들여다보는 예언자처럼 몸이 떨린다. 그럼에도 불구하고 불확실성이란 안개를 걷어 내면 몇 가지 경향을 볼 수 있다. 동물 행동 연구에서 사회적 네트워크 분야만큼 기술과 밀접하게 관련된 분야는 없다. 수동 통합 트랜스폰더(PIT) 태그, 무선 주파수 식별 장치(RFID), GPS 추적기, 근접 센서, 심지어 인공위성까지 도입되자, 몇 년 전만 해도 꿈에 불과했던 데이터가 손에 들어오게 되었고, 네트워크 연구에 혁명이 일고 있다.

데이터 수집 기술은 정말 빠르게 발전하는 중이며, 동물의 사회적 네트워크를 연구하는 동료들이 이에 발맞추어 끊임없이 새로운 기술을 들여와 적용하리라 믿어 의심치 않는다. 물론 이 책에서 다룬 많은 전통적인 현장 연구를 기술이 온전히 대체할 수 있을 거라고 보진 않는다. 그러나 부족한 것들을 보완해 이 분야의 연구를 발전시키고, 우리가 동물의 사회적 네트워크를 깊이 이해할 수 있도록 도울 것이다.

새로운 하드웨어가 중요하기는 해도, 어디까지나 도구일 뿐이다. 만일 새로운 개념이나 이론이 없다면 그런 도구가 알려 주는 정보는 한정적일 수밖에 없다. 다행히도 동물 행동학자들은 동물의 사회적 네트워크에 대한 새로운 생각을 계속 제시하는 중이다. 예를 들어, 우리가 오소리에 대해 언급할 때 살펴보았던 다층 사회적 네트워크 분석법은 이제 막 적용되기 시작한 단계이다. 이와 관련해 현재 사용되고 있는 분석 모델은 시간이 지남에 따라 더 발전하고 개선될 것이며, 실제로 동물의 사회적 네트워크를 연구하는 데 더 나은 추적 능력을 제공해 줄 것이다. 예를 들어 동물의 사회적 상호작용이 시간의 흐름에 따라 어떻게 변하는지를 파악할 수 있게 해 주고, 서로 다른 동물 종들 간의 사회적 네트워크를 비교 분석함으로써 다양한 동물의 사회적 상호작용을 더 잘 이해하도록 만들어 줄 것이다.

이뿐만이 아니다. 다층 사회적 네트워크 분석법은 동물이 속한 다양한 네트워크 간의 상호작용을 개념화하고 이해하는 방식을 확장한다. 또 하나 흥미로운 사실은 이런 분석 모델들을 만드는 주체가 주로 수학에 능한 신세대 동물 행동학자들이란 사실이다. 이들은 처음부터 분석 모델 구축에 능숙할 뿐만 아니라, 인간 네트워크를 연구하기 위해 개발된 모델을 가져와 수정하는 데도 능숙하다.

사회적 네트워크가 동물의 사회성에서 중요하다는 사실을 깨닫는 사람들이 많아지면서, 새로운 협업 연구도 활발해지고 있다. 예전에는 동물 행동학, 질병 생태학, 보존 생물학이 서로 다른 분야로 나뉘어 완전히 별개의 연구를 했지만, 이제 사회적 네트워크 분석이 이 3가지 분야를 연결해 주는 이상적인 다리 역할을 하고 있다. 예를 들어, 멸종 위기에 처한 바바리마카크, 북부양털거미원숭이, 베록스 시파카와 같은 동물 연구, 태즈메이니아데빌, 오소리, 사바나 개코원숭이 같은 동물과 관련된 미생물의 이동 경로 연구에서 이런 협업이 진행되었다. 앞으로 시간이 지나면서 동물의 행동, 질병, 보존 간의 관계에 대한 우리의 이해는 더욱 깊어질 것이고, 3가지 분야 모두 더 나은 방향으로 나아가게 될 것이다.

과거에 동물의 행동에 관한 연구는 크게 2가지 관점에서 이루어졌다. 첫째. 비용-이익 관점은 동물이 자원을 어떻게 효율적으로 사용하는지와 관련해 이익과 비용을 비교한다. 둘째, 인지적 관점은 동물들이 어떻게 정보를 처리하고, 의사결정을 내리는지를 연구한다. 이런 연구들이 동물의 사회적 네트워크에 관한 명시적인 연구보다 훨씬 앞섰던 이유는 동물의 사회적 상호작용이나 네트워크 개념이 훨씬 나중에 발전했기 때문이다. 하지만 이제 우리는 많은 동물이 먹이 활동, 짝짓기, 권력, 안전, 이동, 의사소통, 문화 전파 등의 활동을 네트워크화된 사회 안에서 한다는 것을 알고 있다. 따라서 동물의 특정 행동에 따르는 직간접 비용(예를 들어 짝을 찾기 위해 에너지를 소모하는 것이 직접 비용이라면, 이로 인해 다른 사회적 상호작용이 제한되는 것은 간접 비용이다.-역주)과 이익을 측정하는 새로운 방법을 개발해야 하는지, 또 동물의 네트워크화된 세계를 이해하기 위해 어떤 인지적 전략이나 능력을 살펴보아야 하는지를 고민해야 한다. 시간이 지나면, 이런 질문에 대한 답은 자연스럽게 나올 것이다.

감사의 말

저의 사회적 네트워크에는 여러 파벌이 있습니다. 모든 파벌이 이 책이 나오기까지 중요한 역할을 했고, 특히 동물의 사회적 네트워크와 관련된 인터뷰에 응해 준 동료들의 소모임은 정말 큰 힘이 되었습니다. 그 외에 줌, 스카이프, 왓츠앱, 전화, 이메일을 통해 많은 이야기를 들려준 분들께도 깊은 감사를 전합니다.

제니 앨런, 루시 애플린, 엘리자베스 아치, 에밀리 베스트, 다니엘 블룸스타인, 로렌 브렌트, 야콥 브로-요르겐센, 샬럿 캉텔루프 등 셀 수 없이 많은 이들이 저와 함께 댐피어 해협, 암보셀리 국립공원, 스코틀랜드 산악지대에 머무는 듯했고, 때로는 그곳에 사는 황새와 함께 하늘을 나는 기분이 들기도 했습니다. 독자 여러분도 저와 같은 기분이었기를 바랍니다.

시카고대학교 출판부 편집팀은 재능이 넘치는 사람들로 가득합니다. 편집자 조 칼라미아(Joe Calamia)는 그중에서도 최고이며, 책이 완성되기까지 모든 과정에서 아주 소중한 의견을 주었습니다. 물론 그가 좋은 사람이라는 점도 큰 힘이 되었습니다. 제 사회적 네트워크에 속한 가족과 친구들은 언제나 그렇듯이 제가 연구하고 글 쓰는 동안 기다려 주고 지지해 주었을 뿐만 아니라, 원고에 대한 통찰력 있는 의견도 주었습니다. 많은 도움을 준 데이나 듀가킨(Dana Dugatkin), 에런 듀가킨(Aaron Dugatkin), 헨리 블룸(Henry Bloom), 마이클 심스(Michael Sims), 레나(Lena P.), 레드(Red C.)에게 특별한 감사를 전하고 싶습니다.

미주

들어가는 말 | 동물의 사회적 네트워크를 탐험하는 짜릿한 여정

1 L. A. Dugatkin, "Dynamics of the TIT FOR TAT Strategy during Predator Inspection in Guppies," *Behavioral Ecology and Sociobiology* 29 (1991): 127-32; L. A. Dugatkin, "Sexual Selection and Imitation: Females Copy the Mate Choice of Others," *American Naturalist* 139 (1992): 1384-89.

2 R. L. Earley and L. A. Dugatkin, "Eavesdropping on Visual Cues in Green Swordtail (*Xiphophorus helleri*) Fights: A Case for Networking," *Proceedings of the Royal Society of London* 269 (2002): 943-52.

제1장 | 네트워크로 연결된 동물

1 J. Eckermann, *Conversations of Goethe* (Boston: Da Capo Press, 1998), 117.

2 M. J. Kessler and R. G. Rawlins, "A 75-Year Pictorial History of the Cayo Santiago Rhesus Monkey Colony," *American Journal of Primatology* 78 (2016): 6-43.

3 D. Croft, R. James, and J. Krause, *Exploring Animal Social Networks* (Princeton, NJ: Princeton University Press, 2008).

4 L. J. Brent, A. MacLarnon, M. L. Platt, and S. Semple, "Seasonal Changes in the Structure of Rhesus Macaque Social Networks," *Behavioral Ecology and Sociobiology* 67 (2013): 349-59.

5 S. N. Ellis, N. Snyder-Mackler, A. Ruiz-Lambides, M. L. Platt, and L. J. Brent, "Deconstructing Sociality: The Types of Social Connections That Predict Longevity in a Group-Living Primate," *Proceedings of the Royal Society of London* 286 (2019), https://doi.org/10.1098/rspb.2019.1991. 많은 친구를 가진 친구와 상호작용하려는 경향은 유전적인 이유 때문일 수 있다. 어떤 유전자와 관련이 있는지는 명확히 밝혀지지 않았지만, 세로토닌 생성과 관련된 유전자일 가능성이 크다는 일부 증거가 있다: L. J. Brent, S. R. Heilbronner, J. E. Horvath, J. Gonzalez-Martinez, A. Ruiz-Lambides, A. G. Robinson, H. P. Skene, and M. L. Platt, "Genetic Origins of Social Networks in Rhesus Macaques," *Scientific Reports* 3 (2013), https://doi.org/10.1038/srep01042; L. J. Brent, "Friends of Friends: Are Indirect Connections in Social Networks Important to Animal Behaviour?" *Animal Behaviour* 103 (2015): 211-22.

6 때때로 한 쌍이 멋진 노래를 부르기도 했지만, '톨레도'라고 들리는 경우가 더 많았다.

7 D. B. McDonald, "A Spatial Dance to the Music of Time in the Leks of Long-Tailed Manakins," *Advances in the Study of Behavior* 42 (2010): 55-81; D. B. McDonald and W. K. Potts, "Cooperative Display and Relatedness among Males in a Lek-Mating Bird," *Science* 266 (1994): 1030-32; J. M. Trainer and D. B. McDonald, "Vocal Repertoire of the Long-Tailed Manakin and Its Relation to Male-Male Cooperation," *Condor* 95 (1993): 769-81; J. M. Trainer and D. B. McDonald, "Singing Performance, Frequency Matching and Courtship Success of Long-Tailed

Manakins (Chiroxiphia linearis)," *Behavioral Ecology and Sociobiology* 37 (1995): 249–54.
8 D. B. McDonald, "Predicting Fate from Early Connectivity in a Social Network," *Proceedings of the National Academy of Sciences* 104 (2007): 10910–14; D. B. McDonald, "Young-Boy Networks without Kin Clusters in a Lek-Mating Manakin," *Behavioral Ecology and Sociobiology* 63 (2009): 1029–34; A. J. Edelman and D. B. McDonald, "Structure of Male Cooperation Networks at Long-Tailed Manakin Leks," *Animal Behaviour* 97 (2014): 125–33. 수컷이 네트워크 내에서 성공적인 지위를 가질수록 암컷을 유인하기 위해 춤추거나 교미할 횟수가 증가했다. (McDonald, "Young-Boy Networks," 2007).
9 P. Oxford, R. Bish, K. Swing, and A. Di Fiore, *Yasuni Tiputini and the Web of Life* (Quito: Ingwe Press, 2012)
10 M. Heindl, "Social Organization on Leks of the Wire-Tailed Manakin in Southern Venezuela," *Condor* 104 (2002): 772–79; P. Schwartz and D. W. Snow, "Display and Related Behavior of the Wire-Tailed Manakin," *Living Bird* 17 (1978): 51–78.
11 R. Dakin and T. B. Ryder, "Dynamic Network Partnerships and Social Contagion Drive Cooperation," *Proceedings of the Royal Society of London* 285 (2018): https://doi.org/10.1098/rspb.2018.1973.
12 R. Dakin and T. B. Ryder, "Reciprocity and Behavioral Heterogeneity Govern the Stability of Social Networks," *Proceedings of the National Academy of Sciences* 117 (2020): 2993–99.

제2장 | 끈끈한 유대 관계

1 A. Espinas, "Des sociétés animales" (PhD diss., Sorbonne, 1877), 211–13; E. D'Hombres and S. Mehdaoui, "On What Condition Is the Equation Organism-Society Valid? Cell Theory and Organicist Sociology in the Works of Alfred Espinas (1870s–80s)," *History of the Human Sciences* 25 (2012): 32–35; M. Hasenjager and L. A. Dugatkin, "Social Network Analysis in Behavioral Ecology," *Advances in the Study of Behavior* 47 (2015): 39–114; K. Wils and A. Rasmussen, "Sociology in a Transnational Perspective: Brussels, 1890–1925," *Revue Belge de Philologie et d'Histoire* 90 (2012): 1273–96.
2 J. H. Crook, "Introduction: Social Behaviour and Ethology," in *Social Behaviour in Birds and Mammals*, ed. J. H. Crook (London: Academic Press, 1970), xxi–xl; N. Tinbergen, *Social Behaviour in Animals* (London: Butler and Tanner, 1953); K. Lorenz, "The Companion in the Bird's World," *Auk* 54 (1937): 245–73; D. Lack, *Ecological Adaptations for Breeding in Birds* (London: Chapman and Hall, 1968); G. McBride, "A General Theory of Social Organization and Behaviour," University of Queensland Papers, Faculty of Veterinary Science, vol. 1 (1964): 75–110.
3 W.R. Thompson, "Social Behaviour," in *Behavior and Evolution*, ed. A. Roe and G. G. Simpson (New Haven, CT: Yale University Press, 1958), 291–310; E. O. Wilson, Sociobiology: *The New*

Synthesis (Cambridge, MA: Harvard University Press, 1975).

4 D. S. Sade, "Some Aspects of Parent-Offspring and Sibling Relations in a Group of Rhesus Monkeys, with a Discussion of Grooming," *American Journal of Physical Anthropology* 23 (1965): 1-17.

5 K. Lewin, *Field Theory in Social Science* (New York: Harper, 1951); J. L. Moreno, *Who Shall Survive? A New Approach to the Problem of Human Interrelations* (Washington, DC: Nervous and Mental Disease Publishing, 1934); R. A. Hinde, "Interactions, Relationships and Social Structure," *Man* 11 (1976): 1-17; L. J. Brent, J. Lehmann, and G. Ramos-Fernandez, "Social Network Analysis in the Study of Nonhuman Primates: A Historical Perspective," *American Journal of Primatology* 73 (2011): 720-30.

6 사회적 네트워크 분석에 대한 훌륭하지만 다소 기술적인 리뷰 몇 편을 소개한다. J. Krause, R. James, D. Franks, and D. Croft, eds., *Animal Social Networks* (Oxford: Oxford University Press, 2015); M. Hasenjager, M. Silk, and D. N. Fisher, "Multilayer Network Analysis: New Opportunities and Challenges for Studying Animal Social Systems," *Current Zoology* 67 (2021): 45-48; Q. M. R. Webber and E. Vander Wal, "Trends and Perspectives on the Use of Animal Social Network Analysis in Behavioural Ecology: A Bibliometric Approach," *Animal Behaviour* 149 (2019): 77-87; D. P. Croft, S. K. Darden, and T. W. Wey, "Current Directions in Animal Social Networks," *Current Opinion in Behavioral Sciences* 12 (2016): 52-58; J. A. Firth, "Considering Complexity: Animal Social Networks and Behavioural Contagions," *Trends in Ecology & Evolution* 35 (2020): 100-104; D. Shizuka and A. E. Johnson, "How Demographic Processes Shape Animal Social Networks," *Behavioral Ecology* 31 (2020): 1-11; D. R. Farine, "A Guide to Null Models for Animal Social Network Analysis," *Methods in Ecology and Evolution* 8 (2017): 1309-20; S. Sosa, D. M. Jacoby, M. Lihoreau, and C. Sueur, "Animal Social Networks: Towards an Integrative Framework Embedding Social Interactions, Space and Time," *Methods in Ecology and Evolution* 12 (2021): 4-9; D. R. Farine and H. Whitehead, "Constructing, Conducting and Interpreting Animal Social Network Analysis," *Journal of Animal Ecology* 84 (2015): 1144-63.

7 A. Davis, R. E. Major, C. E. Taylor, and J. M. Martin, "Novel Tracking and Reporting Methods for Studying Large Birds in Urban Landscapes," *Wildlife Biology* 4 (2017), https://doi.org/10.2981/wlb.00307.

8 M. E. J. Newman, "The Structure and Function of Complex Networks," *SIAM Review* 45 (2003): 167-256; H. Whitehead, *Analyzing Animal Societies: Quantitative Methods for Vertebrate Social Analysis* (Chicago: University of Chicago Press, 2008); L. M. Aplin, R. E. Major, A. Davis, and J. M. Martin, "A Citizen Science Approach Reveals Long-Term Social Network Structure in an Urban Parrot, Cacatua galerita," *Journal of Animal Ecology* 90 (2020), https://doi.org/10.1111/1365-2656.13295.

9 A. Kershenbaum, A. Ilany, L. Blaustein, and E. Geffen, "Syntactic Structure and Geographical Dialects in the Songs of Male Rock Hyraxes," *Proceedings of the Royal Society of London* 279 (2012): 2974–81; L. Koren and E. Geffen, "Complex Calls in Male Rock Hyrax (Procavia capensis): A Multi-Information Distributing Channel," *Behavioral Ecology and Sociobiology* 63 (2009): 581–90; A. Ilany, A. Barocas, M. Kam, T. Ilany, and E. Geffen, "The Energy Cost of Singing in Wild Rock Hyrax Males: Evidence for an Index Signal," *Animal Behaviour* 85 (2013): 995–1001; E. R. Bar Ziv, A. Ilany, V. Demartsev, A. Barocas, E. Geffen, and L. Koren, "Individual, Social, and Sexual Niche Traits Affect Copulation Success in a Polygynandrous Mating System," *Behavioral Ecology and Sociobiology* 70 (2016): 901–12.

10 A. Barocas, A. Ilany, L. Koren, M. Kam, and E. Geffen, "Variance in Cen-trality within Rock Hyrax Social Networks Predicts Adult Longevity," *PLoS One* 6 (2011), https://doi.org/10.1371/journal.pone.0022375.

11 J. C. Wiszniewski, C. Brown, and L. M. Moller, "Complex Patterns of Male Alliance Formation in a Dolphin Social Network," *Journal of Mammalogy* 93 (2012): 239–50; J. Mourier, C. Brown, and S. Planes, "Learning and Robustness to Catch- and- Release Fishing in a Shark Social Network," *Biology Letters* 13 (2017), https://doi.org/10.1098/rsbl.2016.082.

12 R. J. Perryman, S. K. Venables, R. F. Tapilatu, A. D. Marshall, C. Brown, and D. W. Franks, "Social Preferences and Network Structure in a Population of Reef Manta Rays," *Behavioral Ecology and Sociobiology* 73 (2019), https://doi.org/10.1007/s00265-019-2720-x; R. J. Perryman, "Social Organisation, Social Behaviour and Collective Movements in Reef Manta Rays" (PhD diss., Macquarie University, 2020); R. J. Perryman, M. Carpenter, E. Lie, G. Sofronov, A. D. Marshall, and C. Brown, "Reef Manta Ray Cephalic Lobe Movements Are Modulated during Social Interactions," *Behavioral Ecology and Sociobiology* 75 (2021), https://doi.org/10.1007/s00265-021-02973-x.

13 더 구체적으로, 그들은 '고유 벡터 중심성'과 '가중치가 실린 고유 벡터 중심성'을 살펴보았다(고유 벡터 중심성은 중요한 노드와 많이 연결된 노드일수록 더욱 중요하다는 가정을 바탕으로 한 것이다-역주).

14 C. Canteloup, I. Puga- Gonzalez, C. Sueur, and E. van de Waal, "The Consistency of Individual Centrality across Time and Networks in Wild Vervet Monkeys," *American Journal of Primatology* 83 (2020), https://doi.org/10.1002/ajp.23232; C. Canteloup, W. Hoppitt, and E. van de Waal, "Wild Primates Copy 193 Notes to Pages 41–50 Higher-Ranked Individuals in a Social Transmission Experiment," *Nature Communications* 11 (2020), https://doi.org/10.1038/s41467-019-14209-8; C. Canteloup, M. Cera, B. Barrett, and E. van de Waal, "Processing of Novel Food Reveals Payoff and Rank- Biased Social Learning in a Wild Primate," *Scientific Reports* 11 (2021), https://doi.org/10.1038/s41598-021-88857-6.

1 M. Newman, D. Watts, and S. Strogatz, "Random Graph Models of Social Networks," *Proceedings of the National Academy of Sciences* 99 (2002): 2566–72; D. Lusseau, "The Emergent Properties of a Dolphin Social Network," *Proceedings of the Royal Society of London B* 270 (2003): S186–S188.

2 "Complex networks that contain": Lusseau, "The Emergent Properties of a Dolphin Social Network," S186.

3 S. Milgram, "The Small-World Problem," *Psychology Today* 2 (1967): 60–67.

4 Lusseau, "The Emergent Properties of a Dolphin Social Network."

5 D. Lusseau and M. E. J. Newman, "Identifying the Role That Animals Play in Their Social Networks," *Proceedings of the Royal Society of London* 271 (2004): S477–81; D. Lusseau, "Evidence for Social Role in a Dolphin Social Network," *Evolutionary Ecology* 21 (2007): 357–66; D. Lusseau and L. Conradt, "The Emergence of Unshared Consensus Decisions in Bottlenose Dolphins," *Behavioral Ecology and Sociobiology* 63 (2009): 1067–77; D. Lusseau, "The Short-Term Behavioral Reactions of Bottlenose Dolphins to Interactions with Boats in Doubtful Sound, New Zealand," *Marine Mammal Science* 22 (2006): 801–18; D. Lusseau, "Why Do Dolphins Jump? Interpreting the Behavioural Repertoire of Bottlenose Dolphins (Tursiops sp.) in Doubtful Sound, New Zealand," *Behavioural Processes* 73 (2006): 257–65.

6 R. Trivers, "The Evolution of Reciprocal Altruism," *Quarterly Review of Biology* 46 (1971): 189–226; G. Wilkinson, "Reciprocal Food Sharing in the Vampire Bat," *Nature* 308 (1984): 181–84; G. Carter, D. R. Farine, and G. S. Wilkinson, "Social Bet-Hedging in Vampire Bats," *Biology Letters* 13 (2017), https://doi.org/10.1098/rsbl.2017.0112; G. Wilkinson, "Food Sharing in Vampire Bats," *Scientific American* (February 1990): 76–82.

7 S. Ripperger, G. Carter, N. Duda, A. Koelpin, B. Cassens, R. Kapitza, D. Josic, J. Berrio-Martinez, R. A. Page, and F. Mayer, "Vampire Bats That Cooperate in the Lab Maintain Their Social Networks in the Wild," *Current Biology* 29 (2019): 4139–44.

8 S. Ripperger and G. Carter, "Social Foraging in Vampire Bats Is Predicted by Long-Term Cooperative Relationships," *PLoS Biology* 19 (2021), https://doi.org/10.1371/journal.pbio.3001366.

9 암보셀리 코끼리 연구 프로젝트에 대해 더 자세히 알고 싶다면, 다음을 참조하라. https://www.elephanttrust.org/index.php/meet-the-team/item/harvey.

10 P. I. Chiyo, C. J. Moss, E. A. Archie, J. A. Hollister-Smith, and S. C. Alberts, "Using Molecular and Observational Techniques to Estimate the Number and Raiding Patterns of Crop-Raiding Elephants," *Journal of Applied Ecology* 48 (2011): 788–96; E. Archie and P. I. Chiyo, "Elephant Behaviour and Conservation: Social Relationships, the Effects of Poaching, and Genetic Tools for Management," *Molecular Ecology* 21 (2012): 765–78.

11 P. I. Chiyo, C. J Moss, and S. C. Alberts, "The Influence of Life History Milestones and Association Networks on Crop-Raiding Behavior in Male African Elephants," *PLoS One* 7 (2012), https://doi.org/10.1371/journal.pone.0031382; P. I. Chiyo, E. A. Archie, J. A. Hollister-Smith, P. C. Lee, J. H. Poole, C. J. Moss, and S. C. Alberts, "Association Patterns of African Elephants in All-Male Groups: The Role of Age and Genetic Relatedness," *Animal Behaviour* 81 (2011): 1093–99; P. I. Chiyo, J. W. Wilson, E. A. Archie, P. C. Lee, C. J. Moss, and S. C. Alberts, "The Influence of Forage, Protected Areas, and Mating Prospects on Grouping Patterns of Male Elephants," *Behavioral Ecology* 25 (2014): 1494–504.

12 L. A. Aplin, B. Sheldon, and J. Morand-Ferron, "Milk-Bottles Revisited: Social Learning and Individual Variation in the Blue Tit (Cyanistes caeruleus)," *Animal Behaviour* 85 (2013): 1225–32; L. Aplin, D. R. Farine, J. Morand-Ferron, and B. Sheldon, "Social Networks Predict Patch Discovery in a Wild Population of Songbirds," *Proceedings of the Royal Society of London* 279 (2012): 4199–205.

13 S. Smith, *The Black-Capped Chickadee* (Ithaca, NY: Cornell University Press, 1992).

14 L. A. Giraldeau and T. Caraco, *Social Foraging Theory* (Princeton, NJ: Princeton University Press, 2000); M. Webster, N. Atton, W. Hoppitt, and K. N. Laland, "Environmental Complexity Influences Association Network Structure and Network-Based Diffusion of Foraging Information in Fish Shoals," *American Naturalist* 181 (2013): 235–44; M. Rafacz and J. J. Templeton, "Environmental Unpredictability and the Value of Social Information for Foraging Starlings," *Ethology* 109 (2003): 951–60.

15 T. B. Jones, L. Aplin, I. Devost, and J. Morand-Ferron, "Individual and Ecological Determinants of Social Information Transmission in the Wild," *Animal Behaviour* 129 (2017): 93–101.

16 D. S. da Rosa, N. Hanazaki, M. Cantor, P. C. Simões- Lopes, and F. G. Daura-Jorge, "The Ability of Artisanal Fishers to Recognize the Dolphins They Cooperate With," *Journal of Ethnobiology and Ethnomedicine* 16 (2006), https://doi.org/10.1186/s13002-020-00383-3; F. G. Daura-Jorge, S. N. Ingram, and P. C. Simões-Lopes, "Seasonal Abundance and Adult Survival of Bottlenose Dolphins (Tursiops truncatus) in a Community That Cooperatively Forages with Fishermen in Southern Brazil," *Marine Mammal Science* 29 (2013): 293–311.

17 A. M. Machado, F. G. Daura- Jorge, D. F. Herbst, P. C. Simões- Lopes, S. N. Ingram, P. V. de Castilho, and N. Peroni, "Artisanal Fishers' Perceptions of the Ecosystem Services Derived from a Dolphin-Human Cooperative Fishing Interaction in Southern Brazil," *Ocean & Coastal Management* 173 (2019): 148–56.

18 루소는 데이터 수집에 관여한 적이 없지만 여러 논문의 공동 저자였다.

19 F. G. Daura-Jorge, M. Cantor, S. Ingram, D. Lusseau, and P. C. Simões-Lopes, "The Structure of a Bottlenose Dolphin Society Is Coupled to a Unique Foraging Cooperation with Artisanal Fishermen," *Biology Letters* 8 (2012): 702–5; M. Cantor, L. L. Wedekin, P. R. Guimaraes, F.

G. Daura-Jorge, M. R. Rossi-Santos, and P. C. Simões-Lopes, "Disentangling Social Networks from Spatiotemporal Dynamics: The Temporal Structure of a Dolphin Society," *Animal Behaviour* 84 (2012): 641–51; P. C. Simões- Lopes, F .G. Daura-Jorge, and M. Cantor, "Clues of Cultural Transmission in Cooperative Foraging between Artisanal Fishermen and Bottlenose Dolphins, *Tursiops truncatus* (Cetacea: Delphinidae)," *Zoologia* 33 (2016), https://doi.org/10.1590/S1984-4689zool-20160107; C. Bezamat, P. C. Simões-Lopes, P. V. Castilho, and F. G. Daura-Jorge, "The Influence of Cooperative Foraging with Fishermen on the Dynamics of a Bottlenose Dolphin Population," *Marine Mammal Science* 35 (2019): 825–42; B. Romeu, M. Cantor, C. Bezamat, P. C. Simões-Lopes, and F. G. Daura-Jorge, "Bottlenose Dolphins That Forage with Artisanal Fishermen Whistle Differently," *Ethology* 123 (2017): 906–15; L. A. Dugatkin and M. Hasenjager, "The Networked Animal," *Scientific American* 312 (2015): 51–55.

제4장 | 번식 네트워크

1 A. W. Goldizen, A. R. Goldizen, D. A. Putland, D. M. Lambert, C. D. Millar, and J. C. Buchan, "'Wife-Sharing' in the Tasmanian Native Hen (*Gallinula mortierii*): Is It Caused by a Male-Biased Sex Ratio?" *Auk* 115 (1998): 528–32; A. W. Goldizen, D. A. Putland, and A. R. Goldizen, "Variable Mating Patterns in Tasmanian Native Hens (*Gallinula mortierii*): Correlates of Reproductive Success," *Journal of Animal Ecology* 67 (1998): 307–17; A. W. Goldizen, J. C. Buchan, D. A. Putland, A. R. Goldizen, and E. A. Krebs, "Patterns of Mate-Sharing in a Population of Tasmanian Native Hens, *Gallinula mortierii*," *Ibis* 142 (2000): 40–47.

2 A. J. Carter, S. L. Macdonald, V. A. Thomson, and A. W. Goldizen, "Structured Association Patterns and Their Energetic Benefits in Female Eastern Grey Kangaroos, *Macropus giganteus*," *Animal Behaviour* 77 (2009): 839–46; A. J. Carter, O. Pays, and A. W. Goldizen, "Individual Variation in the Relationship between Vigilance and Group Size in Eastern Grey Kangaroos," *Behavioral Ecology and Sociobiology* 64 (2009): 237–45.

3 T. Banda, M. W. Schwartz, and T. Caro, "Woody Vegetation Structure and Composition along a Protection Gradient in a Miombo Ecosystem of Western Tanzania," *Forest Ecology and Management* 230 (2006): 179–85.

4 J. B. Foster and A. I. Dagg, "Notes on the Biology of the Giraffe," *African Journal of Ecology* 10 (1972): 1–16; V. A. Langman, "Cow-Calf Relationships in Giraffe (*Giraffa camelopardalis giraffa*)," *Zeitschrift für Tierpsychologie* 43 (1977): 264–86; M. Saito and G. Idani, "The Role of Nursery Group Guardian Is Not Shared Equally by Female Giraffe (*Giraffa camelopardalis tippelskirchi*)," *African Journal of Ecology* 56 (2018): 1049–52; M. Saito and G. Idani, "Suckling and Allosuckling Behavior in Wild Giraffe (*Giraffa camelopardalis tippelskirchi*)," *Mammalian Biology* 93 (2018): 1–4; M. Saito and G. Idani, "Giraffe Mother-Calf Relationships in the Miombo Woodland of Katavi National Park, Tanzania," *Mammal Study* 43 (2018): 11–17.

5 M. F. Saito, F. B. Bercovitch, and G. Idani, "The Impact of Masai Giraffe Nursery Groups on the Development of Social Associations among Females and Young Individuals," *Behavioural Processes* 180 (2020), https://doi.org/10.1016/j.beproc.2020.104227.

6 J. J. Elliott and R. S. Arbib, "Origin and Status of the House Finch in the Eastern United States," *Auk* 70 (1953): 31-37; 코넬 조류학 연구소 데이터는 다음에서 확인할 수 있다. https://birdsoftheworld.org/bow/species/houfin/cur/introduction.

7 G. Hill, "Female House Finches Prefer Colourful Males: Sexual Selection for a Condition-Dependent Trait," *Animal Behaviour* 40 (1990): 563-72; G. Hill, "Plumage Coloration Is a Sexually Selected Indicator of Male Quality," *Nature* 350 (1991): 337-39; G. Hill, *A Red Bird in a Brown Bag: The Function and Evolution of Colorful Plumage in the House Finch* (New York: Oxford University Press, 2002).

8 K. P. Oh and A. V. Badyaev, "Structure of Social Networks in a Passerine Bird: Consequences for Sexual Selection and the Evolution of Mating Strategies," *American Naturalist* 176 (2010): E80-E89.

9 E. C. Best, S. P. Blomberg, and A. W. Goldizen, "Shy Female Kangaroos Seek Safety in Numbers and Have Fewer Preferred Friendships," *Behavioral Ecology* 26 (2015): 639-46; C. S. Menz, A. W. Goldizen, S. P. Blomberg, N. J. Freeman, and E. C. Best, "Understanding Repeatability and Plasticity in Mul tiple Dimensions of the Sociability of Wild Female Kangaroos," *Animal Behaviour* 126 (2017): 3-16.

10 C. S. Menz, A. J. Carter, E. C. Best, N. J. Freeman, R. G. Dwyer, S. P. Blomberg, and A. W. Goldizen, "Higher Sociability Leads to Lower Reproductive Success in Female Kangaroos," *Royal Society Open Science* 7 (2020), https://doi.org/10.1098/rsos.200950. W. J. King, M. Festa-Bianchet, G. Coulson, and A. W. Goldizen, "Long-Term Consequences of Mother-Offspring Associations in Eastern Grey Kangaroos," *Behavioral Ecology and Sociobiology* 71 (2017), https://doi.org/10.1007/s00265-017-2297-1.

제5장 | 권력 네트워크

1 공동 산란은 공동 둥지 만들기 행동의 한 요소이다.

2 I. G. Jamieson, J. S. Quinn, P. A. Rose, and B. N. White, "Shared Paternity among Non-Relatives Is a Result of an Egalitarian Mating System in a Communally Breeding Bird, the Pukeko," *Proceedings of the Royal Society of London* 257 (1994): 271-77.

3 C. J. Dey, J. S. Quinn, A. King, J. Hiscox, and J. Dale, "A Bare-Part Ornament Is a Stronger Predictor of Dominance than Plumage Ornamentation in the Cooperatively Breeding Australian Swamphen," *Auk* 134 (2017): 317-29.

4 C. J. Dey and J. S. Quinn, "Individual Attributes and Self- Organizational Processes Affect Dominance Network Structure in Pukeko," *Behavioral Ecology* 25 (2014): 1402-8; J. L. Craig,

"The Behaviour of the Pukeko, *Porphyrio porphyrio melanotus,*" *New Zealand Journal of Zoology* 4 (1977): 413–33.

5 L. A. Dugatkin, *Power in the Wild: The Subtle and Not-So-Subtle Ways Animals Strive for Control over Others* (Chicago: University of Chicago Press, 2022).

6 R. A. Rodriguez-Munoz, A. Bretman, J. Slate, C. A. Walling, and T. Tregenza, "Natural and Sexual Selection in a Wild Insect Population," *Science* 328 (2010): 1269–72.

7 D. N. Fisher, R. Rodriguez-Munoz, and T. Tregenza, "Dynamic Networks of Fighting and Mating in a Wild Cricket Population," *Animal Behaviour* 155 (2019): 179–88; D. N. Fisher, R. Rodriguez-Munoz, and T. Tregenza, "Wild Cricket Social Networks Show Stability across Generations," *BMC Evolutionary Biology* 16 (2016), https://doi.org/10.1186/s12862-016-0726-9; D. N. Fisher, R. Rodriguez-Munoz, and T. Tregenza, "Comparing Pre-and Post-Copulatory Mate Competition Using Social Network Analysis in Wild Crickets," *Behavioral Ecology* 27 (2016): 912–19; A. Bretman and T. Tregenza, "Measuring Polyandry in Wild Populations: A Case Study Using Promiscuous Crickets," *Molecular Ecology* 14 (2005): 2169–79.

8 "Thirty years ago": R. Dunbar, "Dunbar's Number," The Conversation, May 12, 2021, https://theconversation.com/dunbars-number-why-my-theory-that-humans-can-only-maintain-150-friendships-has-withstood-30-years-of-scrutiny-160676; R. I. Dunbar, "Neocortex Size as a Constraint on Group Size in Primates," *Journal of Human Evolution* 20 (1992): 469–93; H. Kudo and R. I. Dunbar, "Neocortex Size and Social Network Size in Primates," Animal Behaviour 62 (2001): 711–22; R. I. Dunbar, "The Social Brain Hypothesis and Human Evolution," Oxford Research Encyclopedias, Psychology, March 3, 2016, https://doi.org/10.1093/acrefore/9780190236557.013.44; R. I. Dunbar, *Friends: Understanding the Power of Our Most Important Relationship* (New York: Little, Brown, 2021). 시간이 흐르면서, 염소의 지능에 대한 던바의 생각이 옳았음이 증명되었다. 여러 연구에 따르면 염소는 자신과 같은 무리에 속한 구성원을 인식하고, 다른 개체들이 내는 음성 신호를 통해 긍정적이거나 부정적인 감정을 구별하며, 인간의 미세한 행동 변화에 반응한다. C. Nawroth, "Socio-Cognitive Capacities of Goats and Their Impact on Human-Animal Interactions," *Small Ruminant Research* 150 (2017): 70–75; B. Pitcher, E. F. Briefer, L. Baciadonna, and A. G. McElligott, "Cross-Modal Recognition of Familiar Conspecifics in Goats," *Royal Society Open Science* 4 (2017), https://doi.org/10.1098/rsos.160346; L. Baciadonna, E. F. Briefer, L. Favaro, and A. G. McElligott, "Goats Distinguish between Positive and Negative Emotion-Linked Vocalisations," *Frontiers in Zoology* 16 (2019), https://doi.org/10.1186/s12983-019-0323-z.

9 C. R. Stanley and R. I. Dunbar, "Consistent Social Structure and Optimal Clique Size Revealed by Social Network Analysis of Feral Goats, *Capra hircus*," 198 Notes to Pages 87–94 *Animal Behaviour* 85 (2013): 771–79. 던바와 스탠리가 발견한 권력의 역학은 럼 섬의 염소들에만 국한되지 않는다. 리버풀에서 던바가 현재 머무는 곳의 건너편은 웨일스 북부의 그레이트 오름 지역

이고, 이곳엔 순백의 페르시안 염소들이 살고 있다. 던바와 스탠리가 이 염소들 무리에 대해 유사한 네트워크 분석을 수행하자, 그 결과는 럼 섬의 염소들에서 발견된 것과 일치했다.
10 B. Majolo, R. McFarland, C. Young, and M. Qarro, "The Effect of Climatic Factors on the Activity Budgets of Barbary Macaques (*Macaca sylvanus*)," *International Journal of Primatology* 34 (2013): 500–514.
11 N. Ménard, "Ecological Plasticity of Barbary Macaques (*Macaca sylvanus*)," *Evolutionary Anthropology* 11 (2002): 95–100; R. McFarland and B. Majolo, "Coping with the Cold: Predictors of Survival in Wild Barbary Macaques, Macaca sylvanus," *Biology Letters* 9 (2013), https://doi.org/10.1098/rsbl.2013.0428.
12 J. Lehmann and C. Boesch, "Sociality of the Dispersing Sex: The Nature of Social Bonds in West African Female Chimpanzees, Pan troglodytes," *Animal Behaviour* 77 (2009): 377–87; J. Lehmann and C. Ross, "Baboon (Papio anubis) Social Complexity: A Network Approach," *American Journal of Primatology* 73 (2011): 775–89; J. Lehmann and C. Ross, "Sex Differences in Baboon Social Network Position," *Folia Primatologica* 82 (2011): 333.
13 L. A. Campbell, P. J. Tkaczynski, J. Lehmann, M. Mouna, and B. Majolo, "Social Thermoregulation as a Potential Mechanism Linking Sociality and Fitness: Barbary Macaques with More Social Partners Form Larger Huddles," *Scientific Reports* 8 (2018), https://doi.org/10.1038/s41598-018-24373-4.
14 J. Lehmann, B. Majolo, and R. McFarland, "The Effects of Social Network Position on the Survival of Wild Barbary Macaques, *Macaca sylvanus*," *Behavioral Ecology* 27 (2016): 20–28.

제6장 | 안전 네트워크

1 W. D. Hamilton, "Geometry of the Selfish Herd," *Journal Theoretical Biology* 31 (1971): 295–311; G. Williams, *Adaptation and Natural Selection* (Princeton, NJ: Princeton University Press, 1966); R. Pulliam, "On the Advantages of Flocking," *Journal Theoretical Biology* 38 (1973): 419–22; R. C. Miller, "The Significance of the Gregarious Habit," *Ecology* 3 (1922): 122–26; I. Vine, "Risk of Visual Detection and Pursuit by a Predator and the Selective Advantage of Flocking Behaviour," *Journal of Theoretical Biology* 30 (1971): 405–22.
2 T. Cucchi, J. D. Vigne, and J. C. Auffray, "First Occurrence of the House Mouse (*Mus musculus* domesticus Schwarz, 1943) in the Western Mediterranean: A Zooarchaeological Revision of Subfossil Occurrences," *Biological Journal of the Linnean Society* 84 (2005): 429–45; T. Cucchi, J. D. Vigne, J. C. Auffray, P. Croft, and E. Peltenburg, "Passive Transport of the House Mouse (*Mus musculus domesticus*) to Cyprus at the Early Preceramic Neolithic (Late 9th and 8th Millennia Cal. BC)," *Comptes Rendus Palevol* 1 (2002): 235–41.
3 B. König and A. K. Lindholm, "The Complex Social Environment of Female House Mice (*Mus domesticus*)," in *Evolution in Our Neighbourhood: The House Mouse as a Model in Evolutionary*

Research, ed. M. Macholán, S. J. Baird, P. Munclinger, and J. Piálek (Cambridge: Cambridge University Press 2012), 114-34; B. König, A. K. Lindholm, P. C. Lopes, A. Dobay, S. Steinert, and F. Jens-Uwe Buschmann, "A System for Automatic Recording of Social Behavior in a Free-Living Wild House Mouse Population," *Animal Biotelemetry* 3 (2015), https://doi.org/10.1186/s40317-015-0069-0.

4 J .C. Evans, J. I. Liechti, B. Boatman and B. König, "A Natural Catastrophic Turnover Event: Individual Sociality Matters Despite Community Resilience in Wild House Mice," *Proceedings of the Royal Society of London* 287 (2020), https://doi.org/10.1098/rspb.2019.2880.

5 J. Johnson, "A Brief History of the Rocky Mountain Biological Laboratory," *Colorado Magazine* 2 (1962): 81-103.

6 *Marmota flaviventer* was formerly *Marmota flaviventris*. D. T. Blumstein,"Yellow-Bellied Marmots: Insights from an Emergent View of Sociality," *Philosophical Transactions of the Royal Society* 368 (2013), https://doi.org/10.1098/rstb.2012.0349; D. T. Blumstein, T. W. Wey, and K. Tang, "A Test of the Social Cohesion Hypothesis: Interactive Female Marmots Remain at Home," *Proceedings of the Royal Society of London* 276 (2009): 3007-12.

7 R. Sagarin, *Learning from the Octopus: How Secrets from Nature Can Help Us Fight Terrorist Attacks, Natural Disasters, and Disease* (New York: Basic Books, 2012).

8 Noisier calls have higher entropy: Blumstein, Wey, and Tang, "A Test of the Social Cohesion Hypothesis"; H. Fuong and D. T. Blumstein, "Social Security: Less Socially Connected Marmots Produce Noisier Alarm Calls," *Animal Behaviour* 154 (2019): 131-36; D. T. Blumstein, H. Fuong, and E. Palmer, "Social Security: Social Relationship Strength and Connectedness Influence How Marmots Respond to Alarm Calls," *Behavioral Ecology and Sociobiology* 7 (2017), https://doi.org/10.1007/s00265-017-2374-5. 블룸스타인, 푸옹, 팔머의 중심성 측정은 '근접 중심성'이라고 불린다. 이는 '고유 벡터 중심성'과는 조금 다르다.

9 A. P. Montero, D. M. Williams, J. G. Martin, and D. T. Blumstein, "More Social Female Yellow-Bellied Marmots, Marmota flaviventer, Have Enhanced Summer Survival," *Animal Behaviour* 160 (2020): 113-19; Blumstein, Wey, and Tang, "A Test of the Social Cohesion Hypothesis"; D. Van Vuren and K. B. Armitage, "Survival and Dispersing of Philopatric Yellow-Bellied Marmots: What Is the Cost of Dispersal?" *Oikos* 69 (1994): 179-81. 사회적 네트워크상 위치가 동물의 전반적인 생애의 다양한 측면에 끼치는 영향은 복잡하다. 본문에서는 네트워크와 관련해 동물의 전반적인 생애 중 한 측면만을 다룬다. 더 많은 내용을 알기 위해서는 다음을 살펴보라. T. W. Wey and D. T. Blumstein, "Social Attributes and Associated Performance Measures in Marmots: Bigger Male Bullies and Weakly Affiliating Females Have Higher Annual Reproductive Success," *Behavioral Ecology and Sociobiology* 66 (2012): 1075-85; W. J. Yang, A. A. Maldonado-Chaparro, and D. T. Blumstein, "A Cost of Being Amicable in a Hibernating Mammal," *Behavioral Ecology* 28 (2017): 11-19; D. T. Blumstein, D. M. Williams, A. N. Lim,

S. Kroeger, and J. G. A. Martin, "Strong Social Relationships Are Associated with Decreased Longevity in a Facultatively Social Mammal," *Proceedings of the Royal Society of London* 85 (2018), https://doi.org/10.1098/rspb.2017.1934.

10 J. Bro-Jørgensen, D. W. Franks, and K. Meise, "Linking Behaviour to Dynamics of Populations and Communities: Application of Novel Approaches in Behavioural Ecology to Conservation," *Philosophical Transactions of the Royal Society* 374 (2019), 758-73, https://doi.org/10.1098/rstb.2019.0008; J. Szymkowiak and K. A. Schmidt, "Deterioration of Nature's Information Webs in the Anthropocene," *Oikos* (2021), https://doi.org/10.1111/oik.08504.

11 K. Stears, M. H. Schmitt, C. C. Wilmers, and A. M. Shrader, "Mixed-Species Herding Levels the Landscape of Fear," *Proceedings of the Royal Society of London* 287 (2020), https://doi.org/10.1098/rspb.2019.2555; also see M. H. Schmitt, K. Stears, and A. M. Shrader, "Zebra Reduce Predation Risk in Mixed-Species Herds by Eavesdropping on Cues from Giraffe," *Behavioral Ecology* 27 (2016): 1073-77; J. Bro-Jørgensen and W. M. Pangle, "Male Topi Antelopes Alarm Snort Deceptively to Retain Females for Mating," American Naturalist 176 (2010): E33-E39.

12 K. D. Meise, D. W. Franks, and J. Bro-Jørgensen, "Multiple Adaptive and Non- Adaptive Processes Determine Responsiveness to Heterospecific Alarm Calls in African Savannah Herbivores," *Proceedings of the Royal Society of London* 285 (2018), https://doi.org/10.1098/rspb.2017.2676.

13 M. Lovschal, P. K. Bocher, J. Pilgaard, I. Amoke, A. Odingo, A. Thuo, and J. C. Svenning, "Fencing Bodes a Rapid Collapse of the Unique Greater Mara Ecosystem," *Scientific Reports* 7 (2017), https://doi.org/10.1038/srep41450; R. Holdo, J. M. Fryxell, A. R. Sinclair, A. Dobson, and R. D. Holt, "Predicted Impact of Barriers to Migration on the Serengeti Wildebeest Population," *PLoS One* 6 (2011), https://doi.org/10.1371/journal.pone.0016370; K. D. Meise, W. Franks, and J. Bro-Jørgensen, "Using Social Network Analysis of Mixed- Species Groups in African Savannah Herbivores to Assess How Community Structure Responds to Environmental Change," Philosophical Transactions of the Royal Society B 374 (2019), https://doi.org/10.1098/rstb.2019.0009; A. Dobson, M. Borner, and T. Sinclair, "Road Will Ruin Serengeti," *Nature* 467 (2010): 272-73.

14 High tie groups-an average of thirty- eight ties for females and thirty- two ties for males. Low tie groups-an average of nine ties for females and eight ties for males; P. C. Lopes, and B. König, "Wild Mice with Different Social Network Sizes Vary in Brain Gene Expression," *BMC Genomics* 21 (2020), https://doi.org/10.3389/fnbeh.2020.00010; P. C. Lopes, H. D. Esther, M. K. Carlitz, and B. König, "Immune-Endocrine Links to Gregariousness in Wild House Mice," *Frontiers in Behavioral Neuroscience* 14 (2020), https://doi.org/10.3389/fnbeh.2020.00010. 세포외 기질에 대한 더 많은 정보를 알기 위해서는 다음을 살펴보라. A. Dityatev, M. Schachner,

and P. Sonderegger, "The Dual Role of the Extracellular 201 Notes to Pages 109-116 Matrix in Synaptic Plasticity and Homeostasis," *Nature Reviews Neuroscience* 11 (2010): 735-46; O. P. Senkov, L. Andjus, L. Radenovic, E. Soriano, and A. Dityatev, "Neural ECM Molecules in Synaptic Plasticity, Learning, and Memory," in *Brain Extracellular Matrix in Health and Disease*, ed. A. Dityatev, B. Wehrle-Haller, and A. Pitkanen (Amsterdam: Elsevier Science, 2014), 53-80.

제7장 | 이동 네트워크

1 A. Vasiliev, "Pero Tafur: A Spanish Traveler of the Fifteenth Century and His Visit to Constantinople, Trebizond, and Italy," *Byzantion* 7 (1932): 75-122; E. D. Ross and E. Power, eds., *Pero Tafur: Travels and Adventures* (1435-1439) (New York: Harper and Brothers, 1926).

2 오늘날에는 귀소 비둘기와 배달부 비둘기를 가끔 구분하기도 한다. 하지만 타푸르가 살았던 15세기에는 그런 구분이 없었다. 현대의 관점에서 보면, 그가 배달부 비둘기라고 부른 것이 귀소 비둘기에 해당한다.

3 W. Wiltschko and R. Wiltschko, "Homing Pigeons as a Model for Avian Navigation?" *Journal of Avian Biology* 48 (2017): 66-74; A. Flack, M. Akos, M. Nagy, T. Vicsek, and D. Biro, "Robustness of Flight Leadership Relations in Pigeons," *Animal Behaviour* 86 (2013): 723-32; I. B. Watts, M. Pettit, M. Nagy, T. B. de Perera, and D. Biro, "Lack of Experience-Based Stratification in Homing Pigeon Leadership Hierarchies," *Royal Society Open Science* 3 (2016), https://doi.org/10.1098/rsos.150518; B. Z. Pettit, M. Akos, T. Vicsek, and D. Biro, "Speed Determines Leadership and Leadership Determines Learning during Pigeon Flocking," *Current Biology* 25 (2015): 3132-37. A가 리더로서 얼마나 자주 앞서갔고, B가 A를 뒤따라갔는지를 계산하기 위해 B의 반응(A의 방향 변화에 대한)이 일어나기까지 시간 지연을 측정했다.

4 A. Flack, M. Nagy, W. Fiedler, I. Couzin, I. D. and M. Wikelski, "From Local Collective Behavior to Global Migratory Patterns in White Storks," *Science* 360 (2018): 911-14; A. Flack, W. Fiedler, J. Blas, I. Pokrovsky, M. Kaatz, M. Mitropolsky, K. Aghababyan et al., "Costs of Migratory Decisions: A Comparison across Eight White Stork Populations," *Science Advances* 2 (2016), https://doi.org/10.1126/sciadv.1500931; A. Berdahl, A. Kao, A. Flack, P. Westley, E. Codling, I. Couzin, A. Dell, and D. Biro, "Collective Animal Navigation and Migratory Culture: From Theoretical Models to Empirical Evidence," *Philosophical Transactions of the Royal Society* 373 (2018), https://doi.org/10.1098/rstb.2017.0009.

5 "Mount Huangshan," UNESCO, whc.unesco.org/en/list/547/en.unesco.org/biosphere/aspac/huangshan.

6 J. H. Li and P. M. Kappeler, "Social and Life History Strategies of Tibetan Macaques at Mt. Huangshan," in *The Behavioral Ecology of the Tibetan Macaque*, J. H. Li, L. Sun, and P. Kappeler (Berlin: Springer Open, 2020), 17-45;C. P. Xiong and Q. S. Wang, "Seasonal Habitat

Used by Tibetan Monkeys," *Acta Theriologica Sinica* 8 (1988): 176–83; J. H. Li, The Tibetan Macaque Society: A Field Study (Hefei: Anhui University Press, 1999).

7 D. P. Xia, R. C. Kyes, X. Wang, B. H. Sun, L. X. Sun, and J. H. Li, "Grooming Networks Reveal Intra-and Inter-Sexual Social Relationships in *Macaca thibetana*," *Primates* 60 (2019): 223–32; A. K. Rowe, J. H. Li, L. X. Sun, L. K. Sheeran, R. S. Wagner, D. P. Xia, D. A. Uhey, and R. Chen, "Collective Decision Making in Tibetan Macaques: How Followers Affect the Rules and Speed of Group Movement," *Animal Behaviour* 146 (2018): 51–61; X. Wang, L. X. Sun, L. K. Sheeran, B. H. Sun, Q. X. Zhang, D. Zhang, D. P. Xia, and J. H. Li, "Social Rank versus Affiliation: Which Is More Closely Related to Leadership of Group Movements in Tibetan Macaques (*Macaca thibetana*)?" *American Journal of Primatology* 78 (2016): 816–24; G. P. Fratellone, J. H. Li, L. K. Sheeran, R. S. Wagner, X. Wang, and L. X. Sun, "Social Connectivity among Female Tibetan Macaques (*Macaca thibetana*) Increases the Speed of Collective Movements," *Primates* 60 (2019): 183–89.

8 K. Strier, *Faces in the Forest: The Endangered Muriqui Monkeys of Brazil* (Cambridge, MA: Harvard University Press, 1999).

9 F. R. De Melo, J. P. Boubli, R. A. Mittermeier, L. Jerusalinsky, F. P. Tabacow, D. S. Ferraz, and M. Talebi, Northern Muriqui, *Brachyteles hypoxanthus,* IUCN Red List of Threatened Species, 2021, https://www.iucnredlist.org/fr/species/2994/191693399; E. Veado, "Caracterização da Feliciano Miguel Abdala," 2002, http://www.preservemuriqui.org.br/ing/artigos/caracterizacaorppn.pdf; J. P. Boubli, F. Couto-Santos, and K. B. Strier, "Structure and Floristic Composition of One of the Last Forest Fragments Containing the Northern Muriquis (Brachyteles hypoxanthus) Primates," *Ecotropica* 17 (2012): 53–69.

10 K. B. Strier, J. P. Boubli, C. B Possamai, and S. L. Mendes, "Population Demography of Northern Muriquis (*Brachyteles hypoxanthus*) at the Estacao Biologica de Caratinga/Reserva Particular do Patrimonio Natural-Feliciano Miguel Abdala, Minas Gerais, Brazil," *American Journal of Physical Anthropology* 130 (2006): 227–37.

11 M. Tokuda, J. P. Boubli, I. Mourthe, P. Izar, C. B. Possamai, and K. B. Strier, "Males Follow Females during Fissioning of a Group of Northern Muriquis," *American Journal of Primatology* 76 (2014): 529–38; M. Tokuda, J. P. Boubli, P. Izar, and K. B. Strier, "Social Cliques in Male Northern Muriquis Brachyteles hypoxanthus," *Current Zoology* 58 (2012): 342–52.

12 해당 데이터는 'Movebank'에 업로드되었다. Movebank는 수백 종에 이르는 동물의 이동 패턴에 대한 대규모 데이터를 관리하는 무료 온라인 데이터베이스이다. 해당 데이터의 일부, 특히 데이터를 지도상에 표현한 부분은 다음을 통해 확인할 수 있다. https://www.movebank.org/cms/webapp?gwt_fragment=page=studies,path=study74496970.

13 G. Peron, C. H. Fleming, O. Duriez, J. Fluhr, C. Itty, S. Lambertucci, K. Safi, E. L. Shepard, and J. M. Calabrese, "The Energy Landscape Predicts Flight Height and Wind Turbine Collision

Hazard in Three Species of Large Soaring Raptor," *Journal of Applied Ecology* 54 (2017): 1895-906; M. Scacco, A. Flack, O. Duriez, M. Wikelski, and K. Safi, "Static Landscape Features Predict Uplift Locations for Soaring Birds across Europe," *Royal Society Open Science* 6 (2019), https://doi.org/10.1098/rsos.181440.

제8장 | 의사소통 네트워크

1 V. Reynolds, *The Chimpanzees of the Budongo Forest: Ecology, Behaviour, and Conservation* (Oxford: Oxford University Press, Oxford, 2005).

2 A. I. Roberts, "Emerging Language: Cognition and Gestural Communication in Wild and Language Trained Chimpanzees (*Pan Troglodytes*)" (PhD diss., University of Stirling, 2010).

3 A. I. Roberts, S. J. Vick, S. G. B. Roberts, H. M. Buchanan- Smith, and K. Zuberbühler, "A Structure-Based Repertoire of Manual Gestures in Wild Chimpanzees: Statistical Analyses of a Graded Communication System," *Evolution and Human Behavior* 33 (2012): 578-89; A. I. Roberts, S. G. B. Roberts, and S. J. Vick, "The Repertoire and Intentionality of Gestural Communication in Wild Chimpanzee," *Animal Cognition* 17 (2014): 317-36; A. I. Roberts, S. J. Vick, and H. M. Buchanan-Smith, "Usage and Comprehension of Manual Gestures in Wild Chimpanzees," *Animal Behaviour* 84 (2012): 459-70.

4 K. von Frisch, *The Dance Language and Orientation of Bees* (Cambridge, MA: Harvard University Press, 1967); Noble Prize, obelprize.org/prizes/medicine/1973/frisch/facts/; T. Seeley, *Honeybee Ecology: A Study of Adaptation in Social Life* (Princeton, NJ: Princeton University Press, 1985).

5 "a unique form of behavior": T. Seeley, *Honeybee Ecology* (Princeton, NJ: Princeton University Press, 2014), 83; T. Seeley, "Progress in Understanding How the Waggle Dance Improves the Foraging Efficiency of Honeybee Colonies," in *Honeybee Neurobiology and Behavior: A Tribute to Randolf Menzel,* ed. D. Eisenhardt, G. Galizia, and M. Giurfa (Berlin: Springer, 2012).

6 M. J. Hasenjager, W. Hoppitt, and L. A. Dugatkin, "Personality Composition Determines Social Learning Pathways within Shoaling Fish," *Proceedings of the Royal Society of London* 287 (2020), https://doi.org/10.1098/rspb.2020.1871; M. J. Hasenjager and L. A. Dugatkin, "Fear of Predation Shapes Social Network Structure and the Acquisition of Foraging Information in Guppy Shoals," *Proceedings of the Royal Society of London* 284 (2017), https://doi.org/10.1098/rspb.2017.2020; M. J. Hasenjager and L. A. Dugatkin, "Familiarity Affects Network Structure and Information Flow in Guppy (*Poecilia reticulata*) Shoals," *Behavioral Ecology* 28 (2017): 233-42.

7 꿀을 채집한 벌들이 벌집에 도착하는 시간과 상호작용을 통해 구축된 네트워크에서 개체들의 연결은 일정한 방향성을 가진다. 정보는 먹이를 채집한 개체에서 채집하지 못한 개체 쪽으로 흘러간다. 8자 춤 네트워크의 경우, 특정한 8자 춤에 담긴 정보에 따라 더 많은 벌이 움직였다면,

그 연결에 가중치가 주어진다. 이는 해당 정보가 더 많은 벌에게 전달되었음을 의미한다.

8 M. J. Hasenjager, W. Hoppitt, and E. Leadbeater, "Network-Based Diffusion Analysis Reveals Context-Specific Dominance of Dance Communication in Foraging Honeybees," *Nature Communications* 11 (2020), https://doi.org/10.1038/s41467-020-14410-0.

9 예를 들어, 뇌의 특정 영역과 관련된 FOXP2 유전자는 새의 노래 인식과 인간의 언어 습득 모두와 관련이 있다. 어린 금화조에 대한 실험 연구에서 FOXP2 유전자를 제거하자(비활성화하자) 성체의 노래를 따라 하는 능력이 심각하게 손상된다는 것을 발견했다. S. Haesler, C. Rochefort, B. Georgi, P. Licznerski, P. Osten, and C. Scharff, "Incomplete and Inaccurate Vocal Imitation after Knockdown of FoxP2 in Songbird Basal Ganglia Nucleus Area X," *PLoS Biology* 5 (2007): 2885–97. For more on birdsong, see C. M. Aamodt, M. Farias-Virgens, and S. A. White, "Birdsong as a Window into Language Origins and Evolutionary Neuroscience," *Philosophical Transactions of the Royal Society* 375 (2020), https://doi.org/10.1098/rstb.2019.0060; M. D. Beecher, "Function and Mechanisms of Song Learning in Song Sparrows," *Advances in the Study of Behavior* 38 (2008): 167–225; W. A. Searcy and S. Nowicki, "Birdsong Learning, Avian Cognition and the Evolution of Language," *Animal Behaviour* 151 (2019): 217–27; R. C. Berwick, K. Okanoya, G. J. Beckers, and J. J. Bolhuis, "Songs to Syntax: The Linguistics of Birdsong," *Trends in Cognitive Sciences* 15 (2011): 113–21; E. Z. Lattenkamp, S. G. Horpel, J. Mengede, and U. Firzlaff, "A Researcher's Guide to the Comparative Assessment of Vocal Production Learning," *Philosophical Transactions of the Royal Society* 376 (2021), https://doi.org/10.1098/rstb.2020.0237.

10 D. A. Potvin, K. M. Parris, and R. A. Mulder, "Geographically Pervasive Effects of Urban Noise on Frequency and Syllable Rate of Songs and Calls in Silvereyes (*Zosterops lateralis*)," *Proceedings of the Royal Society of London* 278 (2011): 2464–69; D. A. Potvin, K. M. Parris, and R. A. Mulder, "Limited Genetic Differentiation between Acoustically Divergent Populations of Urban and Rural Silvereyes (*Zosterops lateralis*)," *Evolutionary Ecology* 27 (2013): 381–91; D. A. Potvin and K. M. Parris, "Song Convergence in Multiple Urban Populations of Silvereyes (*Zosterops lateralis*)," *Ecology and Evolution* 2 (2013): 1977–84.

11 C. Piza-Roca, K. Strickland, N. Kent, and C. H. Frere, "Presence of Kin-Biased Social Associations in a Lizard with No Parental Care: The Eastern Water Dragon (*Intellagama lesueurii*)," *Behavioral Ecology* 30 (2019): 1406–15; K. Strickland, R. Gardiner, A. J. Schultz, and C. H. Frere, "The Social Life of Eastern Water Dragons: Sex Differences, Spatial Overlap and Genetic Relatedness," *Animal Behaviour* 97 (2014): 53–61; C. Piza-Roca, K. Strickland, D. Schoeman, and C. H. Frere, "Eastern Water Dragons Modify Their Social Tactics with Respect to the Location within Their Home Range," *Animal Behaviour* 144 (2018): 27–36.

12 D. A. Potvin, K. Strickland, E. A. MacDougall-Shackleton, J. W. Slade, and C. H. Frere, "Applying Network Analysis to Birdsong Research," *Animal Behaviour* 154 (2019): 95–109; D.

A. Potvin and S. M. Clegg, "The Relative Roles of Cultural Drift and Acoustic Adaptation in Shaping Syllable Repertoires of Island Bird Populations Change with Time Since Colonization," *Evolution* 69 (2015): 368-80.

13 행동 네트워크에는 방향성이 있다. 우리는 침팬지 1이 침팬지 2에게 얼마나 자주 제스처를 취하는지, 침팬지 2는 침팬지 1에게 얼마나 자주 제스처를 취하는지 살펴보았다. "이 제스처들은 불확실성을 줄인다(these gestures are less ambiguous)"는 내용은 다음에서 발췌했다. A. I. Roberts and S. G. B. Roberts, "Wild Chimpanzees 205 Modify Modality of Gestures according to the Strength of Social Bonds and Personal Network Size," *Scientific Reports* 6 (2016), https://doi.org/10.1038/srep33864. 보노보(Pan paniscus)의 경우에도, 다중 양식 성적 신호(시각적, 청각적, 촉각적 신호를 사용해 성적으로 의사소통하는 것을 뜻한다.-역주)와 이 신호들의 다양한 기능에서 비슷한 현상이 일어날 수 있다: E. Genty, C. Neumann, and K. Zuberbühler, "Complex Patterns of Signalling to Convey Different Social Goals of Sex in Bonobos, *Pan paniscus*," *Scientific Reports* 5 (2015), https://doi.org/10.1038/srep16135.

제9장 | 문화 네트워크

1 M. Kawai, "Newly Acquired Precultural Behavior of the Natural Troop of Japanese Monkeys on Koshima Islet," *Primates* 6 (1965): 1-30; S. Kawamura, "The Process of Sub-Culture Propagation among Japanese Macaques," *Primates* (1959): 43-60.

2 G. Hunt, "Human-Like, Population-Level Specialization in the Manufacture of Pandanus Tools by New Caledonian Crows, *Corvus moneduloides*," *Proceedings of the Royal Society of London* 267 (2000): 403-13; B. C. Klump, J. E. van der Wal, J. H. St Clair, and R. Christian, "Context-Dependent 'Safekeeping' of Foraging Tools in New Caledonian Crows," *Proceedings of the Royal Society of London* 282 (2015), https://doi.org/10.1098/rspb.2015.0278; A. M. von Bayern, S. Danel, A. M. Auersperg, B. Mioduszewska, and A. Kacelnik, "Compound Tool Construction by New Caledonian Crows," *Scientific Reports* 8 (2018), https://doi.org/10.1038/s41598-018-33458-z.

3 샤크 베이 돌고래 프로젝트에 대해서는 다음을 참고하라. https://www.monkeymiadolphins.org.

4 R. Smolker, A. Richards, R. Connor, J. Mann, and P. Berggren, "Sponge Carrying by Dolphins (Delphinidae, Tursiops sp.): A Foraging Specialization Involving Tool Use?" *Ethology* 103 (1997): 454-65; J. B. Mann, B. L. Sargeant, J. J. Watson-Capps, Q. A. Gibson, M. R. Heithaus, R. C. Connor, and E. Patterson, "Why Do Dolphins Carry Sponges?" *PLoS One* 3 (2008), https://doi.org/10.1371/journal.pone.0003868; M. J. Krützen, J. Mann, M. R. Heithaus, R. C. Connor, L. Bejder, and W. B. Sherwin, "Cultural Transmission of Tool Use in Bottlenose Dolphins," *Proceedings of the National Academy of Sciences* 102 (2005): 8939-43; R. C. Connor, *Dolphin Politics in Shark Bay: A Journey of Discovery* (The Dolphin Alliance Project, 2018).

5 J. M. Mann, M. A. Stanton, E. M. Patterson, E. J. Bienenstock, and L. O. Singh, "Social Networks Reveal Cultural Behaviour in Tool-Using Using Dolphins," *Nature Communications* 3 (2012), https://doi.org/10.1038/ncomms1983.

6 J. M. Allen, M. Weinrich, W. Hoppitt, and L. Rendell, "Network-Based Diffusion Analysis Reveals Cultural Transmission of Lobtail Feeding in Humpback Whales," *Science* 340 (2013): 485–88; J. Allen, "A Trendy Tail: Cultural Transmission of an Innovative Lobtail Feeding Behaviour in the Gulf of Maine Humpback Whales, *Megaptera novaeangliae*" (Master's thesis, University of St. Andrews, 2011).

7 J. Fisher and R. Hinde, "The Opening of Milk Bottles by Birds," *British Birds* 42 (1949): 347–57; R. Hinde and J. Fisher, "Further Observations on the Opening of Milk Bottles by Birds," *British Birds* 44 (1951): 393–96; L. Lefebvre, "The Opening of Milk Bottles by Birds: Evidence for Accelerating Learning Rates, but against the Wave-of-Advance Model of Cultural Transmission," *Behavioural Processes* 34 (1995): 43–53; L. M. Aplin, B. C. Sheldon, and J. Morand-Ferron, "Milk Bottles Revisited: Social Learning and Individual Variation in the Blue Tit, *Cyanistes caeruleus*," *Animal Behaviour* 85 (2013): 1225–32.

8 L. M. Aplin, D. R. Farine, J. Morand- Ferron, A. Cockburn, A. Thornton, and B. C. Sheldon, "Experimentally Induced Innovations Lead to Persistent Culture via Conformity in Wild Birds," *Nature* 518 (2015): 538–41; L. M. Aplin, B. C. Sheldon, and R. McElreath, "Conformity Does Not Perpetuate Suboptimal Traditions in a Wild Population of Songbirds," *Proceedings of the National Academy of Sciences* 114 (2017): 7830–37; S. Wild, M. Chimento, K. McMahon, D. R. Farine, B. C. Sheldon, and L M. Aplin, "Complex Foraging Behaviours in Wild Birds Emerge from Social Learning and Recombination of Components," *Philosophical Transactions of the Royal Society of London* 377 (2022): 13, https://doi.org/10.1098/rstb.2020.0307.

9 V. Reynolds, *The Chimpanzees of the Budongo Forest: Ecology, Behaviour, and Conservation* (Oxford: Oxford University Press, 2005); C. Hobaiter, T. Poisot, K. Zuberbühler, W. Hoppitt, and T. Gruber, "Social Network Analysis Shows Direct Evidence for Social Transmission of Tool Use in Wild Chimpanzees," *PLoS Biology* 12 (2014), https://doi.org/10.1371/journal.pbio.1001960.

제10장 | 건강 네트워크

1 S. A. Altmann and J. Altmann, *Baboon Ecology: African Field Research* (Chicago: University of Chicago Press, 1970).

2 E. A. Archie and J. Tung, "Social Behavior and the Microbiome," *Current Opinion in Behavioral Sciences* 6 (2015): 28–34; A. Sarkar, S. Harty, K. V. Johnson, A. H. Moeller, E. A. Archie, L. D. Schell, R. N. Carmody, T. H. Clutton-Brock, R. I. Dunbar, and P. W. Burnet, "Microbial Transmission in Animal Social Networks and the Social Microbiome," *Nature Ecology &*

Evolution 4 (2020): 1020–35.

3 J. Tung, L. B. Barreiro, M. B. Burns, J. C. Grenier, J. Lynch, L. E. Grieneisen, J. Altmann, S. C. Alberts, R. Blekhman, and E. A. Archie, "Social Networks Predict Gut Microbiome Composition in Wild Baboons," *eLife* 4 (2015), https://doi.org/10.7554/eLife.05224.

4 A. C. Perofsky, R. J. Lewis, L. A. Abondano, A. Di Fiore, and L.A. Meyers, "Hierarchical Social Networks Shape Gut Microbial Composition in Wild Verreaux's Sifaka," *Proceedings of the Royal Society* 284 (2017), https://doi.org/10.1098/rspb.2017.2274; J. L. Round and S. K. Mazmanian, "The Gut Microbiota Shapes Intestinal Immune Responses during Health and Disease," *Nature Reviews Immunology* 9 (2009): 313–23; M. C. Abt and E. G. Pamer, "Commensal Bacteria Mediated Defenses against Pathogens," Current Opinions in Immunology 29 (2014): 16–22.

5 E. L. Campbell, A. W. Byrne, F. D. Menzies, K. R. McBride, C. M. Mc-Cormick, M. Scantlebury, and N. Reid, "Interspecific Visitation of Cattle and Badgers to Fomites: A Transmission Risk for Bovine Tuberculosis?" *Ecology and Evolution* 9 (2019): 8479–89; R. C. Woodroffe, C. A. Donnelly, W. T. Johnston, F. J. Bourne, C. L. Cheeseman, R. S. Clifton-Hadley, D. R. Cox et al., "Spatial Association of *Mycobacterium bovis Infection in Cattle and Badgers Meles meles*," *Journal of Applied Ecology* 42 (2005): 852–62; C. A. Donnelly, R. Woodroffe, D. R. Cox, F. J. Bourne, C. L. Cheeseman, R. S. Clifton-Hadley, G. Wei et al., "Positive and Negative Effects of Widespread Badger Culling on Tuberculosis in Cattle," *Nature* 439 (2006): 843–46; D. M. Wright, N. Reid, W. I. Montgomery, A. R. Allen, R. A. Skuce, and R. R. Kao, "Herd- Level Bovine Tuberculosis Risk Factors: Assessing the Role of Low-Level Badger Population Disturbance," *Scientific Reports* 5 (2015), https://doi.org/10.1038/srep1306; K. R. Finn, M. J. Silk, M. A. Porter, and N. Pinter-Wollman, "The Use of Multilayer Network Analysis in Animal Behaviour," *Animal Behaviour* 149 (2019): 7–22; M. J. Hasenjager, M. Silk, and D. N. Fisher, "Multilayer Network Analysis: New Opportunities and Challenges for Studying Animal Social Systems," *Current Zoology* (2021): 45–58; J. L. McDonald, A. Robertson, and M. Silk, "Wildlife Disease Ecology from the Individual to the Population: Insights from a Long- Term Study of a Naturally-Infected European Badger Population," *Journal of Animal Ecology* 87 (2018): 101–12; H. Kruuk, *The Social Badger* (Oxford: Oxford University Press, 1989).

6 C. Rozins, M. Silk, D. P. Croft, R. J. Delahay, D. J. Hodgson, R. A. McDonald, N. Weber, and M. Boots, "Social Structure Contains Epidemics and Regulates Individual Roles in Disease Transmission in a Group-Living Mammal," *Ecology and Evolution* 8 (2018): 12044–55; M. Silk, N. Weber, L. C. Steward, R. J. Delahay, D. P. Croft, D. J. Hodgson, M. Boots, and R. A. McDonald, "Seasonal Variation in Daily Patterns of Social Contacts in the European Badger Meles meles," *Ecology and Evolution* 7 (2017): 9006–15; M. Silk, N. L. Weber, L. C. Steward, D. J. Hodgson, M. Boots, D. P. Croft, R. J. Delahay, and R. A. McDonald, "Contact Networks

Structured by Sex Underpin Sex- Specific Epidemiology of Infection," *Ecology Letters* 21 (2018): 309-18; T. J. Roper, D. J. Shepherdson, and J. M. Davies, "Scent Marking with Faeces and Anal Secretion in the European Badger (*Meles meles*): Seasonal and Spatial Characteristics of Latrine Use in Relation to Territoriality," *Behaviour* 97 (1986): 94-117; M. Silk, J. A. Drewe, R. J. Delahay, N. Weber, L. C. Steward, J. Wilson-Aggarwal, M. Boots, D. J. Hodgson, D. P. Croft, and R. A. McDonald, "Quantifying Direct and Indirect Contacts for the Potential Transmission of Infection between Species Using a Multilayer Contact Network," *Behaviour* 155 (2018): 731-57.

7 J. S. Welsh, "Contagious Cancer," *Oncologist* 16 (2011): 1-4; E. A. Ostrander, B. W. Davis, and G. K. Ostrander, "Transmissible Tumors: Breaking the Cancer Paradigm," Trends in Genetics 32 (2016): 1-15; A. M. Dujon, R. A. Gatenby, G. Bramwell, N. MacDonald, E. Dohrmann, N. Raven, A. Schultz et al., "Transmissible Cancers in an Evolutionary Perspective," *iScience* 23 (2020), https://doi.org/10.1016/j.isci.2020.101269; R. K. Hamede, J. Bashford, H. McCallum, and M. Jones, "Contact Networks in a Wild Tasmanian Devil (*Sar-cophilus harrisii*) Population: Using Social Network Analysis to Reveal Seasonal Variability in Social Behaviour and Its Implications for Transmission of Devil Facial Tumour Disease," *Ecology Letters* 12 (2009): 1147-57; K. Wells, R. K. Hamede, D. H. Kerlin, A. Storfer, P. A. Hohenlohe, M. E. Jones, and H. I. McCallum, "Infection of the Fittest: Devil Facial Tumour Disease Has Greatest Effect on Individuals with Highest Reproductive Output," *Ecology Letters* 20 (2017): 770-78; D. G. Hamilton, M. E. Jones, E. Z. Cameron, H. McCallum, A. Storfer, P. A. Hohenlohe, and R. K. Hamede, "Rate of Intersexual Interactions Affects Injury Likelihood in Tasmanian Devil Contact Networks," *Behavioral Ecology* 30 (2019): 1087-95.

8 D. G. Hamilton, M. E. Jones, E. Z. Cameron, D. H. Kerlin, H. McCallum, A. Storfer, P. A. Hohenlohe, and R. K. Hamede, "Infectious Disease and Sickness Behaviour: Tumour Progression Affects Interaction Patterns and Social Network Structure in Wild Tasmanian Devils," *Proceedings of the Royal Society of London* 287 (2020), https://doi.org/10.6084/m9.figshare.c.5223359.

찾아보기

동물들의 소셜 네트워크

초판 1쇄 2025년 6월 20일

지은이 리 앨런 듀가킨
옮긴이 유윤한
편집 함소연
디자인 이재호

펴낸이 이경민
펴낸곳 ㈜동아엠앤비
출판등록 2014년 3월 28일(제25100-2014-000025호)
주소 (03972) 서울특별시 마포구 월드컵북로22길 21, 2층
홈페이지 www.dongamnb.com
블로그 https://blog.naver.com/damnb0401
전화 (편집) 02-392-6901 (마케팅) 02-392-6900
팩스 02-392-6902
SNS
전자우편 damnb0401@naver.com

ISBN 979-11-6363-955-8 03490

※ 책 가격은 뒤표지에 있습니다.
※ 잘못된 책은 구입한 곳에서 바꿔 드립니다.
※ 여러분의 투고를 기다립니다.